INVENTAIRE
V31.179

CALCULS PRATIQUES

APPLIQUÉS

AUX SCIENCES D'OBSERVATION.

Les **Auteurs** et l'**Éditeur** de cet Ouvrage se réservent le droit de le traduire ou de le faire traduire en toutes langues. Ils poursuivront, en vertu des Lois, Décrets et Traités internationaux, toutes contrefaçons ou toutes traductions faites au mépris de leurs droits.

Le dépôt légal de cet Ouvrage a été fait à Paris dans le cours du mois d'Octobre 1857, et toutes les formalités prescrites par les Traités sont remplies dans les divers États avec lesquels la France a conclu des conventions littéraires.

Tout exemplaire du présent Ouvrage qui ne porterait pas, comme ci-dessous, la griffe du Libraire-Éditeur, sera réputé contrefait. Les mesures nécessaires seront prises pour atteindre, conformément à la loi, les fabricants et les débitants de ces exemplaires.

Mallet-Bachelier

PARIS. — IMPRIMERIE DE MALLET-BACHELIER,
rue du Jardinet, n° 12.

CALCULS PRATIQUES

APPLIQUÉS

AUX SCIENCES D'OBSERVATION,

Par M. BABINET,

Membre de l'Institut,

Et M. HOUSEL,

Ancien Élève de l'École Normale, Professeur de Mathématiques

PARIS,

MALLET-BACHELIER, IMPRIMEUR-LIBRAIRE

DE L'ÉCOLE IMPÉRIALE POLYTECHNIQUE, DU BUREAU DES LONGITUDES,

Quai des Augustins, 55.

1857

Les Auteurs et l'Éditeur de cet Ouvrage se réservent le droit de traduction.

AVERTISSEMENT

DE M. BABINET.

Tous ceux qui, par profession ou autrement, sont engagés dans les sciences d'application, ont eu de fréquentes occasions de reconnaître que, pour rendre possible la solution de questions très-compliquées, ou pour rendre facile celle des questions qui se présentent ordinairement dans la pratique, il suffit de calculer avec une exactitude comparable à la précision que comportent nos moyens d'observation. A quoi bon calculer en mètres ou même en kilomètres la distance du soleil à la terre, tandis qu'il reste encore, sur la valeur de cet élément si important du système du monde, une incertitude de plus de 500,000 lieues de 4 kilomètres chacune? A quoi bon donner avec cinq ou six décimales la densité du cristal de roche ou du diamant, tandis que deux échantillons de ces minéraux diffèrent déjà l'un de l'autre dans les centièmes? A quoi bon dans un budget de un ou deux milliards mentionner les centimes, et dans une population de trente à quarante millions d'individus mettre les dizaines ou même les unités du chiffre total?

Quand on présente aux bons esprits ces formes de calcul abrégées, ils les trouvent tellement simples, qu'ils sont tentés de se récrier et de dire : Je savais déjà cela. D'accord; mais comme un grand nombre de possibilités finissent par faire une impossibilité, j'ai pensé que ce dont je n'avais acquis l'ensemble qu'au prix d'une longue expérience pourrait être procuré sans peine à tous ceux qui, dans les sciences, dans les ateliers, dans l'observation des phénomènes de la nature, ont besoin continuellement du calcul algébrique, géométrique et arithmétique, comme d'un *outil* intellectuel.

Ce mot très-modeste d'outil rend bien exactement ma pensée. Voyez Napoléon cubant la grande pyramide d'Égypte; il ne la met pas en pouces et en lignes cubes. Il s'arrête aux chiffres utiles, et il en conclut qu'avec les matériaux de cette immense fabrique on ferait un mur d'enceinte pour tout le pays qui environne la vallée du Nil. Laplace ose attaquer de face les inextricables complications des mouvements planétaires. Les calculs, simplifiés par des approximations convenables, le mettent en possession des plus belles lois du système du monde, dont ils lui révèlent et le passé et l'avenir. Fresnel se prend aux théories de l'optique avec le génie de l'observation et les notions mathématiques que possèdent tous nos élèves de l'École Polytechnique. Devant ses calculs pratiques, toutes les difficultés théoriques s'aplanissent. Il a instinctivement le génie du bon sens. Tacite donne comme éloge à son héros de n'avoir pas outré la sagesse. On peut louer de même Fresnel de n'avoir pas ambitionné de faire des calculs trop savants. Il est bien entendu que je n'entends rien ôter au mérite de ceux qui, comme Cauchy, ont su avec l'analyse faire de véritables miracles.

La mécanique des machines usuelles, la physique et ses nombreuses branches, la chimie théorique et pratique, l'astronomie et ses mille applications, la géodésie, la trigonométrie, la statistique, l'économie politique, enfin les calculs de tête, où souvent un résultat obtenu au vingtième ou même au dixième est suffisant, toutes les sciences de faits et d'observation trouvent d'utiles et indispensables auxiliaires dans les calculs pratiques. Lagrange assistant aux leçons de Monge sur la géométrie descriptive, l'une des supériorités pratiques de l'École Polytechnique, disait assez malicieusement : « Je ne me doutais pas que je savais d'avance la géométrie descriptive. » Sans contester les utilités de détail que ce grand génie mathématique *ne savait peut-être pas* ou auxquelles il n'avait pas pensé déjà, on peut, sans trop de modestie, se figurer que l'on n'est pas un Lagrange.

J'ai donc cru faire une chose utile de rassembler tout ce qui, dans les approximations, dans les solutions empiriques, dans les interpolations, dans les séries, dans les applications de l'algèbre, de la géométrie, de la trigonométrie, de l'arithmétique, de la mécanique, ainsi que dans l'établissement des lois physiques, peut être d'un usage continuel, et économiser de pénibles et inutiles recherches mathématiques. Presque toujours une petite formule d'approximation permet de calculer, avec des Tables de logarithmes à 5 ou à 7 décimales, ce qui exigerait l'emploi de Tables à 10 décimales avec une moindre certitude sur les chiffres vraiment utiles du résultat définitif. Là, comme ailleurs, du bon sens et peu de mathématiques vont plus loin et plus sûrement que les qualités opposées. En tout cas, rien n'empêche d'appeler, si l'on peut, l'analyse rigoureuse en vérification du calcul pratique et simple. « A quoi bon, disais-je à l'illustre Dulong, mettre 7 ou 8 décimales dans le rapport de réfraction relatif aux phénomènes de la double réfraction, tandis que déjà les déterminations expérimentales ne s'accordent pas entre elles dans la troisième décimale ? » Il me répondit avec une gravité ironique : « Je ne vois pas pourquoi on supprimerait les dernières décimales; car si les premières sont fausses, peut-être les dernières sont-elles justes ! »

Je répète en finissant que si l'on étudie la marche qu'ont suivie tous ceux qui ont fait faire de grands progrès aux sciences d'application, on trouvera qu'ils ont eu le talent des calculs pratiques chacun dans sa sphère. La liste des savants et des praticiens morts ou vivants serait ici trop longue à donner et semblerait suspecte ou d'envie ou de flatterie. Ceux qui pourront dire *Je savais tout cela* sont priés de recevoir mes excuses, et ceux qui ont quelque chose à y apprendre sont priés de me savoir gré de ma bonne volonté. Les uns et les autres m'aideront sans doute à perfectionner cet emploi du bon sens mathématique.

J'avais depuis longtemps en portefeuille cette étude sur les calculs pratiques, et dans le cours de Physique de la Faculté des Sciences, où j'ai eu, plusieurs années de suite, l'honneur de suppléer M. Pouillet, je consacrais le dernier quart d'heure à l'exposé de ces simples calculs, de ces outils mathématiques, qui réunissaient un grand nombre d'auditeurs d'élite. Je pense que de longtemps encore je n'aurais eu le loisir ou, si l'on veut, la présomption de les offrir au public, si je n'avais trouvé dans M. Housel, de l'École Normale, un collaborateur ou plutôt un vrai rédacteur en chef, qui s'est chargé de coordonner, de démontrer et d'éclaircir par des exemples tout ce que ma longue expérience m'avait fait mettre en usage. L'ouvrage en ce sens lui appartient tout autant qu'à moi, et sauf mon autorité académique (si du moins il y a autorité dans les sciences), je ne prétends comme lui qu'au mérite d'avoir essayé d'être utile.

BABINET, de l'Institut.

TABLE DES MATIÈRES.

	Pages.
AVERTISSEMENT DE M. BABINET......................	V

CHAPITRE I.
NOTIONS GÉNÉRALES.

Numéros.
1. On néglige une quantité plus petite relativement à une plus grande......................... 1
   On ne conserve que le plus faible exposant d'une quantité très-petite........................ 2
2. On néglige le produit de deux quantités très-petites. 2
3. Exemples : $\dfrac{1}{1 \pm \varepsilon} = 1 \mp \varepsilon$, etc................. 3
4. Chaque correction modifie le résultat comme si elle était seule................................ 4
5. Distance de l'arc à la tangente.................... 5
6. Relation entre les degrés et la longueur d'un arc.. 6
7. Autres exemples : $\sqrt{1 \pm \varepsilon} = 1 \pm \dfrac{\varepsilon}{2}$, etc......... 7
8. Méthode des coefficients indéterminés............ 7
9. Conditions de convergence des séries............ 10
10. Évaluation de l'erreur dans une série composée de termes décroissants et alternativement positifs et négatifs.. 13

CHAPITRE II.
APPROXIMATIONS SUCCESSIVES.

11. Usage d'une première correction pour en obtenir une seconde : la correction ne doit jamais atteindre la valeur primitive.................... 14
    Exemples : $\sqrt{5}$, $\sqrt[3]{2}$, etc.......................... 14

TABLE DES MATIÈRES.

Numéros.		Pages.
12	Résolution de l'équation $ax^2 + bx + c = 0$, lorsque a, ou plutôt $\frac{ac}{b^2}$, est très-petit............	16
13	Méthode de Newton : application.............	19
14	Cette méthode tombe quelquefois en défaut......	21
15	Correction de la méthode de Newton, par Fourier et Cauchy..........	22
16	Comparaison de ces deux procédés............	24
17	Application................................	25
18	Propriétés des fractions continues.............	27
19	Méthode de Lagrange........................	34
20	Application................................	35
21	Fractions continues périodiques..............	36
22	Applications...............................	38
23	Méthode des parties proportionnelles, ou règle de fausse position............	42
24	Application................................	43
25	Abaissement du degré des équations par certaines relations entre les racines............	46

CHAPITRE III.

FORMULES APPROXIMATIVES.

26	Binôme de Newton..........................	49
27	Valeur de $\sqrt{1+\varepsilon}$, etc.....................	50
28	Séries logarithmiques.......................	50
	Formules d'intégration.......................	51
29	Séries exponentielles........................	51
	Formules d'intégration.......................	52
30	Séries et formules relatives aux sinus et cosinus...	53
31	Série pour développer l'arc en fonction de la tangente......	53
	Formules d'intégration.......................	54
32	Rendre calculable par logarithmes une expression quelconque............	55
33	Applications à la trigonométrie rectiligne........	59

Numéros.		Pages.
54	Applications à la trigonométrie sphérique........	62
55	Théorème de Legendre....................	66
56	Maxima et minima des fonctions explicites.......	67
57	Maxima et minima des fonctions implicites.......	69
58	Applications............................	71
59	Autre méthode par les radicaux du second degré..	73
40	Vraies valeurs des expressions $\frac{0}{0}$ et $\frac{\infty}{\infty}$............	75
41	Autres formes de quantités indéterminées........	77
42	Méthode des moindres carrés.	79
43	Autres méthodes pour le même objet............	81
44	Renversement des séries.....................	83
45	Formules de quadratures de Thomas Simpson, Poncelet, etc...........................	87

CHAPITRE IV.

APPLICATIONS MATHÉMATIQUES.

46	Calcul du nombre e.......................	91
47	Calcul des Tables de logarithmes	94
48	Artifices d'arithmétique. Calcul du module.......	98
	Essai des chiffres d'un quotient......	100
49	Correspondance des heures, des longueurs et des degrés sur un parallèle....	101
50	Calcul des sinus et cosinus. Formules de Thomas Simpson...........................	103
51	Calcul de l'approximation appliqué aux *grades*...	104
52	Vérification des Tables par les polygones réguliers.	107
53	Logarithmes des lignes trigonométriques.........	109
54	Calcul de π.............................	111
55	Quadrature approximative du cercle.	117
56	Trisection approximative de l'angle	121
57	Construction des polygones réguliers...........	121
58	Construction géométrique des expressions algébriques homogènes........	126
59	Fermer un contour polygonal...	132

TABLE DES MATIÈRES.

Numéros.		Pages.
60	Réduction au centre des stations...........	136
61	Résolution de l'équation $\pi \sin \lambda = 2x + \sin 2x$...	139
62	Résolution de l'équation du troisième degré par la trigonométrie......................	140
63	Résolution de l'équation du quatrième degré par la trigonométrie......................	149
64	Intersections des sections coniques..........	151
65	Usage des Tables.................	162
66	Règle de Guldin.................	168

CHAPITRE V.

APPLICATIONS PHYSIQUES.

67	Dilatations...................	170
68	Mesure des hauteurs par le baromètre.........	175
69	Correction de la densité des corps par la densité de l'air.....................	177
70	Problèmes sur les attractions............	180
71	Mouvement du pendule..............	185
72	Miroirs sphériques................	188
73	Milieux réfringents et lentilles...........	195
74	Caustiques...................	207
75	Mesure de la profondeur d'un puits..........	211

CHAPITRE VI.

INTERPOLATIONS.

76	Représentation d'une fonction par une série indéterminée....................	215
77	Calcul de la longueur de l'année...........	215
78	Forme de la terre.................	217
79	Angle maximum de la normale et du rayon central sur le méridien elliptique............	220
80	Température des différentes heures de la journée. Emploi des courbes pour représenter la marche des phénomènes................	221

Numéros.		Pages.
81	Interpolations graphiques.............................	223
82	Calcul de la courbe qui passe par les points donnés.	224
83	Notions sur les déterminants........................	225
	Résolution des équations du premier degré........	228
84	Application de ces méthodes à quatre points donnés.	229
85	Exprimer une fonction au moyen de ses différences consécutives..	230
86	Exprimer $\Delta^n y_0$ au moyen des valeurs $y_0, y_1, y_2, \ldots, y_n$.	233
	Cas où $y = x^m$....................................	234
87	Méthode d'interpolation de Newton, quand Δx est constant...	235
	Application..	236
	Tableau des différences............................	238
88	Second tableau de substitutions plus rapprochées, déduit du premier.................................	240
89	Application aux équations générales du troisième et du quatrième degré................................	242
90	Application à l'équation $$70 x^4 - 140 x^3 + 90 x^2 - 20 x + 1 = 0$$	245
91	Application aux fonctions transcendantes...........	248
	Formation des Tables de logarithmes...............	249
92	Extension de la méthode à des nombres non compris dans la progression arithmétique.................	251
	Calcul du logarithme de π........................	254
93	Simplifications de la formule des différences.......	257
94	Interpolation de Lagrange, à des intervalles inégaux.	257
95	Modifications de la méthode précédente.............	259

CHAPITRE VII.

THÉORIE DES COURBES PLANES.

96	Du centre...	260
	Des diamètres......................................	261
97	Des tangentes......................................	262
	Méthode des dérivées...............................	264

TABLE DES MATIÈRES.

Numéros.		Pages.
	Coordonnées polaires.........................	270
	Centre instantané de rotation................	270
98	Des asymptotes................................	271
	Tangentes parallèles aux asymptotes..........	274
	Asymptotes curvilignes........................	276
	Coordonnées polaires..........................	277
99	Maxima et minima des variables...............	278
100	Concavité et convexité. Points d'inflexion...	279
101	Points multiples; points conjugués...........	284
102	Rebroussements, points d'arrêts, points saillants..	286
103	Courbure des lignes, cercle osculateur, développées.	291
104	Différentes espèces de courbes algébriques...	302
	Folium de Descartes...........................	303
	Cissoïde de Dioclès...........................	303
	Courbe du diable..............................	304
	Conchoïde de Nicomède.........................	304
	Lemniscate....................................	307
	Scarabée......................................	307
	Limaçon de Pascal.............................	308
	Courbe qui contient comme cas particuliers la conchoïde et le limaçon........................	310
105	Cycloïdes et épicycloïdes.....................	312
	Construction et propriétés de la cycloïde....	312
	Cycloïdes allongées et raccourcies............	315
	Construction de l'épicycloïde : tangente à cette courbe...	316
	Variétés de l'épicycloïde.....................	316
106	Spirales......................................	317
	Spirale de Conon ou d'Archimède...............	318
	Spirale logarithmique.........................	319
107	Autres courbes transcendantes.................	320
	Développante du cercle........................	320
	Logarithmique.................................	320
	Sinusoïde.....................................	321
108	Construction des racines d'une équation......	322

Numéros.		Pages.
	Équations du quatrième et du troisième degré....	323
	Équation $\sin x + lx = 1$............	324
109	Axes principaux des sections coniques..........	327
	Évanouissement du rectangle en partant d'axes obliques...................................	329
	Direction des axes........................	329
	Grandeur des axes, calculables par logarithmes....	330
	Cas particuliers............................	333
	Coordonnées rectangulaires................	336
	Paraboles................................	338

CHAPITRE VIII.

APPROXIMATIONS NUMÉRIQUES.

110	Principes généraux. Évaluation des erreurs.......	345
111	Conversion des erreurs relatives en erreurs absolues, et réciproquement........................	347
112	Addition et soustraction.....................	350
113	Multiplication..............................	351
	Méthode abrégée d'Oughtred..................	352
	Limites de l'approximation..................	355
	Relation entre l'erreur du produit et celles des facteurs....................................	357
	Cas de plusieurs facteurs...................	358
	Application................................	359
114	Division.................................	361
	Reconnaître la nature des plus hautes unités du quotient.................................	361
	Preuve de la multiplication abrégée....	362
	Règle de la division abrégée......	364
	Exception à cette règle.....................	365
	Limites de l'approximation....................	366
	Relation entre l'erreur du quotient et celles du dividende et du diviseur...................	369
	Preuve de la division abrégée par la multiplication abrégée.................................	370

XVI
TABLE DES MATIÈRES.

Numéros		Pages
115	Racine carrée..	372
	Une quantité approchée et son carré ont le même nombre de chiffres significatifs exacts.............	372
	Limites de l'approximation.............................	374
	Connaissant n chiffres d'une racine carrée, trouver les $n-1$ suivants par la division..............	375
116	Racine cubique, etc.......................................	378
	Extraire une racine cubique en formant les diverses parties du cube...	379
	Connaissant n chiffres d'une racine cubique, trouver les $n-1$ suivants par la division..............	381
	Une quantité approchée et sa racine d'un ordre quelconque ont le même nombre de chiffres significatifs exacts..	384
117	Applications...	385

FIN DE LA TABLE DES MATIÈRES.

ERRATA.

Page 22, ligne 13, *au lieu de* $f(x)$, *lisez* $y = f(x)$.
Page 37, lignes 1 et 4, *au lieu de* p et p', *lisez* P et P'.
Page 60, ligne 4, *au lieu de* $\frac{1}{2}(A + B)$, *lisez* $\frac{1}{2}(A - B)$.
Page 81, ligne 2, *au lieu de* nombre, *lisez* membre.
Page 118, ligne 11 en remontant, *au lieu de* 5, *lisez* 6.
Page 296, ligne 10 en remontant, *au lieu de* M', *lisez* M.
Page 297, à la suite de la ligne 8 en remontant, *ajoutez* la surface de séparation étant plane.
Page 329, ligne 14 en remontant, *au lieu de*

$$b = c \cos\theta + c \cot(\theta - 2\alpha) + a \cot\theta - a \cot(\theta - 2\alpha),$$

lisez

$$b = c \cos\theta + c \cot(\theta - 2\alpha)\sin\theta + a \cos\theta - a \cot(\theta - 2\alpha)\sin\theta.$$

CALCULS PRATIQUES.

CHAPITRE PREMIER.

NOTIONS GÉNÉRALES.

1. Le principe fondamental des approximations consiste en ce que, *si une quantité est très-petite, on peut négliger son carré et les puissances supérieures;* cela revient à négliger une quantité plus petite, par comparaison avec une plus grande (*).

Cependant cette règle est soumise à une exception, dont il est bien nécessaire de tenir compte, et qui se présente quand la première puissance de la petite quantité que l'on considère ne se trouve pas dans la formule rigoureuse.

Pour comprendre cela, rappelons-nous qu'une fonction quelconque d'une quantité peut, en général, se développer suivant les puissances ascendantes de cette quantité. A la vérité, cette assertion est soumise à certaines difficultés théoriques; mais, comme il s'agit de quantités très-petites et dont les puissances diminuent considérablement de valeur à mesure que leur exposant augmente, nous concevons que l'on peut négliger les puissances supérieures, même quand la série ne serait pas naturellement convergente.

Cela posé, il peut arriver que dans un développement de cette nature, le coefficient de la première puissance de la variable soit nul naturellement et quelle que soit la valeur de cette variable,

---

(*) Ce principe général doit néanmoins être appliqué avec discernement; ainsi, dans l'expression $a^{m+\varepsilon}$, quoique ε soit très-petit par rapport à m, on ne peut le négliger, car $a^{m+\varepsilon} = a^{\varepsilon} a^{m}$, et a^{ε} n'est pas très-petit en même temps que ε.

comme dans la série suivante :

$$\cos x = 1 - \frac{x^2}{1.2} + \frac{x^4}{1.2.3.4} - \frac{x^6}{1.2.3.4.5.6} + \ldots$$

Quand l'arc est extrêmement petit, on peut regarder son cosinus comme égal à l'unité; mais si l'on veut cependant, pour plus d'exactitude, tenir compte de la valeur particulière de cet arc, on voit qu'il faut en garder la seconde puissance.

Si le coefficient de la seconde puissance était aussi nul, naturellement on passerait à la troisième, et ainsi de suite. Donc l'énoncé que nous avons donné ci-dessus peut se remplacer par le suivant:

Dans le développement d'une quantité très-petite, on ne conserve que le plus faible exposant.

2. Par la même raison, si deux quantités très-petites figurent dans la même formule, on pourra négliger, non-seulement les puissances supérieures de chacune d'elles, *mais encore le produit de ces deux quantités*. La même observation s'étendra à trois, ou à un plus grand nombre de quantités.

3. Prenons, pour premier exemple, l'expression $\frac{1}{1+\varepsilon}$, où ε représente une quantité très-petite. On sait qu'il est pénible d'avoir à diviser par une quantité approximative et incommensurable; cherchons donc à éviter la nécessité de cette division. Nous remarquerons que, ε étant très-petit, $\frac{1}{1+\varepsilon}$ est plus petit que l'unité, mais que la différence est peu considérable; nous pourrons donc poser

$$\frac{1}{1+\varepsilon} = 1 - x,$$

x étant encore une quantité très-petite. Chassant le dénominateur, on trouve

$$1 = (1+\varepsilon)(1-x) = 1 + \varepsilon - x - \varepsilon x.$$

Réduisant et négligeant, d'après l'observation du n° 2, le produit

NOTIONS GÉNÉRALES.   3

εx qui est du second ordre de petitesse, il reste

$$x = \varepsilon,$$

et enfin

$$\frac{1}{1+\varepsilon} = 1 - \varepsilon.$$

On aura de même

$$\frac{1}{1-\varepsilon} = 1 + \varepsilon.$$

Vu l'importance de cette formule approximative, nous allons la démontrer par la méthode, moins simple peut-être, mais plus connue, de la division algébrique, qui donne le résultat suivant :

$$1 \left| \frac{1+\varepsilon}{1 - \varepsilon + \varepsilon^2 - \varepsilon^3 + \ldots} \right.$$

On voit qu'en supprimant les puissances supérieures de ε, il reste pour quotient $1 - \varepsilon$.

De même

$$\frac{1}{a+\varepsilon} = \frac{1}{a} \cdot \frac{1}{1+\frac{\varepsilon}{a}} = \frac{1}{a}\left(1 - \frac{\varepsilon}{a}\right) = \frac{1}{a} - \frac{\varepsilon}{a^2}.$$

Si le numérateur était lui-même une quantité très-petite δ, on verrait que

$$\frac{\delta}{a+\varepsilon} = \frac{\delta}{a} - \frac{\delta\varepsilon}{a^2},$$

ou approximativement

$$\frac{\delta}{a+\varepsilon} = \frac{\delta}{a},$$

puisque l'on néglige $\delta\varepsilon$.

4. Les considérations précédentes conduisent à un résultat d'une grande importance, le théorème de Bernoulli sur *la superposition des petits mouvements*, ou bien, ce qui revient au même, *la proportionnalité des petites causes aux petits effets*. Ce principe consiste en ce que, pour tenir compte de chaque espèce de correction, il faut ajouter à la quantité observée (ou bien en retrancher,

4   CHAPITRE PREMIER.

suivant le signe de l'erreur) une correction prise à la simple puissance. Ainsi, A étant la quantité observée, pour tenir compte d'une première cause d'erreur il faut multiplier A par $1+\varepsilon$, cette quantité ε étant très-petite; puisque si elle était nulle, la valeur A serait exacte : de même, pour avoir égard à une autre correction, il faudra multiplier par $1+\delta$; donc la vraie valeur sera

$$A(1+\varepsilon)(1+\delta).$$

Développant et négligeant $\varepsilon\delta$, il reste

$$A(1+\varepsilon+\delta),$$

ce qui revient à ajouter à la quantité A les corrections $A\varepsilon$ et $A\delta$, chacune prise en son signe.

Il en serait évidemment de même s'il y avait plus de deux causes d'erreur, ce qui permet de poser le principe suivant :

Chaque correction modifie le résultat comme si elle était seule (*).

3. Nous appliquerons par la suite ces formules à différentes considérations de physique et surtout à la théorie des dilatations; mais nous allons, comme exemple très-simple de l'utilité des principes précédents, chercher la distance entre le cercle et la tangente à l'extrémité d'un arc très-petit.

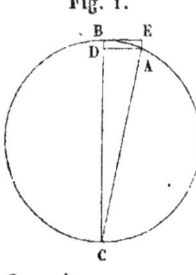

Fig. 1.

Soient $AB = a$ la longueur d'un arc (*fig.* 1) très-petit sur un cercle de rayon r, BC le diamètre passant par l'une des extrémités de cet arc, et BE la tangente à cette extrémité B; enfin du point A abaissons les perpendiculaires AD et AE sur le diamètre et la tangente : il s'agit de mesurer la distance AE, qui est évidemment égale à BD.

On sait que

$$\overline{AB}^2 = BC \cdot BD;$$

or

$$BC = 2r,$$

(*) Cette conclusion serait toujours vraie, même quand une correction serait représentée par le carré, le cube,... de la cause d'erreur correspondante, comme on l'a vu dans le n° 1.

et comme l'arc AB est très-petit, on peut le regarder comme égal à sa corde, ce qui donne

$$BD = \frac{a^2}{2r}.$$

Ici l'approximation consiste à remplacer l'arc a par sa corde

$$AB = 2r\sin\frac{a}{2r}.$$

Or, d'après le développement du sinus en fonction de l'arc, on sait que

$$\sin\frac{a}{2r} = \frac{a}{2r} - \frac{1}{1.2.3}\cdot\left(\frac{a}{2r}\right)^3 + \ldots,$$

ce qui fait voir qu'on peut faire la substitution indiquée en négligeant seulement le cube de la moitié de l'arc.

S'il s'agit de la terre dont la circonférence est représentée par 40 000 000 de mètres, on trouve

$$\frac{1}{2r} = \frac{\pi}{40\,000\,000} = 0,000\,000\,07854,$$

et

$$AE = a^2 \cdot 0,000\,000\,07854\,(^*).$$

Soit, par exemple, $AB = 1$ kilomètre; on obtient à peu près

$$AE = 0^m,078.$$

La petitesse de cette quantité fait comprendre comment on peut voir des nuages bien plus éloignés qu'on ne le pense d'ordinaire; mais il est impossible d'en préciser les distances à cause de leur élévation très-variable.

6. Cette question nous engage à rappeler un problème qui se présente souvent dans les calculs et qui consiste à *trouver la valeur d'un arc en degrés quand on donne la longueur de cet arc*

(*) A propos de l'évaluation du coefficient de a^2, nous ferons observer que le mot *billion* fait confusion dans la numération parlée, parce qu'en français il veut dire dix fois cent millions, et en anglais cent fois cent millions.

sur une circonférence de rayon connu, ou, réciproquement, connaissant la valeur d'un angle en degrés, trouver la longueur de l'arc qui lui correspond sur une circonférence de rayon donné.

Ce problème se résout par une simple proportion.

Supposons, par exemple, que l'on demande le nombre de degrés de l'arc représenté en grandeur par le nombre 17, le rayon étant 1.

Nous remarquerons que la circonférence entière, composée de 360 degrés, a pour longueur 2π, ce qui donne

$$\frac{2\pi}{360} = \frac{17}{x} \quad \text{et} \quad x = \frac{180.17}{\pi}.$$

Or

$$\frac{1}{\pi} = 0,31831,$$

ce qui donne

$$x = 974°,0286 \; (*),$$

ou bien deux circonférences et demie, plus $74°\,1'\,43''$. S'il s'agissait d'un cercle de rayon quelconque R, on aurait évidemment

$$\frac{2\pi R}{360} = \frac{17}{x}.$$

7. Nous considérerons encore l'expression $\sqrt{1+\varepsilon}$ qu'il est difficile de calculer sous cette forme. Observons que, si ε est une quantité très-petite, $\sqrt{1+\varepsilon}$ diffère peu de l'unité et que l'on peut poser

$$\sqrt{1+\varepsilon} = 1 + x,$$

x étant aussi une quantité très-petite.

En élevant au carré, on trouve

$$1 + \varepsilon = 1 + 2x + x^2.$$

Développant et négligeant x^2, il reste

$$x = \frac{\varepsilon}{2} \quad \text{et} \quad \sqrt{1+\varepsilon} = 1 + \frac{\varepsilon}{2}.$$

(*) On a calculé quatre décimales, parce que, dans la valeur de $\frac{1}{\pi}$, l'erreur n'est que du huitième ordre de décimales.

NOTIONS GÉNÉRALES.

En changeant le signe de ε, on aura

$$\sqrt{1-\varepsilon} = 1 - \frac{\varepsilon}{2}.$$

On ramènera à l'une de ces deux formes l'expression $\dfrac{1}{\sqrt{1\pm\varepsilon}}$, soit en multipliant haut et bas par $\sqrt{1\pm\varepsilon}$, car il est utile, en général, de faire disparaître les radicaux du dénominateur, soit en posant, d'après ce qu'on vient de voir,

$$\frac{1}{\sqrt{1\pm\varepsilon}} = \frac{1}{1\pm\frac{\varepsilon}{2}} = 1 \mp \frac{\varepsilon}{2},$$

comme on l'a déjà démontré.

Si le radical se présente sous la forme $\sqrt{a+\varepsilon}$, on remarquera qu'il est égal à

$$\sqrt{a}\cdot\sqrt{1+\frac{\varepsilon}{a}} = \sqrt{a}\cdot\left(1+\frac{\varepsilon}{2a}\right) = \sqrt{a} + \frac{\varepsilon}{2\sqrt{a}}.$$

De même

$$\sqrt{a-\varepsilon} = \sqrt{a} - \frac{\varepsilon}{2\sqrt{a}}.$$

Supposons, par exemple, qu'on cherche le cosinus de l'arc dont le sinus est égal à $\dfrac{1}{100}$. La formule ordinaire donne

$$\cos x = \sqrt{1 - \sin^2 x};$$

mais on peut éviter cette pénible extraction de racine carrée en posant

$$\cos x = 1 - \frac{\sin^2 x}{2}, \quad \text{et ici} \quad \frac{\sin^2 x}{2} = \frac{1}{20000},$$

ce qui rend le calcul beaucoup plus facile.

8. On voit que toutes ces simplifications sont fondées sur ce fait dont nous avons déjà parlé, qu'une fonction se développe suivant les puissances ascendantes de la variable. Cela conduit à la *méthode des coefficients indéterminés*, qui consiste, étant donnée

une fonction $y = f(x)$, à poser

$$y = A + Bx + Cx^2 + Dx^3 + \ldots,$$

et à déterminer, d'après la nature de la question, les coefficients A, B, C, D, etc.

Les séries de Taylor et de Maclaurin établissent, en général, la forme de ces coefficients d'après celle de la fonction donnée, mais, sans y avoir recours, il est souvent facile de déterminer directement ces coefficients. Ainsi nous pouvons retrouver, par cette méthode, les formules approximatives que nous avons déjà obtenues.

Posons

$$\frac{1}{1+\varepsilon} = A + B\varepsilon + C\varepsilon^2 + D\varepsilon^3 + \ldots,$$

ce qui donne

$$1 = A + \begin{matrix} B \\ +A \end{matrix} \bigg| \varepsilon + \begin{matrix} C \\ +B \end{matrix} \bigg| \varepsilon^2 + \begin{matrix} D \\ +C \end{matrix} \bigg| \varepsilon^3 + \ldots$$

Faisant passer dans le second membre et observant que, *si une fonction d'une variable est nulle pour toutes les valeurs de cette variable, les coefficients de toutes les puissances seront nuls séparément*, on posera les égalités

$$A - 1 = 0, \quad B + A = 0, \quad C + B = 0, \quad D + C = 0, \ldots,$$

ce qui donnera

$$A = 1, \quad B = -1, \quad C = 1, \quad D = -1, \ldots,$$

et enfin

$$\frac{1}{1+\varepsilon} = 1 - \varepsilon + \varepsilon^2 - \varepsilon^3 + \ldots,$$

comme on l'avait déjà trouvé par la division.

Ce développement convient à une valeur quelconque de ε, mais si ε est très-petit, on retrouve la formule connue

$$\frac{1}{1+\varepsilon} = 1 - \varepsilon.$$

Revenons encore à l'expression
$$\sqrt{1+\varepsilon} = A + B\varepsilon + C\varepsilon^2 + D\varepsilon^3 + E\varepsilon^4 + \ldots$$

On trouve, en élevant au carré,

$$1+\varepsilon = A^2 + 2AB\begin{vmatrix}\varepsilon + B^2 \\ +2AC\end{vmatrix}\begin{vmatrix}\varepsilon^2 + 2BC \\ +2AD\end{vmatrix}\begin{vmatrix}\varepsilon^3 + C^2 \\ +2AE \\ +2BD\end{vmatrix}\varepsilon^4 + \ldots$$

D'où l'on tire les équations

$$A^2 - 1 = 0, \quad 2AB - 1 = 0, \quad B^2 + 4AC = 0,$$
$$2BC + 2AD = 0, \quad C^2 + 2AE + 2BD = 0, \text{ etc.},$$

ce qui donne, en prenant la valeur positive du radical,

$$A = 1, \quad B = \frac{1}{2}, \quad C = -\frac{1}{8}, \quad D = \frac{1}{16}, \quad C = -\frac{5}{128}, \ldots,$$

et enfin

$$\sqrt{1+\varepsilon} = 1 + \frac{\varepsilon}{2} - \frac{\varepsilon^2}{8} + \frac{\varepsilon^3}{16} - \frac{5\varepsilon^4}{128} + \ldots$$

Cela ne suffit pas pour reconnaître la loi que suivent les coefficients; mais si ε est très-petit, on retrouve la relation

$$\sqrt{1+\varepsilon} = 1 + \frac{\varepsilon}{2}.$$

On y serait arrivé directement en posant simplement

$$\sqrt{1+\varepsilon} = A + B\varepsilon.$$

Nous allons encore montrer la fécondité de cette méthode en cherchant les développements du sinus et du cosinus, dont nous avons déjà fait usage; mais nous devons prevenir que ce procédé, remarquable pour sa simplicité, est insuffisant comme démonstration rigoureuse.

Soit
$$\sin x = A + Bx + Cx^2 + Dx^3 + Ex^4 + Fx^5 + \ldots;$$

il vient, en différentiant,

$$\cos x = B + 2Cx + 3Dx^2 + 4Ex^3 + 5Fx^4 + \ldots,$$

et différentiant une seconde fois,

$$-\sin x = 2C + 2.3 D x + 3.4 E x^2 + 4.5 F x^3 + \ldots$$

Les deux développements du sinus devant être identiques, on a les égalités

$$A = -2C, \quad B = -2.3 D, \quad C = -4.5 E, \quad D = -4.5 F \ldots$$

Or, si
$$x = 0, \quad \sin x = 0,$$
donc aussi
$$A = 0, \quad \text{si} \quad x = 0, \quad \cos x = 1,$$
donc
$$B = 1;$$
d'où l'on tire
$$C = 0, \quad D = -\frac{1}{2.3}, \quad E = 0, \quad F = \frac{1}{2.3.4.5}, \ldots,$$
et l'on a les séries
$$\sin x = x - \frac{x^3}{1.2.3} + \frac{x^5}{1.2.3.4.5} - \ldots,$$
$$\cos x = 1 - \frac{x^2}{1.2} + \frac{x^4}{1.2.3.4} - \ldots$$

9. Nous avons dit que cette méthode, si précieuse dans une foule de recherches, n'est pas d'une exactitude absolue : en effet, il n'est pas tout à fait évident qu'une fonction quelconque puisse se développer suivant les puissances de la variable dont elle dépend, et il y a même certaines fonctions particulières pour lesquelles ce développement est impossible. Telle est la fonction

$$y = \log x;$$
car $x = 0$ donne
$$y = -\infty,$$

et l'on est obligé d'éluder la difficulté en développant $\log(x+1)$.

Mais nous devons surtout, au point de vue des calculs pratiques, nous préoccuper d'une autre espèce de difficulté qui se présente bien plus souvent et qui consiste dans la divergence des séries. Quand les termes vont en croissant, il est évidemment impossible que leur somme converge vers une quantité finie ; c'est ce qui arrive, par exemple, dans les progressions géométriques dont la raison est plus grande que l'unité. Mais quand même les termes vont en diminuant, de manière que le terme de rang n devienne infiniment petit pour $n = \infty$, cette condition ne suffit pas toujours pour établir la convergence.

Une série dont tous les termes sont de même signe est convergente quand le rapport d'un terme au terme qui le précède tend vers une limite plus petite que l'unité.

En effet, soit k une quantité plus grande que le rapport d'un terme quelconque à celui qui le précède, on peut néanmoins supposer $k < 1$. Or la somme des termes, depuis le premier jusqu'au $n + 1^{ième}$ étant

$$S = u_0 + u_1 + u_2 + \ldots + u_{n-1} + u_n,$$

on aura la suite d'inégalités

$$u_1 < u_0 k,$$
$$u_2 < u_1 k,$$
$$u_3 < u_2 k,$$
$$\ldots\ldots,$$
$$u_n < u_{n-1} k.$$

Multipliant ces inégalités, il reste

$$u_n < u_0 k^n,$$

et comme $k < 1$, on sait que k^n devient plus petit que toute grandeur donnée quand n augmente indéfiniment. Il en sera donc de même pour u_n. Cela tient à ce que les puissances d'une quantité plus grande que l'unité croissent indéfiniment. En effet,

$$(1 + \alpha)^2 = (1 + \alpha)(1 + \alpha) > 1 + 2\alpha,$$
$$(1 + \alpha)^3 > (1 + 2\alpha)(1 + \alpha) > 1 + 3\alpha;$$

et ainsi de suite. Donc

$$(1 + \alpha)^n > 1 + n\alpha,$$

qui peut croître indéfiniment pour une valeur suffisante de n. Par conséquent, $K^n = \dfrac{1}{(1 + \alpha)^n}$ décroît indéfiniment.

On aura ensuite, en ajoutant,
$$S - u_0 < k(S - u_n);$$
d'où
$$S(1-k) < u_0 - ku_n \quad \text{et} \quad S < \frac{u_0 - ku_n}{1-k}.$$

Mais, comme nous venons de le voir, u_n devient infiniment petit à mesure que n augmente, et il reste
$$S < \frac{u_0}{1-k}.$$

On voit que ce raisonnement ne pourrait s'appliquer si k était égal à l'unité.

Du reste, il faut bien observer que cette valeur S, quand elle est finie pour $k < 1$, donne bien une quantité $\frac{u_0}{1-k}$ supérieure à la somme indéfinie des termes de la série, ce qui prouve que cette série est convergente; mais il ne faudrait pas croire que cette valeur $\frac{u_0}{1-k}$ fût la limite vers laquelle converge cette suite de termes. C'est pourtant ce qui a lieu pour les progressions géométriques dont la raison est plus petite que l'unité, k étant cette raison; mais il n'en est pas toujours ainsi, puisque, du reste, k n'est point complétement déterminé.

Nous devons donc conclure que la série est divergente si $k > 1$, puisque les termes vont en augmentant et qu'elle est convergente si $k < 1$; mais si $k = 1$, on reste dans l'indécision, et, en effet, les séries de cette nature sont tantôt divergentes, tantôt convergentes.

Ainsi la série
$$1 + \frac{1}{2} + \frac{1}{3} + \frac{1}{4} + \frac{1}{5} + \ldots,$$

quoique ses termes aillent constamment en diminuant, est divergente, c'est-à-dire que la somme de ses termes n'a point de limite finie. Mais la série
$$1 + \left(\frac{1}{2}\right)^2 + \left(\frac{1}{3}\right)^2 + \left(\frac{1}{4}\right)^2 + \left(\frac{1}{5}\right)^2 + \ldots,$$

dans laquelle on a aussi $k=1$, converge vers une limite finie (*).

10. Nous avons considéré des séries dont tous les termes étaient de même signe; souvent aussi les termes sont alternativement positifs et négatifs, et d'ordinaire le calcul de l'approximation en devient plus facile. Tels sont les développements du sinus et du cosinus en fonction de l'arc.

Quand une série est composée de termes constamment décroissants et alternativement positifs et négatifs, cette série est convergente; l'erreur est inférieure au premier terme que l'on néglige et de même signe que ce terme.

En effet, considérons la suite de termes
$$a - b + c - d + e - f + g - h + \ldots$$
En s'arrêtant après trois termes, on peut poser la série sous la forme
$$a - b + c - (d - e) - (f - g) - \ldots,$$
c'est-à-dire que les termes conservés $a - b + c$ seront suivis d'une quantité négative, car toutes les quantités négligées $-(d-e)$, $-(f-g), \ldots$ sont effectivement négatives, puisque les termes vont toujours en diminuant. Ainsi la valeur $a - b + c$ sera approchée en excès.

Prenons maintenant un terme de plus, la série deviendra
$$a - b + c - d + (e - f) + (g - h) + \ldots;$$
et ici les quantités négligées $e - f$, $g - h, \ldots$ seront évidemment positives. Donc la valeur $a - b + c - d$ sera approchée par défaut. Or la différence de ces deux sommes est $-d$; on voit donc que, dans la première circonstance, l'erreur était numériquement inférieure à d, mais du même signe que $-d$, c'est-à-dire négative.

(*) On démontre aussi la condition de convergence $\sqrt[n]{u_n} < 1$.

CHAPITRE II.

APPROXIMATIONS SUCCESSIVES.

11. L'approximation telle que nous l'avons considérée jusqu'à présent, et qui consiste simplement à négliger les puissances supérieures de l'erreur, ne suffit pas dans toutes les circonstances. Il peut se faire que l'erreur soit assez considérable pour que le carré, le cube même de cette correction, étant multipliés d'ailleurs par des coefficients qui peuvent être considérables, soient trop grands pour être négligés ; on doit alors se servir de cette première approximation pour substituer dans l'équation une valeur déjà corrigée, afin d'avoir une seconde correction, puis une troisième, et ainsi de suite, jusqu'à ce que l'on ait obtenu l'approximation désirée.

Cependant le calcul serait en défaut si la correction qu'il donne atteignait ou dépassait la valeur initiale, car il est clair qu'on ne pourrait plus la négliger relativement à cette valeur.

Pour premier exemple, cherchons la valeur de $\sqrt{5}$; sa partie entière est 2. Nous pouvons donc poser

$$\sqrt{5} = 2 + x, \quad \text{d'où} \quad 1 = 4x,$$

en négligeant x^2. On a donc

$$\sqrt{5} = \frac{9}{4} + y,$$

ce qui donne pour seconde approximation

$$5 = \frac{81}{16} + \frac{9y}{2}.$$

Alors
$$\frac{9y}{2} = -\frac{1}{16} \quad \text{et} \quad y = -\frac{1}{72};$$
donc
$$\sqrt{5} = \frac{9}{4} - \frac{1}{72} = \frac{161}{72} = 2,2361:$$

ce résultat ne diffère qu'aux dix-millièmes du résultat vrai
$$\sqrt{5} = 2,23607.$$

On voit que les corrections peuvent être tantôt positives, tantôt négatives.

Ici il a suffi de deux corrections pour avoir une approximation assez considérable, mais l'on n'est pas toujours si heureux.

Cherchons la racine cubique de 2; nous poserons
$$\sqrt[3]{2} = 1 + x,$$
ce qui donne
$$x = \frac{1}{3},$$
en négligeant x^2 et x^3, parce que $x < 1$. On a donc
$$\sqrt[3]{2} = \frac{4}{3} + y,$$
d'où l'on tire encore
$$2 = \frac{64}{27} + \frac{16}{3} y \quad \text{et} \quad \frac{16}{3} y = -\frac{10}{27},$$
et enfin
$$y = -\frac{5}{72}.$$
Ainsi
$$\sqrt[3]{2} = \frac{4}{3} - \frac{5}{72} = \frac{91}{72} = 1,263888\ldots,$$
au lieu de
$$1,25992\ldots.$$

L'approximation ne s'étend donc qu'aux centièmes.

CHAPITRE DEUXIÈME.

Prenons encore pour exemple l'équation

$$x^2 + 100x - 1 = 0,$$

et remarquons que l'une de ses racines diffère très-peu de $\frac{1}{100}$, car, par $x = \frac{1}{100}$, le premier membre se réduit à $\frac{1}{10000}$, qui diffère peu de zéro. Nous pouvons donc, en modifiant un peu la méthode pour simplifier le calcul, remplacer x par $0,01$, seulement dans le carré x^2, ce qui donne

$$0,0001 + 100x = 1,$$

et l'on a pour seconde valeur

$$x = 0,01 - 0,000001 = 0,009999;$$

mais la première valeur $x = 0,01$ était déjà suffisamment exacte.

On trouvera l'autre racine en observant que la somme des deux racines est égale à -100.

12. Une question qui se présente souvent consiste à calculer les racines d'une équation du second degré quand le coefficient de x^2 est très-petit.

Soit donc a très-petit dans l'équation

$$ax^2 + bx + c = 0;$$

on en conclut

$$x = -\frac{c}{b} - \frac{ax^2}{b},$$

ce qui donnerait

$$-\frac{c}{b}$$

pour première valeur de l'inconnue, si a était tout à fait nul. Transportons donc cette valeur dans le second membre; on trouve pour seconde valeur

$$x = -\frac{c}{b} - \frac{ac^2}{b^3}.$$

L'autre racine se calculera encore en retranchant cette première racine de $-\dfrac{b}{a}$.

Cette méthode, déjà employée dans l'exemple précédent, conduit à des calculs très-simples; mais comme on substitue la première valeur de l'inconnue dans le carré de x et non dans la simple puissance, on pourrait craindre qu'elle ne fût pas suffisamment exacte : il est donc utile de la contrôler par les procédés déjà connus (*).

On sait que
$$x = \frac{-b \pm \sqrt{b^2 - 4ac}}{2a},$$

ou bien
$$x = \frac{(\sqrt{b^2 - 4ac} - b)(\sqrt{b^2 - 4ac} + b)}{2a(\sqrt{b^2 - 4ac} + b)},$$

en prenant seulement le signe positif du radical.

En réduisant, on a
$$x = \frac{-2c}{\sqrt{b^2 - 4ac} + b}.$$

(*) Le calcul qui va suivre fait seulement voir que cette méthode est exacte dans les mêmes limites que celle de Newton, qui n'en diffère pas essentiellement et que nous développerons bientôt; mais il se présente des circonstances où elle tombe en défaut, c'est-à-dire que les valeurs successives ne s'approchent point de la racine. C'est ce qui arrive pour les équations
$$\frac{1}{10^6} x^2 + 10 x - 10^6 = 0 \quad \text{et} \quad \frac{1}{10^6} x^2 + 10 x - 10^4 = 0$$

que nous a communiquées M. Harant. Selon M. Gerono, cette méthode n'est applicable que si ac est très-petit par rapport à b^2. En effet, dans l'expression
$$x = -\frac{c}{b} - \frac{ac^2}{b^3} = -\frac{c}{b}\left(1 + \frac{ac}{b^2}\right),$$

il faut que $\dfrac{ac}{b^2} < 1$ pour que la correction soit plus petite que la première valeur.

On évaluera $\sqrt{b^2 - 4ac}$ par la formule connue
$$\sqrt{1+\varepsilon} = 1 + \frac{\varepsilon}{2},$$
qui donne
$$b\sqrt{1 - \frac{4ac}{b^2}} = b\left(1 - \frac{2ac}{b^2}\right) = b - \frac{2ac}{b},$$
d'où l'on tire
$$x = -\frac{bc}{b^2 - ac}.$$

Pour identifier cette valeur avec celle que nous avons déjà trouvée, il faut diviser bc par $b^2 - ac$, ce qui donne, en ne conservant que les deux premiers termes du quotient, et supprimant ceux qui contiennent a^2 et les puissances supérieures, la valeur
$$x = -\frac{c}{b} - \frac{ac^2}{b^3},$$
que nous avions obtenue d'une autre manière.

Du reste, on arrivera au même résultat en posant
$$x = y - \frac{c}{b};$$
y étant très-petit, on négligera y^2, et il reste
$$\frac{ac^2}{b^2} - \frac{2acy}{b} + by = 0 :$$
mais ay est négligeable, puisque a est aussi très-petit, ce qui donne
$$y = -\frac{ac^2}{b^3},$$
comme ci-dessus.

Les extractions successives de racines carrées de la forme $\sqrt{a + \sqrt{b}}$ peuvent *quelquefois* se ramener à des extractions simples. Soit
$$\sqrt{a + \sqrt{b}} = \sqrt{\alpha} + \sqrt{\beta};$$
élevant au carré, on trouve
$$a + \sqrt{b} = \alpha + \beta + \sqrt{4\alpha\beta}.$$

Égalant de part et d'autre la partie rationnelle et la partie irrationnelle, il vient

$$\alpha + \beta = a \quad \text{et} \quad \alpha\beta = \frac{b}{4};$$

donc α et β sont les racines de l'équation

$$x^2 - ax + \frac{b}{4} = 0,$$

qui donne

$$x = \frac{a}{2} \pm \frac{1}{2}\sqrt{a^2 - b}.$$

La transformation n'est donc utile que si $a^2 - b = c^2$ est un carré parfait; alors

$$\sqrt{a \pm \sqrt{b}} = \sqrt{\frac{a+c}{2}} \pm \sqrt{\frac{a-c}{2}}.$$

Par exemple

$$\sqrt{7 + \sqrt{24}} = \sqrt{6} + 1.$$

13. Les approximations successives s'obtiennent d'ordinaire par la méthode de Newton, qui est fondée sur le développement des fonctions en série.

Le théorème de Taylor donne

$$f(a+h) = f(a) + f'(a)\cdot\frac{h}{1} + f''(a)\cdot\frac{h^2}{1.2}$$
$$+ f'''(a)\frac{h^3}{1.2.3}\cdots;$$

les coefficients de h sont les dérivées successives de $f(x)$, où x est remplacé par a.

Soit donc $y = f(x)$ une fonction quelconque, et supposons que a soit une valeur de x assez approchée d'une racine de l'équation $f(x) = 0$, h étant la quantité qu'il faut ajouter à a pour avoir cette racine. Cela revient à supposer

$$f(a+h) = 0,$$

CHAPITRE DEUXIÈME.

d'où il résulte

$$f(a) + f'(a) \cdot \frac{h}{1} + f''(a) \cdot \frac{h^2}{1.2} + f'''(a) \cdot \frac{h^3}{1.2.3} + \ldots = 0.$$

Comme h est suffisamment petit, on posera, du moins pour une première approximation,

$$f(a) + f'(a) \cdot h = 0,$$

ce qui donne

$$h = -\frac{f(a)}{f'(a)}.$$

On obtiendra ainsi une valeur de la racine, généralement plus approchée que la première. Soit donc

$$a + h = a_1;$$

on substituera cette valeur a_1, comme on a fait pour a, ce qui donnera pour seconde approximation

$$h_1 = -\frac{f(a_1)}{f'(a_1)};$$

et ainsi de suite. C'est en cela que consiste la méthode de Newton.

Prenons comme exemple l'équation

$$70 x^4 - 140 x^3 + 90 x^2 - 20 x + 1 = 0,$$

et cherchons celle des racines qui est comprise entre 0,06 et 0,07. La première de ces valeurs étant substituée dans le polynôme donne

$$f(0,06) = 0,0946672,$$

et la seconde

$$f(0,07) = -0,0053393.$$

La seconde valeur étant évidemment plus approchée que la première, nous poserons $a = 0,07$ et en la substituant aussi dans $f'(x)$, on aura

$$h = -\frac{0,0053393}{9,24196} = -0,00058.$$

On trouve ainsi
$$a_1 = 0,06942,$$
ensuite
$$k_1 = \frac{0,00011739}{9,43276482} = 0,00011845,$$
ce qui donne
$$a_2 = 0,06943845.$$

14. On peut croire d'abord que l'approximation croît rapidement quand on emploie cette méthode : en effet, supposons, pour fixer les idées, que h soit plus petit qu'un centième, comme dans l'exemple précédent, le carré h^2 qu'on négligera dans la première approximation sera plus petit qu'un dix-millième, et il semble qu'une approximation doive toujours s'exprimer ainsi par le carré de la précédente. C'est ce qui a lieu quelquefois, et le calcul précédent en offre un exemple, comme on pourrait s'en assurer; mais le coefficient qui multiplie h^2, et les termes qui le suivent, ne permettent pas toujours que l'approximation soit aussi considérable.

Quelquefois même l'importance des termes que l'on néglige va au point de donner des corrections qui éloignent de la racine au lieu d'en rapprocher : ainsi, une racine étant comprise entre deux limites, il peut se faire que la méthode de Newton donne une valeur qui ne soit pas comprise entre ces limites; dans ce cas la correction devient évidemment illusoire.

Il faut donc, en général, vérifier chaque approximation après l'avoir obtenue, c'est-à-dire reconnaître par des substitutions convenables si la racine est comprise dans les nouvelles limites que l'on a déterminées : ce qui altère beaucoup la simplicité de la méthode; mais l'habitude du calcul peut faire éviter ces substitutions en dirigeant convenablement les approximations, et observant que les corrections sont, tantôt positives, tantôt négatives.

15. Cependant comme la méthode de Newton tombe quelquefois en défaut de manière que le calculateur ne puisse en faire usage qu'avec de longs tâtonnements, il est important de la perfectionner de telle façon, que, sans rien perdre de la simplicité, elle donne une approximation certaine, et que l'on parvienne même à resserrer la racine entre deux valeurs, l'une supérieure et toujours décroissante, l'autre inférieure et toujours croissante. Cette question a longtemps exercé les mathématiciens, mais on peut la résoudre complétement en combinant les travaux de Fourier avec ceux de M. Cauchy.

Nous supposerons d'abord que la séparation des racines a été obtenue, soit par le théorème de Sturm, soit par tout autre moyen (*). Ainsi, l'équation donnée $f(x) = 0$ n'a qu'une racine comprise entre a et A.

De plus, nous pouvons supposer que cette racine est positive, car cela revient à changer, s'il le faut, x en $-x$, c'est-à-dire à changer le sens des abscisses dans la courbe dont l'équation est $f(x)$. Nous pourrons alors supposer $a \geq 0$, car rien n'empêche de commencer les substitutions par $x = 0$; à plus forte raison, A sera positif.

Enfin, nous pouvons aussi imaginer que $f(a)$ est positif : cela revient, s'il y a lieu, à changer le signe de tous les termes de $f(x)$, ou bien le sens des ordonnées dans la courbe dont nous avons parlé. Ces hypothèses sont faites pour fixer les idées; si la question n'y rentrait pas, il serait facile de l'y ramener.

Cela posé, décomposons la fonction et ses deux premières dérivées chacune en deux groupes, l'un positif, l'autre négatif : nous aurons donc

$$f(x) = \lambda(x) - \mu(x), \quad f'(x) = \lambda'(x) - \mu'(x)$$

(*) Nous rappellerons ici l'énoncé de ce théorème. Soient X un polynôme ordonné suivant les puissances de x, et X' sa dérivée; cherchons le plus grand commun diviseur entre X et X', et *changeons le signe de chaque reste*. Soient $X_1, X_2, X_3, \ldots, X_r$, ces restes ainsi changés de signe, le dernier X_r étant numérique, puisque $X = 0$ n'a pas de racines égales. Si l'on substitue dans la série $X, X', X_1, X_2, \ldots, X_r$ deux nombres a et A, $(A > a)$, le nombre de racines de $X = 0$ comprises entre a et A est égal à l'excès du nombre de variations obtenues pour a sur le nombre de variations obtenues pour A.

et
$$f''(x) = \lambda''(x) - \mu''(x) \;(*).$$

Maintenant substituons alternativement a et A dans la partie positive et dans la partie négative de $f''(x)$, ce qui donnera les deux résultats

$$\lambda''(a) - \mu''(A) \quad \text{et} \quad \lambda''(A) - \mu''(a):$$

il pourra se présenter trois cas différents :

1°. *Ces résultats sont tous deux positifs.*

Prenez alors $a_1 = a - \dfrac{f(a)}{f'(a)}$ et $A_1 = A - \dfrac{f(A)}{f'(A)}$; la racine sera comprise entre a_1 et A_1, car il faut observer que $f(a)$ et $f(A)$ sont de signes contraires, puisque a et A ne contiennent qu'une racine de l'équation.

On posera, pour seconde approximation,

$$a_2 = a_1 - \frac{f(a_1)}{f'(a_1)} \quad \text{et} \quad A_2 = A_1 - \frac{f(A_1)}{f'(A_1)}.$$

La racine sera donc resserrée, comme nous l'avons dit, entre deux valeurs, l'une supérieure et toujours décroissante, l'autre inférieure et toujours croissante.

2°. *Les résultats sont tous deux négatifs.*

Prenez

$$a_1 = a - \frac{f(a)}{f'(A)} \quad \text{et} \quad A_1 = A - \frac{f(A)}{f'(A)}.$$

La seconde approximation donnera de même

$$a_2 = a_1 - \frac{f(a_1)}{f'(A_1)}, \quad A_2 = A_1 - \frac{f(A_1)}{f'(A_1)},$$

et ainsi de suite.

(*) Si $f(x)$ est un polynôme, les termes positifs et négatifs de $f'(x)$ et de $f''(x)$ seront les dérivées successives des termes correspondants de $f(x)$, comme nous l'indiquons ici; mais pour beaucoup de fonctions transcendantes et même algébriques, il pourrait ne plus en être de même. Du reste cela ne changerait rien aux résultats que nous allons énoncer.

3°. *Les résultats sont de signes différents.*

Il faut alors substituer a dans le groupe positif de $f'(x)$, et A dans le groupe négatif, ce qui donne

$$m = \lambda'(a) - \mu'(A),$$

quantité qui sera toujours négative, d'après les hypothèses que nous avons faites. Nous aurons alors

$$a_1 = a - \frac{f(a)}{m} \quad \text{et} \quad A_1 = A - \frac{f(A)}{m};$$

de même

$$a_2 = a_1 - \frac{f(a_1)}{m_1}, \quad A_2 = A_1 - \frac{f(A_1)}{m_1},$$

en posant

$$m_1 = \lambda'(a_1) - \mu'(A_1),$$

et ainsi de suite (*).

16. Ce procédé, qui convient au cas où la méthode de Newton est complétement en défaut, a été indiqué depuis longtemps par M. Cauchy; on peut s'étonner qu'il ne soit pas plus répandu et qu'aucun ouvrage élémentaire n'en fasse mention. Il est général, c'est-à-dire qu'il s'étend à tous les cas possibles; mais il est d'ordinaire moins avantageux que les autres procédés, quand ceux-ci sont applicables.

En effet, si le premier cas se présente et qu'on puisse employer la formule $a_1 = a - \frac{f(a)}{f'(a)}$, il faut que $f'(a) = \lambda'(a) - \mu'(a)$ soit négatif, ainsi que $m = \lambda'(a) - \mu'(A)$. Mais il est clair que m est numériquement plus grand que $f'(a)$, puisque le groupe négatif $\mu'(A)$ est plus considérable que $\mu'(a)$, en supposant que $\mu'(x)$ augmente avec x : donc le plus grand dénominateur donnant la plus petite fraction, on voit que la correction $-\frac{f(a)}{f'(a)}$ sera plus avantageuse que $-\frac{f(a)}{m}$.

(*) Pour la démonstration de cette théorie, voir les *Nouvelles Annales* de MM. Terquem et Gerono, tome XV, pages 244 et suiv. (Juillet 1856.)

De même, dans le second cas, si l'on compare les deux valeurs négatives $f'(A) = \lambda'(A) - \mu'(A)$ et $m = \lambda'(a) - \mu'(A)$, la seconde sera numériquement plus grande que la première, parce que la partie positive $\lambda'(a)$ est plus petite que $\lambda'(A)$, en admettant encore que $\lambda(x)$ augmente avec x.

La correction de M. Cauchy, $a_1 = a - \dfrac{f(a)}{m}$, approche de *la plus petite racine comprise entre a et A*; elle peut donc servir même quand les racines ne sont pas séparées. On aura pour seconde correction
$$a_2 = a_1 - \frac{f(a_1)}{\lambda'(a_1) - \mu'(A)},$$
et ainsi de suite.

Il sera facile de transformer la méthode de manière à revenir de A à a pour se rapprocher de la plus grande racine comprise dans cet intervalle.

17. Considérons l'équation
$$x^3 - 2x^2 - x + 1 = 0,$$
dont les racines sont comprises, l'une entre 0 et -1, l'autre entre 0 et 1, et enfin la troisième entre 2 et 3.

Cherchons la seconde racine pour laquelle $a = 0$, $A = 1$, ce qui donne
$$f(a) = 1 \quad \text{et} \quad f(A) = -1,$$
on trouve
$$f'(x) = 3x^2 - 4x - 1 \quad \text{et} \quad f''(x) = 6x - 4;$$
donc $f''(x)$ prenant des signes différents pour les limites qui comprennent la racine, on ne pourra pas compter sur la méthode de Newton, et il faut prendre avec M. Cauchy
$$m = \lambda'(a) - \mu'(A),$$
ce qui donne
$$m = -5, \quad a_1 = 0{,}2 \quad \text{et} \quad A_1 = 0{,}8.$$
Ensuite
$$m_1 = \lambda'(a_1) - \mu'(A_1) = -4{,}08,$$
d'où l'on tire
$$a_2 = 0{,}38 \quad \text{et} \quad A_2 = 0{,}66;$$

on trouvera de même

$$a_3 = 0,5, \quad A_3 = 0,584.$$

Une fois arrivé à ce point, on peut employer la méthode de Newton, si l'on étend cette expression à l'ensemble des deux premiers cas examinés dans le n° 15.

En effet, la quantité $f''(x) = 6x - 4$ devenant nulle pour $x = \frac{2}{3} = 0,6666\ldots$, on voit qu'elle ne change pas de signe depuis $x = 0,5$ jusqu'à $x = 0,584$. Comme $f''(x)$ est négatif pour ces deux valeurs, on se trouve dans le second cas, c'est-à-dire que l'on devra poser

$$a_4 = a_3 - \frac{f(a_3)}{f'(a_3)} \quad \text{et} \quad A_4 = A_3 - \frac{f(A_3)}{f'(A_3)},$$

ce qui donnera

$$a_4 = 0,554 \quad \text{et} \quad A_4 = 0,555.$$

En continuant ainsi, l'on trouvera

$$x = 0,554958.$$

Cette méthode ne s'applique pas seulement aux équations ordinaires, c'est-à-dire aux polynômes, mais à des fonctions quelconques, même transcendantes. Ainsi, considérons encore l'équation

$$f(x) = 30 - x \cdot 2^x = 0.$$

Il est clair qu'il n'y a pas de racine négative, car cette équation revient à $x \cdot 2^x = 30$, et l'on voit que la substitution d'un nombre négatif quelconque donne pour $x \cdot 2^x$ un résultat négatif qui ne peut être égal à 30; de plus, il n'y aura qu'une seule racine positive, car $x \cdot 2^x$ croît indéfiniment à partir de $x = 0$.

On reconnaît que cette racine est comprise entre $a = 3$, qui donne

$$f(a) = 6 \quad \text{et} \quad A = 4,$$

pour lequel $f(A) = -34$, ensuite

$$f'(x) = -2^x(1 + x \, l\, 2) \quad \text{et} \quad f''(x) = -2^x l\, 2\,(2 + x \, l\, 2),$$

en indiquant par $l2$ le logarithme népérien de 2, c'est-à-dire 0,6931471.8. On reconnaît facilement que $f''(x)$ est toujours négatif, par conséquent,

$$a_1 = a - \frac{f(a)}{f'(A)} \quad \text{et} \quad A_1 = A - \frac{f(A)}{f'(A)}.$$

On a
$$f'(4) = -60,3614,$$
ce qui donne
$$a_1 = 3,1 \quad \text{et} \quad A_1 = 3,4.$$

On calculera 2^x par logarithmes, et l'on parviendra bientôt à la valeur
$$x = 3,22,$$
qui est suffisamment approchée, car
$$f(3,22) = 0,00001.$$

18. Frappé de l'incertitude qui accompagne la méthode de Newton, telle qu'elle avait été exposée jusqu'alors, Lagrange en avait imaginé une autre qui n'offre pas le même inconvénient et qui même permet, à chacune des approximations successives, de calculer la valeur et le sens de l'erreur. Seulement, comme cette méthode est fondée sur l'usage des fractions continues, nous devons rappeler ici leur nature et leurs propriétés.

On appelle *fraction continue* toute expression de la forme

$$a + \cfrac{\alpha}{b + \cfrac{\beta}{c + \cfrac{\gamma}{d + \ldots}}}$$

$a, b, c, \ldots, \alpha, \beta, \gamma \ldots$, étant des nombres entiers positifs ou négatifs; mais nous ne considérons que les fractions continues de la forme

$$a + \cfrac{1}{b + \cfrac{1}{c + \cfrac{1}{d + \ldots}}},$$

où les entiers a, b, c, ... sont positifs, c'est-à-dire des expressions composées d'un entier plus l'unité, divisée elle-même par un entier plus l'unité, et ainsi de suite. Le premier, a, de ces nombres entiers, peut seul être nul.

On appelle *fractions intégrantes* les fractions $\frac{1}{b}$, $\frac{1}{c}$, $\frac{1}{d}$, ..., et *quotients incomplets* les nombres b, c, d, ... ; on appelle *quotient complet* une quantité telle que

$$c + \cfrac{1}{d + \cfrac{1}{e + \ldots}}$$

prolongée jusqu'à la fin de la fraction continue, qui peut être indéfinie dans bien des circonstances, c'est-à-dire quand la valeur de cette fraction est incommensurable.

Enfin, on appelle *réduites* les quantités

$$\frac{a}{1}, \quad a + \frac{1}{b}, \quad a + \cfrac{1}{b + \cfrac{1}{c}}, \quad a + \cfrac{1}{b + \cfrac{1}{c + \cfrac{1}{d}}}, \ldots,$$

qui s'arrêtent à chaque quotient incomplet.

Il est facile de réduire en fraction continue une fraction ordinaire telle que

$$\frac{355}{113};$$

d'abord

$$\frac{355}{113} = 3 + \frac{16}{113};$$

ensuite

$$\frac{113}{16} = 7 + \frac{1}{16},$$

ce qui donne

$$\frac{16}{113} = \cfrac{1}{7 + \cfrac{1}{16}},$$

et l'on obtient
$$\frac{355}{113} = 3 + \cfrac{1}{7 + \cfrac{1}{16}}.$$

On voit que cela revient au procédé du plus grand commun diviseur.

D'après Adrien Métius,
$$\pi = \frac{355}{113}.$$

Formation des réduites. — La première réduite est
$$\frac{a}{1},$$

la seconde
$$a + \frac{1}{b} = \frac{ab+1}{b},$$

la troisième
$$a + \cfrac{1}{b + \cfrac{1}{c}} = \cfrac{a\left(b + \cfrac{1}{c}\right) + 1}{b + \cfrac{1}{c}} = \frac{(ab+1)c + a}{bc+1}.$$

On voit que jusqu'à présent le quotient incomplet correspondant à la réduite que l'on considère n'entre qu'au premier degré au numérateur et au dénominateur de cette réduite. Pour voir que cette propriété est générale, il suffit de prouver que, si elle est vraie pour une réduite
$$\frac{P}{P'} = \frac{Mp + N}{M'p + N'},$$

dont le quotient incomplet est p, elle est vraie aussi pour la réduite suivante dont le quotient incomplet est q. En effet,

$$\frac{Q}{Q'} = \cfrac{M\left(p + \cfrac{1}{q}\right) + N}{M'\left(p + \cfrac{1}{q}\right) + N'} = \frac{(Mp + N)q + M}{(M'p + N')q + M'} = \frac{Pq + M}{P'q + M'},$$

mais de plus la réduite suivante $\dfrac{R}{R'}$ sera

$$\frac{R}{R'} = \frac{P\left(q+\dfrac{1}{r}\right)+M}{P'\left(q+\dfrac{1}{r}\right)+M'} = \frac{(Pq+M)r+P}{(P'q+M')r+P'},$$

et cette valeur

$$\frac{R}{R'} = \frac{Qr+P}{Q'r+P'}$$

démontre le théorème suivant :

Le numérateur d'une réduite s'obtient en multipliant le quotient incomplet qui lui correspond par le numérateur de la réduite précédente et ajoutant le numérateur de la réduite qui précède de deux rangs. Le dénominateur se forme de même au moyen des dénominateurs de ces réduites.

Ainsi, dans l'exemple que nous avons pris, la première réduite est

$$\frac{3}{1},$$

la seconde

$$3+\frac{1}{7}=\frac{22}{7}$$

et la troisième, ayant pour quotient incomplet le nombre 16, a pour valeur

$$\frac{22 \cdot 16 + 3}{7 \cdot 16 + 1} = \frac{355}{113},$$

ce qui donne la fraction elle-même.

Propriétés des réduites. — I. Dans la fraction continue

$$x = a + \cfrac{1}{b + \cfrac{1}{c + \cdots \cfrac{}{} + \cfrac{1}{p + \cfrac{1}{q + \cfrac{1}{r + \cfrac{1}{s + \cdots}}}}}},$$

APPROXIMATIONS SUCCESSIVES.   31

$\dfrac{P}{P'}$, $\dfrac{Q}{Q'}$, $\dfrac{R}{R'}$ étant les réduites qui s'arrêtent aux quotients incomplets p, q, r, on a vu que

$$\dfrac{R}{R'} = \dfrac{Qr + P}{Q'r + P'}.$$

Mais soit

$$y = r + \dfrac{1}{s + \ldots}$$

le quotient complet qui commence à r, il est clair que

$$x = \dfrac{Qy + P}{Q'y + P'},$$

ce qui donne

$$y(Q'x - Q) = P - P'x,$$

ou bien

$$Q'y\left(x - \dfrac{Q}{Q'}\right) = P'\left(\dfrac{P}{P'} - x\right).$$

On voit par là que $x - \dfrac{Q}{Q'}$ et $\dfrac{P}{P'} - x$ sont de même signe; donc *la valeur de la fraction continue est comprise entre deux réduites consécutives.*

II. Dans cette même relation

$$Q'y\left(x - \dfrac{Q}{Q'}\right) = P'\left(\dfrac{P}{P'} - x\right)$$

où nous avons considéré les signes des facteurs, considérons maintenant leur grandeur. Il est clair que $y > 1$; de plus, comme les termes des réduites vont évidemment en augmentant, on a

$$Q' > P',$$

donc, à plus forte raison,

$$Q'y > P':$$

il faut donc, par compensation, que l'on ait numériquement

$$x - \dfrac{Q}{Q'} < \dfrac{P}{P'} - x;$$

c'est-à-dire qu'*une réduite quelconque approche plus de la valeur de la fraction que la réduite précédente.*

III. La différence

$$\frac{Q}{Q'} - \frac{P}{P'} = \frac{QP' - PQ'}{Q'P'};$$

ensuite

$$\frac{R}{R'} - \frac{Q}{Q'} = \frac{Qr + P}{Q'r + P'} - \frac{Q}{Q'} = \frac{PQ' - QP'}{Q'(Q'r + P')},$$

ce qui montre que le numérateur de cette différence est égal et de signe contraire à celui de la différence précédente, en retranchant toujours chaque réduite de celle qui la suit; il suffit donc de connaître la première différence. Or

$$\frac{ab + 1}{b} - \frac{a}{1} = \frac{1}{b};$$

par conséquent, pour la seconde différence, le numérateur serait -1, pour la troisième $+1$, et ainsi de suite. Ainsi, *le numérateur de la différence de deux réduites est ± 1, suivant qu'on retranche une réduite de rang impair d'une réduite de rang pair, ou inversement :* on prend toujours pour première réduite la quantité $\frac{a}{1}$, même quand $a = 0$.

IV. On conclut de là qu'*une réduite quelconque est toujours un nombre fractionnaire irréductible.* En effet, puisque l'on a numériquement

$$QP' - Q'P = 1,$$

un facteur commun à P et à P' diviserait aussi le second membre, ce qui est impossible puisque ce second membre est l'unité.

V. On a vu que toute réduite de rang pair est plus grande que la réduite de rang impair qui la précède, et comme elles comprennent la valeur x de la fraction continue, il en résulte que *toute réduite de rang pair est plus grande que x, et toute réduite de rang impair est plus petite que x.* Comme d'ailleurs elles s'approchent toujours de x, on voit que les réduites paires vont en décroissant et les réduites impaires en croissant.

VI. On peut d'après cela calculer l'erreur que l'on commet quand on prend pour valeur de x une réduite quelconque $\frac{Q}{Q'}$. Cette erreur est évidemment moindre que la différence entre $\frac{Q}{Q'}$ et la réduite qui la suit, $\frac{R}{R'}$. Or on a vu que cette différence, abstraction faite du signe, est égale à

$$\frac{1}{R'Q'} = \frac{1}{(Q'r + P')Q'}.$$

Souvent on ne connaît pas r, mais comme on sait que r est au moins égal à l'unité, l'erreur cherchée se représente par $\frac{1}{(Q' + P')Q'}$. Quelquefois on néglige P', et l'on représente l'erreur par $\frac{1}{Q'^2}$.

VII. Enfin, $\frac{Q}{Q'}$ approche de la valeur de x, non-seulement plus que la réduite précédente, mais *plus que toute autre fraction* $\frac{m}{m'}$, *exprimée en termes plus simples*. En effet, supposons que $\frac{m}{m'}$ approche plus de x que $\frac{Q}{Q'}$ et, à plus forte raison, que $\frac{P}{P'}$: comme x est compris entre $\frac{P}{P'}$ et $\frac{Q}{Q'}$, il en sera de même pour $\frac{m}{m'}$, et l'on devra avoir, abstraction faite du signe,

$$\frac{P}{P'} - \frac{m}{m'} < \frac{Q}{Q'} - \frac{P}{P'};$$

ou bien, à cause de $QP' - PQ' = 1$, cela revient à

$$\frac{Pm' - P'm}{P'm'} < \frac{1}{P'Q'}.$$

Mais $Pm' - P'm$ est au moins égal à l'unité, et l'on a supposé $m' < Q'$; donc l'inégalité précédente est impossible, ce qui démontre le théorème.

CHAPITRE DEUXIÈME.

19. Maintenant il sera facile de concevoir le parti que Lagrange a pu tirer de ces propriétés.

Soit $f(x) = 0$ une équation dans laquelle les racines sont séparées ; nous considérerons seulement les racines positives, car, pour trouver les racines négatives, il suffira de changer x en $-x$ et de calculer les racines positives de la transformée qui seront les racines négatives de la proposée.

Il faut maintenant faire en sorte que *les deux nombres qui comprennent la racine cherchée soient deux nombres entiers qui diffèrent entre eux d'une unité.* Supposons, pour fixer les idées, qu'ils diffèrent d'un centième, et que la racine x soit comprise, par exemple, entre

$$x_1 = 3{,}25 \quad \text{et} \quad x_2 = 3{,}24.$$

Posons dans l'équation donnée

$$x = \frac{z}{100}, \quad \text{d'où} \quad z = 100\,x,$$

nous aurons une équation transformée $f(z) = 0$ dans laquelle la valeur correspondante à celle de x que l'on cherche sera comprise entre

$$z_1 = 325 \quad \text{et} \quad z_2 = 324,$$

et ces deux limites satisferont aux conditions posées, tandis que 3 et 4 pourraient contenir d'autres racines, outre celle que l'on considère.

Nous pouvons donc admettre dorénavant que la racine est seule comprise entre a et $a + 1$, le nombre a étant entier. Posons donc $x = a + \dfrac{1}{y}$; on obtiendra une équation tranformée en y qui n'aura qu'une seule racine réelle et positive, puisque l'équation proposée n'avait qu'une seule racine entre a et $a + 1$. On cherchera les deux nombres entiers b et $b + 1$ qui comprennent cette valeur de y, et posant $y = b + \dfrac{1}{z}$, on obtiendra une équation en z sur laquelle on répétera les raisonnements précédents, ce qui don-

nera
$$z = c + \frac{1}{u},$$
et ainsi de suite. On aura donc
$$x = a + \cfrac{1}{b + \cfrac{1}{c + \ldots}}$$
et l'approximation pourra être poussée aussi loin qu'on voudra. De plus, les propriétés des réduites permettront d'avoir le signe et la limite de l'erreur.

Cette méthode n'est pas d'ordinaire très-expéditive; cependant, si les quotients incomplets sont considérables, on voit, d'après la formation des réduites et la mesure de l'erreur, que l'approximation peut croître assez rapidement.

20. Prenons pour exemple l'équation
$$x^3 - 2x - 5 = 0$$
qui n'a qu'une seule racine réelle, comprise entre 2 et 3.

Posant
$$x = 2 + \frac{1}{y},$$
on a l'équation transformée
$$y^3 - 10 y^2 - 6y - 1 = 0$$
qui donne
$$y = 10 + \frac{1}{z},$$
et, par suite,
$$61 z^3 - 94 z^2 - 20 z - 1 = 0.$$
On en conclut
$$z = 1 + \frac{1}{u},$$
d'où l'on tire
$$54 u^3 + 25 u^2 - 89 u - 61 = 0,$$
équation dont la racine sera encore comprise entre 1 et 2.

En continuant ainsi, on trouve

$$x = 2 + \cfrac{1}{10 + \cfrac{1}{1 + \cfrac{1}{1 + \cfrac{1}{2 + \cfrac{1}{1 + \cfrac{1}{3 + \cfrac{1}{1 + \cfrac{1}{1 + \ldots}}}}}}}},$$

ce qui donne les réduites suivantes :

$$\frac{2}{1}, \frac{21}{10}, \frac{23}{11}, \frac{44}{21}, \frac{111}{53}, \frac{155}{74}, \frac{576}{275}, \frac{731}{349}.$$

Ainsi $\frac{731}{349}$ est plus grand que la racine, et l'erreur est moindre que

$$\frac{1}{349(349+275)} = \frac{1}{217776};$$ on peut donc poser

$$x = 2,09455.$$

21. Il peut se présenter dans l'emploi de cette méthode un fait remarquable et qui abaisse le degré de l'équation. S'il se trouve, parmi les équations transformées que l'on obtient dans ces approximations successives, une équation identique avec une de celles qu'on a déjà obtenues, il est clair que les mêmes quotients incomplets se répéteront périodiquement, ce qui permettra d'arriver à une approximation indéfinie. Mais de plus on obtiendra la forme même des racines, grâce à ce théorème :

Une fraction continue périodique a pour valeur une racine d'une équation du second degré.

Considérons d'abord une période *simple*, c'est-à-dire qui commence au premier quotient incomplet, nous aurons

$$x = a + \cfrac{1}{b + \cfrac{1}{c + \ldots + \cfrac{1}{r + \cfrac{1}{a + \cfrac{1}{b + \ldots}}}}}.$$

APPROXIMATIONS SUCCESSIVES.

On sait que $\dfrac{R}{R'} = \dfrac{Qr+p}{Q'r+p'}$, et comme le résultat sera exact en remplaçant r par $r+\dfrac{1}{x}$, puisque la fraction se répète après r, nous aurons

$$x = \dfrac{Q\left(r+\dfrac{1}{x}\right)+p}{Q'\left(r+\dfrac{1}{x}\right)+p'} = \dfrac{(Qr+p)x+Q}{(Q'r+p')x+Q'},$$

ou bien

$$x = \dfrac{Rx+Q}{R'x+Q'},$$

ce qui donne l'équation

$$R'x^2 + (Q'-R)x - Q = 0.$$

Soit maintenant la période *mixte*

$$x = \alpha + \cfrac{1}{\beta + \cdots + \cfrac{1}{\omega + \cfrac{1}{a + \cfrac{1}{b + \cdots + \cfrac{1}{r + \cfrac{1}{a + \cfrac{1}{b+\ldots}}}}}}},$$

et soit

$$y = a + \cfrac{1}{b + \cfrac{1}{c + \cdots + \cfrac{1}{r + \cfrac{1}{a + \cfrac{1}{b+\ldots}}}}}.$$

En représentant par $\dfrac{B}{B'}$ la partie non périodique

$$\alpha + \cfrac{1}{\beta + \cfrac{1}{\gamma + \cdots + \cfrac{1}{\omega}}},$$

et par $\frac{A}{A'}$ la réduite précédente, nous aurons

$$x = \frac{By + A}{B'y + A'},$$

valeur dans laquelle y est connu par un radical du second degré, ainsi qu'on vient de le voir.

On fera disparaître facilement le radical du dénominateur; car ce dénominateur étant de la forme $\sqrt{m} + n$, il suffira de multiplier haut et bas par $\sqrt{m} - n$; donc x résultera aussi d'une équation du second degré.

Ainsi, le théorème étant démontré d'une manière générale, la fraction continue périodique conduira à une équation du second degré dont les coefficients sont rationnels. Cette équation et la proposée ayant une racine commune, leurs premiers membres ont un commun diviseur : or, ce commun diviseur ne peut être qu'un facteur rationnel, puisque les coefficients de l'équation proposée sont commensurables, et d'un autre côté les deux facteurs de l'équation du second degré qu'on a obtenue sont irrationnels, puisqu'on suppose toujours que l'équation proposée est débarrassée de ses racines commensurables; il faut donc que le premier membre de cette équation du second degré soit lui-même un facteur de l'équation proposée. Ainsi, on connaîtra immédiatement une seconde racine, et, en effectuant la division, on n'aura plus à considérer qu'une équation dont le degré sera inférieur de deux unités au degré de la proposée.

22. Nous ne pouvons nous arrêter à discuter les deux racines de l'équation à laquelle conduit une fraction continue périodique, ni à démontrer le théorème inverse du précédent, qui consiste en ce que *toute racine d'une équation du second degré à coefficients commensurables se développe en fraction continue périodique*, mais nous énoncerons quelques résultats très-simples de cette nature, et qui pourront être utiles dans certains calculs.

I. Soit

$$x = \sqrt{a^2 + 1};$$

on a
$$a^2 < a^2+1 < (a+1)^2,$$
d'où
$$a < \sqrt{a^2+1} < a+1 \quad \text{et} \quad x = a + \frac{1}{y},$$
y étant plus petit que 1 : de là
$$x - a = \frac{1}{y}$$
et
$$y = \frac{1}{x-a} = \frac{1}{\sqrt{a^2+1}-a} = \sqrt{a^2+1} + a.$$
Donc
$$2a < y < 2a+1 \quad \text{et} \quad y = 2a + \frac{1}{z},$$
d'où
$$\frac{1}{z} = y - 2a$$
et
$$z = \frac{1}{y-2a} = \frac{1}{\sqrt{a^2+1}-a} = y.$$

On voit le quotient $2a$ se répéter indéfiniment, ce qui donne
$$x = a + \cfrac{1}{2a + \cfrac{1}{2a+\ldots}}.$$

Comme application de cette formule, on obtiendra avec une approximation assez rapide
$$\sqrt{5} = 2 + \cfrac{1}{4 + \cfrac{1}{4+\ldots}}.$$

II. Soit encore
$$x = \sqrt{a^2 + 2a};$$
on a encore
$$a^2 < a^2 + 2a < (a+1)^2,$$
d'où
$$a < \sqrt{a^2+2a} < a+1 \quad \text{et} \quad x = a + \frac{1}{y};$$

CHAPITRE DEUXIÈME.

ici
$$\frac{1}{y} = x - a = \sqrt{a^2 + 2a} - a$$

et
$$y = \frac{1}{\sqrt{a^2 + 2a} - a} = \frac{\sqrt{a^2 + 2a} + a}{2a}.$$

Or
$$2a < \sqrt{a^2 + 2a} + a < 2a + 1,$$

d'où
$$1 < y < 1 + \frac{1}{2a},$$

ce qui donne
$$y = 1 + \frac{1}{z}.$$

On a donc
$$\frac{1}{z} = \frac{\sqrt{a^2 + 2a} + a}{2a} - 1 = \frac{\sqrt{a^2 + 2a} - a}{2a}$$

et
$$z = \frac{2a}{\sqrt{a^2 + 2a} - a},$$

qui se réduit à
$$z = \sqrt{a^2 + 2a} + a.$$

Donc
$$2a < z < 2a + 1 \quad \text{et} \quad z = 2a + \frac{1}{u},$$

ce qui donne
$$\frac{1}{u} = z - 2a = \sqrt{a^2 + 2a} - a \quad \text{et} \quad u = \frac{1}{\sqrt{a^2 + 2a} - a} = y.$$

On a donc
$$x = a + \cfrac{1}{1 + \cfrac{1}{2a + \cfrac{1}{1 + \cfrac{1}{2a + \ldots}}}}.$$

Cette même formule permet de développer $\sqrt{b^2 - 1}$, car il suffit de poser
$$b = a + 1, \quad \text{ou bien} \quad a = b - 1,$$

ce qui donne
$$\sqrt{b^2-1} = (b-1) + \cfrac{1}{1+\cfrac{1}{2(b-1)+\cfrac{1}{1+\cfrac{1}{2(b-1)+\ldots}}}}$$

Par exemple,
$$\sqrt{8} = 2 + \cfrac{1}{1+\cfrac{1}{4+\cfrac{1}{1+\cfrac{1}{4+\ldots}}}}$$

III. Enfin, soit à développer $x = \sqrt{a^2+2}$; on a
$$a^2 < a^2 + 2 < (a+1)^2,$$
puisque $a > 1$. Donc
$$a < \sqrt{a^2+2} < a+1 \quad \text{et} \quad \sqrt{a^2+2} = a + \frac{1}{y}.$$

Par conséquent
$$\frac{1}{y} = \sqrt{a^2+2} - a$$
et
$$y = \frac{1}{\sqrt{a^2+2}-a} = \frac{\sqrt{a^2+2}+a}{2}.$$

D'ailleurs
$$2a < \sqrt{a^2+2} + a < 2a+1,$$
ou bien
$$a < y < a + \frac{1}{2},$$
ce qui donne
$$y = a + \frac{1}{z} \quad \text{et} \quad \frac{1}{z} = \frac{\sqrt{a^2+2}+a}{2} - a = \frac{\sqrt{a^2+2}-a}{2}.$$

On a donc
$$z = \frac{2}{\sqrt{a^2+2}-a} = \sqrt{a^2+2}+a$$

et, par suite,
$$z = 2a + \frac{1}{u},$$
d'où l'on tire
$$\frac{1}{u} = z - 2a = \sqrt{a^2+2} - a = \frac{1}{y}.$$

La valeur cherchée est donc
$$\sqrt{a^2+2} = a + \cfrac{1}{a + \cfrac{1}{2a + \cfrac{1}{a + \cfrac{1}{2a + \ldots}}}}.$$

Nous prendrons comme exemple
$$\sqrt{11} = 3 + \cfrac{1}{3 + \cfrac{1}{6 + \cfrac{1}{3 + \cfrac{1}{6 + \ldots}}}}.$$

23. Nous avons déjà exposé les méthodes de Newton et de Lagrange pour obtenir par approximations successives les racines d'une équation algébrique ou même transcendante. On parvient au même résultat par la *méthode des parties proportionnelles* que l'on appelle encore *règle de fausse position*, et ce procédé est même un de ceux que l'on emploie le plus dans la pratique.

Cette méthode consiste à supposer que *les accroissements de la fonction sont proportionnels à ceux de la variable*. Soit
$$y = f(x),$$
et cherchons la racine x_0 telle que $y_0 = f(x_0) = 0$; en admettant que cette racine soit la seule comprise entre x_1 et x_2. Posons
$$y_1 = f(x_1) \quad \text{et} \quad y_2 = f(x_2);$$
nous devons admettre, du moins pour une première approximation, que l'on a
$$\frac{y_1 - y_0}{y_0 - y_2} = \frac{x_1 - x_0}{x_0 - x_2},$$

ou bien, puisque $y_0 = 0$,

$$\frac{y_1}{y_2} = \frac{x_1 - x_0}{x_2 - x_0}.$$

On en tire

$$x_0(y_1 - y_2) = x_2 y_1 - x_1 y_2,$$

et enfin

$$x_0 = \frac{x_2 y_1 - x_1 y_2}{y_1 - y_2}.$$

Cette valeur peut s'écrire encore sous les deux formes suivantes :

$$x_0 = x_1 - \frac{y_1(x_1 - x_2)}{y_1 - y_2} \quad \text{et} \quad x_0 = x_2 - \frac{y_2(x_1 - x_2)}{y_1 - y_2}.$$

On voit que cette méthode tient à la règle de Bernoulli, c'est-à-dire aux principes fondamentaux énoncés dans le chapitre Ier.

Il est clair que cette première approximation ne donne pas pour x_0 la valeur exacte de la racine; la substitution de x_0 donnera la valeur y_0 qui ne sera pas nulle, comme nous l'avions supposé tout à l'heure; par conséquent on resserrera la racine entre x_0 et celle des deux valeurs x_1 et x_2 qui comprend la racine avec x_0. En continuant de la même manière, on arrivera à une approximation rapide et facile, car les calculs seront plus simples que par la méthode de Newton, puisqu'il n'est pas nécessaire de faire de substitutions dans la première dérivée (*).

24. Nous prendrons pour exemple l'équation suivante, traitée par Gauss,

$$3432 x^7 - 12012 x^6 + 16632 x^5 - 11550 x^5 + 4200 x^3 - 756 x^2 + 56 x - 1 = 0.$$

I. La première racine, c'est-à-dire la plus petite, est comprise

---

(*) La racine cherchée est comprise entre la valeur que donne cette méthode et celle qu'on obtient par la méthode ordinaire de Newton, telle qu'elle a été exposée dans le n° 15. Voir l'*Algèbre* de M. Briot.

entre $x = 0$, qui donne
$$y = -1$$
et $x = 0,1$, qui donne
$$y = 0,2396512.$$

Mais ces premières valeurs de x étant encore trop éloignées pour appliquer la formule avec avantage, on arrivera, après quelques substitutions, à trouver
$$x_1 = 0,025 \quad \text{et} \quad x_2 = 0,03,$$
d'où l'on tire
$$y_1 = -0,0112272 \quad \text{et} \quad y_2 = 0,10404,$$
ce qui donne
$$x_0, \quad \text{ou plutôt} \quad x_3 = 0,02547.$$
Il vient
$$y_3 = 0,0005976;$$
on doit donc resserrer la racine entre x_1 et x_3; on aura
$$x_4 = 0,0254462 \quad \text{et} \quad y_4 = 0,00000507.$$

Comme cette valeur de y_4 est très-petite, on peut regarder x_4 comme suffisamment approché et poser
$$X_1 = 0,0254462.$$

II. La seconde racine est comprise entre $0,1$ et $0,2$. En prenant ces valeurs pour x_1 et x_2, on trouve
$$x_3 = 0,14, \quad y_3 = -0,082166.$$
En substituant $0,13$, on a
$$y = -0,0060871,$$
ce qui donne
$$x_4 = 0,1292 \quad \text{et} \quad y_4 = 0,0002743.$$
On trouvera ensuite
$$X_2 = 0,1292345.$$

APPROXIMATIONS SUCCESSIVES.

III. La troisième racine est comprise entre 0,2 et 0,3. Ensuite

$$x_3 = 0,295 \quad \text{et} \quad y_3 = -0,0104236,$$
$$x_4 = 0,29708 \quad \text{et} \quad y_4 = 0,0000129,$$
$$x_5 = 0,29707743,$$

et enfin
$$X_3 = 0,290774.$$

IV. $X_4 = 0,5$, exactement.

V. Les limites sont

$$x_1 = 0,7 \quad \text{et} \quad x_2 = 0,8,$$
$$x_3 = 0,7043, \qquad y_3 = 0,0069088,$$
$$x_4 = 0,70292, \qquad y_4 = -0,0000128,$$
$$x_5 = 0,702922552$$

et
$$X_5 = 0,7029226.$$

VI. $x_1 = 0,8$ et $x_2 = 0,9,$

$$x_3 = 0,8574, \qquad y_3 = 0,1007147,$$
$$x_4 = 0,8700, \qquad y_4 = 0,0060946,$$
$$x_5 = 0,87074, \qquad y_5 = 0,0002041,$$
$$x_6 = 0,8707656$$

et
$$X_6 = 0,8707656.$$

VII. Le calcul de cette dernière racine, comprise entre 0,9 et 1, présente quelques difficultés, parce que y varie moins dans cet intervalle que dans ceux des autres racines. Dans cette circonstance, le principe de la méthode conduit à *faire des substitutions également espacées*. On obtiendra donc les résultats suivants :

$$f(0,92) = -0,3703349, \quad f(0,94) = -0,40929369,$$
$$f(0,96) = -0,2712865, \quad f(0,98) = 0,150555,$$

on doit poser
$$x_1 = 0,96 \quad \text{et} \quad x_2 = 0,98.$$

46   CHAPITRE DEUXIÈME.

Ces deux dernières valeurs donnent

$$x_3 = 0{,}973, \qquad y_3 = -0{,}0318033,$$
$$x_4 = 0{,}9743, \qquad y_4 = -0{,}0063073,$$
$$x_5 = 0{,}97463, \qquad y_5 = +0{,}0019014,$$
$$x_6 = 0{,}9745536,$$

et enfin,

$$X_7 = 0{,}9745536.$$

25. Les calculs précédents ont été faits par M. Koralek; on peut les vérifier au moyen des relations connues entre les racines d'une équation et les coefficients de cette équation, c'est-à-dire que la somme des racines est égale et de signe contraire au coefficient $-\dfrac{12012}{3432}$ du second terme de l'équation; que la somme de leurs produits deux à deux est égale au coefficient $\dfrac{16632}{3432}$ du troisième, et ainsi de suite; enfin, que le produit de ces racines est numériquement égal au dernier terme $-\dfrac{1}{3432}$, mais de signe contraire, parce que le degré de l'équation est impair.

Toutes ces vérifications se font avec une grande exactitude.

Du reste, quand on s'aperçoit que $x = 0{,}5$ est racine exacte de l'équation, on peut diviser le premier membre par $2x - 1$, ce qui donne pour quotient exact

$$1716x^6 - 5148x^5 + 5742x^4 - 2904x^3 + 648x^2 - 54x + 1 = 0,$$

équation qui a maintenant pour racines les quantités déjà connues

$$X_1 = 0{,}0254462,$$
$$X_2 = 0{,}1292345,$$
$$X_3 = 0{,}2970774,$$
$$X_5 = 0{,}7029226,$$
$$X_6 = 0{,}8707656,$$
$$X_7 = 0{,}9745536.$$

APPROXIMATIONS SUCCESSIVES. 47

En comparant ces valeurs, on remarque les relations suivantes :

$$X_1 + X_7 = X_2 + X_6 = X_3 + X_5 = 1.$$

Si l'on n'avait qu'une seule de ces relations, on pourrait s'en servir pour abaisser le degré de l'équation proposée.

En effet, l'égalité $x + x' = 1$, établie entre deux racines, permet de substituer $x' = 1 - x$ dans l'équation donnée $f(x) = 0$. La substitution se fera sans peine au moyen de la formule

$$f(h+x) = f(h) + \frac{f'(h)}{1} \cdot x + \frac{f''(h)}{1 \cdot 2} \cdot x^2 + \frac{f'''(h)}{1 \cdot 2 \cdot 3} \cdot x^3 + \dots,$$

c'est-à-dire en remplaçant dans les dérivées successives de $f(x)$, la variable x par $h = 1$; seulement il faudra remplacer x par $-x$: on obtiendra donc, pour équation transformée, une nouvelle équation en x, qui aura une racine commune avec la proposée, à cause de la relation $x + x' = 1$, et les deux fonctions de x auront un plus grand commun diviseur qui permettra d'abaisser le degré de l'équation donnée.

Mais, dans l'exemple que nous considérons, le nombre même et la similitude des trois relations indiquées empêcheront d'obtenir cette simplification ; car, les racines de l'équation proposée étant

$$X_1, \quad X_2, \quad X_3, \quad X_5, \quad X_6, \quad X_7,$$

les racines correspondantes de la transformée seront

$$X_7, \quad X_6, \quad X_5, \quad X_3, \quad X_2, \quad X_1,$$

de sorte que la somme de deux racines correspondantes soit égale à l'unité, comme cela doit être ; seulement, cette relation existant pour tous les couples de racines, on voit que l'équation transformée sera identique avec l'équation proposée du sixième degré : ce calcul n'avancerait donc à rien pour obtenir les racines.

Cependant on peut utiliser les relations indiquées, en posant, dans l'équation du septième degré,

$$x = t + \frac{1}{2},$$

ce qui donnera

$$t = 0,$$

puisque
$$x = \frac{1}{2}.$$

En effet, on trouve
$$3432\,t^7 - 1386\,t^5 + \frac{345}{2}\,t^3 - \frac{35}{8}\,t = 0.$$

Divisant par t, et posant $t^2 = z$, il reste
$$3432\,z^3 - 1386\,z^2 + \frac{345}{2}\,z - \frac{35}{8} = 0.$$

Cette simplification pouvait être prévue, car $t = x - \frac{1}{2}$; et, soit X_1 une des racines de l'équation proposée, d'où l'on tire
$$t_1 = X_1 - \frac{1}{2},$$

on sait que
$$X_1 + X_2 = 1 \quad \text{et} \quad X_2 = 1 - X_1 :$$

par conséquent,
$$t_2 = X_2 - \frac{1}{2} = \frac{1}{2} - X_1 = -t_1.$$

Ainsi les racines de la transformée, après qu'on a divisé par t, sont égales et de signe contraire, ce qui réduit l'équation au troisième degré.

En commençant une recherche de cette nature, on n'aperçoit pas d'abord les relations qui peuvent exister entre les racines; mais s'il s'en présente qui n'aient pas été prévues d'avance, on en profite pour abaisser le degré de l'équation, vérifier les résultats déjà obtenus et continuer le calcul avec plus d'assurance et de facilité.

CHAPITRE III.

FORMULES APPROXIMATIVES.

26. En suivant toujours les principes établis au commencement de cet ouvrage, nous allons passer en revue plusieurs des formules les plus importantes, et observer les modifications qu'elles subissent quand on suppose qu'une ou plusieurs des quantités qu'elles contiennent sont assez petites pour qu'on puisse négliger leurs puissances supérieures.

Parmi tous les développements en série, le plus connu est le *binôme de Newton*, qui permet d'écrire immédiatement une puissance quelconque d'un binôme.

On a la formule

$$(a+x)^m = a^m + \frac{ma^{m-1}}{1} \cdot x + \frac{m(m-1)}{1 \cdot 2} a^{m-2} \cdot x^2 + \frac{m(m-1)(m-2)}{1 \cdot 2 \cdot 3} a^{m-3} \cdot x^3 + \cdots$$

Quant aux exposants, celui de a diminue d'une unité à chaque terme en même temps que celui de x augmente d'une unité.

Quant aux coefficients, celui d'un terme quelconque se forme en *multipliant le terme précédent par l'exposant de a dans ce terme et divisant par le nombre des termes qui précèdent.*

Posant $\frac{x}{a} = z$, on trouve

$$a + x = a(1+z) \quad \text{et} \quad (a+x)^m = a^m(1+z)^m;$$

on a d'ailleurs

$$(1+z)^m = 1 + \frac{mz}{1} + \frac{m(m-1)}{1 \cdot 2} z^2 + \frac{m(m-1)(m-3)}{1 \cdot 2 \cdot 3} z^3 + \cdots$$

Maintenant, si x est très-petit, il reste

$$(a+x)^m = a^m + ma^{m-1} x;$$

c'est-à-dire que, si l'on augmente la quantité a d'une quantité très-petite x, l'accroissement de a^m aura pour coefficient de x la dérivée ma^{m-1} de a^m.

27. Comme la formule du binôme est vraie, non-seulement pour m entier et positif, mais aussi pour les exposants fractionnaires et négatifs, on peut en conclure les développements de $\frac{1}{1+\varepsilon} = (1+\varepsilon)^{-1}$ et de $\sqrt{1+\varepsilon} = (1+\varepsilon)^{\frac{1}{2}}$, tels qu'ils ont été trouvés dans le chapitre Ier.

En effet, cette formule donne

$$(1+\varepsilon)^{-1} = 1 - \varepsilon + \varepsilon^2 - \varepsilon^3 + \varepsilon^4 - \ldots,$$

développement déjà connu et qu'il est facile de vérifier par cette autre méthode.

On trouve ensuite

$$(1+\varepsilon)^{\frac{1}{2}} = 1 + \frac{1}{2}\varepsilon + \frac{1}{2}\left(\frac{1}{2}-1\right)\cdot\frac{\varepsilon^2}{1.2} + \frac{1}{2}\left(\frac{1}{2}-1\right)\left(\frac{1}{2}-2\right)\frac{\varepsilon^3}{1.2.3} + \ldots,$$

ce qui ramène à un développement déjà connu par les coefficients indéterminés ; mais ici on voit plus facilement la loi des termes.

Enfin, on retrouve les résultats approximatifs,

$$(1+\varepsilon)^{-1} = 1 - \varepsilon \quad \text{et} \quad (1+\varepsilon)^{\frac{1}{2}} = 1 - \frac{\varepsilon}{2}.$$

28. Nous indiquerons le logarithme d'un nombre quelconque x, par lx, Lx ou $\log x$, suivant que la base du système est le nombre e dans le système de Néper, le nombre 10 dans celui de Briggs ou des logarithmes ordinaires, ou bien un nombre quelconque a dans un système arbitraire.

D'après cela, nous aurons

$$\log(1+x) = \log e\left(x - \frac{x^2}{2} + \frac{x^3}{3} - \frac{x^4}{4} + \frac{x^5}{5} - \ldots\right).$$

et, par suite,

$$l(1+x) = \left(x - \frac{x^2}{2} + \frac{x^3}{3} - \frac{x^4}{4} + \frac{x^5}{5} - \ldots\right).$$

Ces séries sont convergentes quand x est compris entre $+1$ et -1.

FORMULES APPROXIMATIVES.

Changeons x en $-x$; il vient

$$\log(1-x) = -\log e \left(x + \frac{x^2}{2} + \frac{x^3}{3} + \frac{x^4}{4} + \frac{x^5}{5} + \ldots\right).$$

Ajoutant les deux valeurs précédentes

$$\log(1+x) \quad \text{et} \quad -\log(1-x),$$

on obtient

$$\log\frac{1+x}{1-x} = 2\log e.\left(x + \frac{x^3}{3} + \frac{x^5}{5} + \frac{x^7}{7} + \ldots\right).$$

Si x est très-petit, il reste

$$\log(1+x) = x \log e.$$

Enfin, pour donner quelques formules relatives au calcul différentiel et au calcul intégral, nous observerons que

$$\frac{d.\log x}{dx} = \frac{\log e}{x} \quad \text{et} \quad \frac{d.lx}{dx} = \frac{1}{x}.$$

Réciproquement,

$$\int \frac{dx}{x} = lx + C.$$

On a aussi

$$\int \frac{dx}{\sqrt{x^2-1}} = l\left(x + \sqrt{x^2-1}\right) + C$$

et

$$\int \frac{dx}{\sqrt{x^2+1}} = l\left(x + \sqrt{x^2+1}\right) + C.$$

De même

$$\int dx \sqrt{x^2-1} = C + \frac{1}{2}\sqrt{x^2-1} - \frac{1}{2}l\left(x + \sqrt{x^2-1}\right)$$

et

$$\int dx \sqrt{x^2+1} = C + \frac{1}{2}\sqrt{x^2+1} - \frac{1}{2}l\left(\sqrt{x^2+1} - x\right).$$

29. Pour les fonctions exponentielles

$$a^x = 1 + \frac{x\,la}{1} + \frac{(x\,la)^2}{1.2} + \frac{(x\,la)^3}{1.2.3} + \frac{(x\,la)^4}{1.2.3.4} + \ldots$$

CHAPITRE TROISIÈME.

Si $a = e$,

$$e^x = 1 + \frac{x}{1} + \frac{x^2}{1.2} + \frac{x^3}{1.2.3} + \frac{x^4}{1.2.3.4} + \ldots,$$

et pour $x = 1$,

$$e = 1 + \frac{1}{1} + \frac{1}{1.2} + \frac{1}{1.2.3} + \frac{1}{1.2.3.4} + \ldots.$$

On trouve que cette base des logarithmes *hyperboliques*, que l'on appelle quelquefois aussi *népériens*, est un nombre incommensurable égal à $2,718281828\ldots$

Soit M le *module* par lequel il faut multiplier les logarithmes hyperboliques pour obtenir les logarithmes vulgaires; on a vu dans le numéro précédent que $M = Le$. Or, si l'on multiplie $l\,10$ par ce module, on doit avoir l'unité, puisque $L\,10 = 1$, ce qui donnera

$$l\,10 \cdot Le = 1 \quad \text{et} \quad M = \frac{1}{l\,10}.$$

On trouve

$$l\,10 = 2,3025850929 \quad \text{et} \quad M = Le = 0,4342944819.$$

Les séries a^x ou e^x sont toujours convergentes, quel que soit x, parce que les facteurs qui s'accumulent au dénominateur finissent toujours par l'emporter sur le facteur constant dont s'accroît le numérateur.

On a en général

$$\frac{d.a^x}{dx} = \frac{\log a}{\log e} \cdot a^x.$$

Mais si l'on prend e pour base, il reste

$$\frac{d.a^x}{dx} = la \cdot a^x,$$

et si, de plus, $a = e$, on a enfin

$$\frac{d.e^x}{dx} = e^x \quad \text{et même} \quad \frac{d^n.e^x}{dx^n} = e^x;$$

donc aussi

$$\int a^x dx = \frac{a^x}{la} + C \quad \text{et} \quad \int e^x dx = e^x + C.$$

30. Les formules relatives à la trigonométrie sont encore remarquables. Nous avons les deux développements

$$\sin x = x - \frac{x^3}{1.2.3} + \frac{x^5}{1.2.3.4.5} - \frac{x^7}{1.2.3.4.5.6.7} + \cdots,$$

$$\cos x = 1 - \frac{x^2}{1.2} + \frac{x^4}{1.2.3.4} - \frac{x^6}{1.2.3.4.5.6} + \cdots.$$

Ces séries, trouvées par Newton, sont toujours convergentes, et l'on sait d'ailleurs que le terme auquel on s'arrête est la limite de l'erreur, puisque les termes sont alternativement positifs et négatifs : il faut observer aussi que l'arc x est exprimé ici, non pas en degrés, mais en longueur de la circonférence dont le rayon est l'unité.

Ces formules font voir que si l'arc est très-petit, il peut se remplacer par son sinus, mais que ce sinus est toujours plus petit que l'arc ; elles montrent aussi que le cosinus d'un arc très-petit se remplace par l'unité, mais qu'il est un peu plus petit que l'unité.

Ainsi les formules générales

$$\sin(a + x) = \sin a \cos x + \sin x \cos a$$

et

$$\cos(a + x) = \cos a \cos x - \sin a \sin x.$$

peuvent se remplacer, quand x est très-petit, par les formules approximatives

$$\sin(a + x) = \sin a + x \cos a$$

et

$$\cos(a + x) = \cos a - x \sin a.$$

31. On développe l'arc dont la tangente est x, par la formule suivante, due à Leibnitz,

$$\text{arc tang } x = x - \frac{x^3}{3} + \frac{x^5}{5} - \frac{x^7}{7} + \cdots.$$

Seulement cette formule n'est convergente que pour x compris entre $+1$ et -1. Nous verrons comment on l'emploie pour calculer π.

La tangente et l'arc sont toujours très-petits en même temps, car il reste alors
$$\text{arc tang } x = x;$$
mais la tangente est un peu plus grande que l'arc, car la partie négligée dans le développement est négative, comme on peut le voir. La formule
$$\text{tang}(a + x) = \frac{\text{tang } a + \text{tang } x}{1 - \text{tang } a \text{ tang } x}$$
devient
$$\text{tang}(a + x) = \frac{\text{tang } a + x}{1 - x \text{ tang } a},$$
pour x très-petit. Effectuant la division et négligeant les puissances supérieures de x, il reste
$$\text{tang}(a + x) = \text{tang } a + \frac{x}{\cos^2 a}.$$

On a pour les sinus et les tangentes
$$\frac{d.\sin x}{dx} = \cos x, \qquad \frac{d.\cos x}{dx} = -\sin x,$$
et aussi
$$\frac{d.\text{tang } x}{dx} = \frac{1}{\cos^2 x}.$$

Par conséquent, on obtient
$$\int \sin x\, dx = C - \cos x, \qquad \int \cos x\, dx = C + \sin x,$$
$$\int \frac{dx}{\cos^2 x} = C + \text{tang } x, \qquad \int \frac{dx}{\sin^2 x} = C - \cot x,$$
$$\int \frac{dx}{1 + x^2} = C + \text{arc tang } x, \qquad \int -\frac{dx}{1 + x^2} = C + \text{arc cot } x.$$

On trouve aussi

$$\int \frac{dx}{\sqrt{1-x^2}} = C + \arcsin x, \qquad \int -\frac{dx}{\sqrt{1-x^2}} = C + \arccos x,$$

$$\int \frac{dx}{\sin x} = C + l \tang \frac{1}{2} x, \qquad \int \frac{dx}{\cos x} = C - l \tang \left(45° - \frac{1}{2} x\right),$$

$$\int dx \sqrt{1-x^2} = C + \frac{1}{2} x \sqrt{1-x^2} + \frac{1}{2} \arcsin x.$$

39. Comme ce ne sont pas les sinus et les tangentes que l'on emploie dans les calculs, mais seulement leurs logarithmes, il est indispensable dans la pratique de transformer les sommes et les différences des fonctions trigonométriques en produits et en quotients; c'est ce qu'on appelle rendre une quantité calculable par logarithmes.

On a des formules pour certains cas particuliers; telles sont les suivantes :

$$\sin p + \sin q = 2 \sin \frac{1}{2}(p+q) \cos \frac{1}{2}(p-q),$$

$$\sin p - \sin q = 2 \sin \frac{1}{2}(p-q) \cos \frac{1}{2}(p+q),$$

$$\cos p + \cos q = 2 \cos \frac{1}{2}(p+q) \cos \frac{1}{2}(p-q),$$

$$\cos p - \cos q = 2 \sin \frac{1}{2}(p+q) \sin \frac{1}{2}(p-q).$$

Mais il faut faire la transformation indiquée dans toutes les circonstances possibles.

Soit
$$y = a + b$$
la somme de deux quantités quelconques, et posons
$$a = \tang \alpha, \quad b = \tang \beta;$$
nous aurons
$$y = \tang \alpha + \tang \beta,$$
ou bien
$$y = \frac{\sin \alpha}{\cos \alpha} + \frac{\sin \beta}{\cos \beta} = \frac{\sin \alpha \cos \beta + \sin \beta \cos \alpha}{\cos \alpha \cos \beta}$$

et enfin
$$y = \frac{\sin(\alpha + \beta)}{\cos\alpha \cos\beta},$$

quantité calculable par logarithmes; on a d'ailleurs trouvé aussi par logarithmes les angles α et β.

Cette formule est absolument générale, car une quantité quelconque peut être représentée par une tangente, puisque les tangentes s'étendent depuis $-\infty$ jusqu'à $+\infty$. S'il s'agissait de la différence $a - b$ de deux quantités, on trouverait

$$y = \frac{\sin(\alpha - \beta)}{\cos\alpha \cos\beta}.$$

Cependant on peut arriver au même résultat d'une manière encore plus simple. Comme il ne s'agit que de la valeur absolue des quantités, nous pouvons supposer que a et b sont positifs dans la somme

$$y = a + b = a\left(1 + \frac{b}{a}\right).$$

Posons alors
$$\frac{b}{a} = \tan^2\varphi,$$

on calculera φ par logarithmes, et l'on aura

$$y = a(1 + \tan^2\varphi) = \frac{a}{\cos^2\varphi},$$

ce qui se calcule aussi facilement par logarithmes. En supposant, comme on peut toujours le faire, $a > b$, on pourrait poser encore

$$\frac{b}{a} = \cos\psi,$$

d'où
$$y = a(1 + \cos\psi),$$

ou bien
$$y = 2a\cos^2\tfrac{1}{2}\psi.$$

FORMULES APPROXIMATIVES.

Mais la transformation qui donne

$$y = \frac{a}{\cos^2 \varphi}$$

est préférable, parce que l'angle auxiliaire φ est calculé par une tangente, tandis que ψ se calcule par un cosinus; or on doit regarder généralement le calcul des angles comme obtenu avec plus de précision par les tangentes que par les sinus et cosinus, parce que les différences des logarithmes des tangentes sont toujours plus grandes dans le même endroit de la Table que celles des logarithmes de ces autres lignes (*).

L'usage du sinus sera plus avantageux que celui du cosinus pour les arcs très-petits, et celui du cosinus pour les arcs très-près de 90 degrés.

Il serait facile de rendre calculable par logarithmes une somme de trois quantités et d'un nombre plus considérable, en les ajoutant une à une.

Soit maintenant la différence $y = a - b$ de deux quantités : puisqu'il s'agit de la valeur absolue de cette différence, nous avons $a > b$, ce qui donne

$$y = a\left(1 - \frac{b}{a}\right) = a(1 - \sin^2 \varphi);$$

car on peut poser

$$\frac{b}{a} = \sin^2 \varphi, \quad \text{puisque} \quad \frac{b}{a} < 1.$$

On aura donc

$$y = a \cos^2 \varphi.$$

Nous allons prendre des exemples très-simples pour éclaircir cette méthode. Cherchons, dans un cercle dont le rayon est égal à l'unité, la somme du côté du carré inscrit et du côté du triangle équilatéral inscrit; il faut donc poser

$$y = \sqrt{2} + \sqrt{3} = \sqrt{2}\left(1 + \frac{\sqrt{3}}{\sqrt{2}}\right)$$

(*) Cela suppose néanmoins ces différences assez petites pour que l'on puisse appliquer la proportion des Tables.

CHAPITRE TROISIÈME.

et aussi
$$\tan^2 \varphi = \frac{\sqrt{3}}{\sqrt{2}},$$
ou plutôt
$$\left(\frac{\tan \varphi}{R}\right)^2 = \frac{\sqrt{3}}{\sqrt{2}},$$
R étant le rayon des Tables, égal à 10^{10}, on aura donc
$$L \tan \varphi - 10 = \frac{1}{4}(L\,3 - L\,2) = 0,0440228;$$
ce qui donne
$$\varphi = 47°53'56'',$$
en négligeant les fractions de seconde.

Ensuite
$$y = \frac{\sqrt{2}}{\cos^2 \varphi}, \quad \text{ou plutôt} \quad y = \frac{R'\sqrt{2}}{\cos^2 \varphi}$$
et
$$L\,y = 20 + \frac{1}{2}L\,2 - 2\,L \cos \varphi = 0,4977938;$$
donc
$$y = 3,146255.$$
On trouve, en effet,
$$\sqrt{2} + \sqrt{3} = 3,14626.$$
Calculons encore
$$\sqrt{3} - \sqrt{2} = \sqrt{3}\left(1 - \frac{\sqrt{2}}{\sqrt{3}}\right),$$
et posons
$$\frac{\sqrt{2}}{\sqrt{3}} = \frac{\sin^2 \varphi}{R^2},$$
ce qui donne
$$2\,L \sin \varphi = 20 + \frac{1}{2}L\,2 - \frac{1}{2}L\,3.$$
Ainsi
$$L \sin \varphi = 9,9559772 \quad \text{et} \quad \varphi = 64°38'8''.$$
Par conséquent
$$\sqrt{3} - \sqrt{2} = \sqrt{3} \cdot \frac{\cos^2 \varphi}{R^2};$$

donc
$$L(\sqrt{3} - \sqrt{2}) = \frac{1}{2} L\,3 + 2 L \cos \varphi - 20 = 19{,}5022078 - 20.$$

Si nous écrivions 20 au lieu de 19 pour caractéristique, la différence serait positive et égale à 0,5022078; mais, comme nous avons ajouté l'unité, il faut la retrancher, ce qui donne

$$-1 + 0{,}5022078,$$

ou, comme on l'écrit d'ordinaire,

$$L(\sqrt{3} - \sqrt{2}) = \overline{1}{,}5022078.$$

On a donc
$$\sqrt{3} - \sqrt{2} = 0{,}317839 \quad \text{au lieu de} \quad 0{,}31784.$$

33. Parmi les formules de trigonométrie rectilignes, celles qui sont relatives aux triangles rectangles n'ont pas besoin de pareilles modifications et sont naturellement calculables par logarithmes. C'est, du moins, ce qui a lieu pour les formules

$$b = a \sin B, \quad b = c \tang B, \quad b = \sqrt{a^2 - c^2} = \sqrt{(a+c)(a-c)};$$

quant à la formule

$$a = \sqrt{b^2 + c^2} = c\sqrt{1 + \frac{b^2}{c^2}},$$

on devrait poser, comme on l'a vu,

$$\frac{b^2}{c^2} = \tang^2 \varphi,$$

mais il est facile de reconnaître que cet angle φ n'est autre chose que B.

Pour les triangles quelconques, la relation

$$\frac{\sin A}{a} = \frac{\sin B}{b} = \frac{\sin C}{c}$$

est aussi calculable par logarithmes.

Il en est de même pour la formule

$$\tang \frac{1}{2}(A - B) = \cot \frac{1}{2} C \cdot \frac{a - b}{a + b},$$

CHAPITRE TROISIÈME.

qui résout un triangle où l'on donne l'angle C et les deux côtés a et b qui le comprennent. Si l'on cherchait à trouver directement le côté c, il faudrait employer un angle auxiliaire φ, qui serait précisément égal à $\frac{1}{2}(A+B)$.

Quand on considère une série de triangles, il arrive quelquefois que les logarithmes de ces côtés a et b sont connus d'avance; pour éviter de chercher dans la Table la grandeur de a et de b, voici l'artifice que l'on emploie. Soit a le plus grand des deux côtés, nous poserons

$$\frac{b}{a} = \tang \varphi$$

et

$$\frac{a-b}{a+b} = \frac{1-\frac{b}{a}}{1+\frac{b}{a}} = \frac{1-\tang \varphi}{1+\tang \varphi} = \tang(45^\circ - \varphi);$$

or, puisque

$$\frac{b}{a} < 1, \quad \varphi < 45^\circ,$$

on aura donc

$$\tang \frac{1}{2}(A-B) = \cot \frac{1}{2} C \cdot \tang(45^\circ - \varphi).$$

Pour trouver les angles d'un triangle dont on connaît les trois côtés, on a la formule

$$\cos A = \frac{b^2 + c^2 - a^2}{2bc}$$

avec deux autres analogues pour les angles B et C, mais elles ne sont pas calculables par logarithmes. On les transforme de manière à obtenir

$$\sin \frac{1}{2} A = \sqrt{\frac{(p-b)(p-c)}{bc}}, \quad \cos \frac{1}{2} A = \sqrt{\frac{p(p-a)}{bc}}$$

et, par suite,

$$\tang \frac{1}{2} A = \sqrt{\frac{(p-b)(p-c)}{p(p-a)}}.$$

En remplaçant $\tang \frac{1}{2} A$ par $\frac{\tang \frac{1}{2} A}{R}$, et employant les compléments arithmétiques, on trouve

$$L \tang \frac{1}{2} A = \frac{1}{2}[L(p-b) + L(p-c) + C^t L p + C^t L (p-a)].$$

Ici $2p = a + b + c$. Cette formule est préférable aux deux autres, non-seulement parce que la tangente est plus avantageuse que le sinus et le cosinus, mais parce que, si l'on veut déterminer les trois angles, le calcul des valeurs $\tang \frac{1}{2} A$, $\tang \frac{1}{2} B$, $\tang \frac{1}{2} C$ n'exige que les logarithmes de p, $p-a$, $p-b$, $p-c$, tandis que le sinus et le cosinus forceraient aussi à calculer les logarithmes de a, b et c.

Soit S la surface du triangle; on a aussi

$$S = \sqrt{p(p-a)(p-b)(p-c)}.$$

Cette expression est un cas particulier de celle qui donne la surface du quadrilatère inscrit dont les côtés sont a, b, c, d et dont le périmètre $2p = a + b + c + d$; on a

$$S = \sqrt{(p-a)(p-b)(p-c)(p-d)}.$$

En revenant au triangle, nous trouvons pour expression du rayon du cercle circonscrit

$$R = \frac{abc}{4S}.$$

Les rayons du cercle inscrit et des cercles ex-inscrits seront

$$r = \frac{S}{p}, \quad r' = \frac{S}{p-a}, \quad r'' = \frac{S}{p-b}, \quad r''' = \frac{S}{p-c},$$

ce qui donne les relations

$$\frac{1}{r} = \frac{1}{r'} + \frac{1}{r''} + \frac{1}{r'''} \quad \text{et} \quad S = \sqrt{r r' r'' r'''};$$

on a aussi

$$r' + r'' + r''' - r = 4R.$$

Soient D, D', D'', D''' les distances du centre du cercle circonscrit au centre du cercle inscrit et à ceux des cercles ex-inscrits, on a les relations

$$D^2 = R^2 - 2Rr, \quad D'^2 = R^2 + 2Rr',$$
$$D''^2 = R^2 + 2Rr'', \quad D'''^2 = R^2 + 2Rr'''.$$

Enfin, soient A, B, C les trois angles d'un triangle, c'est-à-dire que $A + B + C = 180°$, on a

$$\cot \frac{A}{2} + \cot \frac{B}{2} + \cot \frac{C}{2} = \cot \frac{A}{2} \cot \frac{B}{2} \cot \frac{C}{2},$$

$$\tang A + \tang B + \tang C = \tang A \tang B \tang C,$$

$$\sin A + \sin B + \sin C = 4 \cos \frac{1}{2} A \cos \frac{1}{2} B \cos \frac{1}{2} C,$$

$$\cos A + \cos B + \cos C - 1 = 4 \sin \frac{1}{2} A \sin \frac{1}{2} B \sin \frac{1}{2} C,$$

formules calculables par logarithmes.

34. Dans la trigonométrie sphérique, les formules relatives aux triangles rectangles sont encore calculables sans transformation. Elles sont au nombre de six :

I. $\qquad \cos a = \cos b \cos c,$

II. $\qquad \sin b = \sin a \sin B, \qquad \sin c = \sin a \sin C,$

III. $\qquad \tang b = \tang a \cos C, \qquad \tang c = \tang a \cos B,$

IV. $\qquad \tang b = \sin c \tang B, \qquad \tang c = \sin b \tang C,$

V. $\qquad \cos B = \sin C \cos b, \qquad \cos C = \sin B \cos c,$

VI. $\qquad \cos a = \cot B \cot C.$

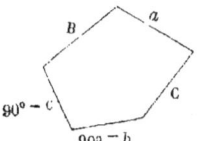

Fig. 2.

On pourra donc résoudre directement tous les cas possibles.

A moins de faire un usage fréquent de ces formules, il n'est pas toujours facile de se les rappeler. Voici, pour y parvenir, une règle mnémonique donnée par Mauduit.

Mettez les éléments, angles et côtés, *à la suite* sur les côtés d'un pentagone ; seulement prenez les compléments des côtés adjacents à l'angle droit. Alors vous aurez à combiner

FORMULES APPROXIMATIVES.

trois côtés consécutifs du pentagone, ou bien deux côtés consécutifs et le troisième opposé à l'un d'eux.

Dans le premier cas, *le cosinus de l'élément intermédiaire est égal au produit des cotangentes des deux autres.*

Dans le second cas, *le cosinus de l'élément opposé est égal au produit des sinus des deux autres.*

Il est facile de vérifier cette règle en retrouvant les six formules.

Passons maintenant aux triangles quelconques. On calcule par logarithmes la relation

$$\frac{\sin A}{\sin a} = \frac{\sin B}{\sin b} = \frac{\sin C}{\sin c}.$$

Pour calculer les angles d'un triangle sphérique dont on connaît les trois côtés, on a la formule

$$\cos A = \frac{\cos a - \cos b \cos c}{\sin b \sin c},$$

ainsi que les deux équations analogues.

Mais comme elles ne sont pas calculables par logarithmes, on leur substitue les suivantes, en posant toujours $2p = a + b + c$:

$$\sin \frac{1}{2} A = \sqrt{\frac{\sin(p-b)\sin(p-c)}{\sin b \sin c}},$$

$$\cos \frac{1}{2} A = \sqrt{\frac{\sin p \sin(p-a)}{\sin b \sin c}}$$

et enfin

$$\tang \frac{1}{2} A = \sqrt{\frac{\sin(p-b)\sin(p-c)}{\sin p \sin(p-a)}},$$

formule préférable aux deux premières.

De même, pour calculer les côtés quand on connaît les angles, on trouve

$$\cos a = \frac{\cos A + \cos B \cos C}{\sin B \sin C}$$

avec les deux relations analogues : de là on conclut les formules calculables par logarithmes :

$$\sin\frac{a}{2} = \sqrt{\frac{\sin P \sin(A-P)}{\sin B \sin C}},$$

$$\cos\frac{a}{2} = \sqrt{\frac{\sin(B-P)\sin(C-P)}{\sin B \sin C}}$$

et

$$\tan\frac{a}{2} = \sqrt{\frac{\sin P \sin(A-P)}{\sin(B-P)\sin(C-P)}},$$

en posant

$$2P = A + B + C - 180°.$$

On passe de l'un à l'autre de ces problèmes par la considération du triangle polaire.

En comparant les formules logarithmiques que nous avons obtenues, on trouve les résultats suivants, connus sous le nom de *formules de Delambre* :

$$\frac{\sin\frac{1}{2}(A+B)}{\cos\frac{1}{2}C} = \frac{\cos\frac{1}{2}(a-b)}{\cos\frac{1}{2}c},$$

$$\frac{\sin\frac{1}{2}(A-B)}{\cos\frac{1}{2}C} = \frac{\sin\frac{1}{2}(a-b)}{\sin\frac{1}{2}c},$$

$$\frac{\cos\frac{1}{2}(A+B)}{\sin\frac{1}{2}C} = \frac{\cos\frac{1}{2}(a+b)}{\cos\frac{1}{2}c},$$

$$\frac{\cos\frac{1}{2}(A-B)}{\sin\frac{1}{2}C} = \frac{\sin\frac{1}{2}(a+b)}{\sin\frac{1}{2}c}.$$

Ensuite, divisant la seconde de ces équations par la quatrième, la première par la troisième, la seconde par la première, et enfin la quatrième par la troisième, il vient

$$\tan\frac{1}{2}(A-B) = \cot\frac{1}{2}C \cdot \frac{\sin\frac{1}{2}(a-b)}{\sin\frac{1}{2}(a+b)},$$

$$\tan\frac{1}{2}(A+B) = \cot\frac{1}{2}C \cdot \frac{\cos\frac{1}{2}(a-b)}{\cos\frac{1}{2}(a+b)},$$

$$\tan\frac{1}{2}(a-b) = \tan\frac{1}{2}c \cdot \frac{\sin\frac{1}{2}(A-B)}{\sin\frac{1}{2}(A+B)},$$

$$\tan\frac{1}{2}(a+b) = \tan\frac{1}{2}c \cdot \frac{\cos\frac{1}{2}(A-B)}{\cos\frac{1}{2}(A+B)}.$$

Ce sont les formules ou *analogies de Néper* : elles achèvent la résolution des triangles sphériques.

Nous n'avons pas fait mention de la formule

$$\cot a \sin b = \cos b \cos C + \sin C \cot A,$$

qui est susceptible de six permutations. Elle n'est point nécessaire pour obtenir les formules précédentes, et d'ailleurs elle est difficile à retenir et encore plus à calculer par logarithmes.

Soit S la surface d'un triangle sphérique que l'on sait avoir pour valeur

$$S = A + B + C - \pi = 2P,$$

Simon Lhuillier a trouvé la formule suivante :

$$\tang \frac{S}{4} = \sqrt{\tang \frac{p}{2} \tang \frac{p-a}{2} \tang \frac{p-b}{2} \tang \frac{p-c}{2}}.$$

Cela suppose, comme on le sait, que l'on prenne le triangle trirectangle pour unité de surface et l'angle droit pour unité d'angle (*).

35. Les formules de la trigonométrie sphérique sont susceptibles de certaines simplifications approximatives quand le rayon de la sphère sur laquelle elles sont tracées est très-grand relativement à la longueur des côtés. Comme c'est ce qui a lieu pour la terre, ces considérations sont très-utiles pour la géodésie.

En effet, il faut bien distinguer le rayon $R = 10^{10}$ des Tables logarithmiques, et le rayon r de la sphère sur laquelle se trouve le triangle. Du reste, il est facile de les rétablir ; ainsi, par exemple, la formule

$$\cos A = \frac{\cos a - \cos b \cos c}{\sin b \sin c}$$

(*) C'est-à-dire que le rapport de l'angle S avec 90 degrés est égal au rapport de la surface cherchée avec celle du triangle trirectangle de la même sphère.

CHAPITRE TROISIÈME.

doit être remplacée par celle-ci :

$$\cos A = \frac{\cos\dfrac{a}{r} - \cos\dfrac{b}{r}\cdot\cos\dfrac{c}{r}}{\sin\dfrac{b}{r}\cdot\sin\dfrac{c}{r}},$$

en appelant r le rayon de la sphère, ou même par cette autre :

$$\frac{\cos A}{R} = \frac{\dfrac{\cos\dfrac{a}{r}}{R} - \dfrac{\cos\dfrac{b}{r}}{R}\cdot\dfrac{\cos\dfrac{c}{r}}{R}}{\dfrac{\sin\dfrac{b}{r}}{R}\cdot\dfrac{\sin\dfrac{c}{r}}{R}},$$

si l'on veut faire usage des Tables.

On voit donc que les côtés a, b, c étant exprimés en mètres, il faudra chercher, par la proportion connue, le nombre de degrés auquel correspondent les rapports $\dfrac{a}{r}$, $\dfrac{b}{r}$, $\dfrac{c}{r}$, afin de pouvoir appliquer le calcul par logarithmes.

Mais si r est très-grand relativement à ces côtés a, b, c, on pourra poser avec une grande approximation

$$\cos\frac{a}{r} = 1 - \frac{1}{1.2}\left(\frac{a}{r}\right)^2 + \frac{1}{1.2.3.4}\left(\frac{a}{r}\right)^4.$$

et

$$\sin\frac{a}{r} = \frac{a}{r} - \frac{1}{1.2.3}\left(\frac{a}{r}\right)^3.$$

On aura une approximation semblable pour les sinus et cosinus de $\dfrac{b}{r}$ et de $\dfrac{c}{r}$, puisque $\dfrac{a}{r}$, $\dfrac{b}{r}$ et $\dfrac{c}{r}$ ne sont autre chose que des rapports numériques très-petits.

En appliquant ce qui précède à la formule

$$\cos A = \frac{\cos\dfrac{a}{r} - \cos\dfrac{b}{r}\cos\dfrac{c}{r}}{\sin\dfrac{b}{r}\cdot\sin\dfrac{c}{r}},$$

on arrive au *théorème de Legendre*, ainsi conçu :

FORMULES APPROXIMATIVES. 67

Le triangle sphérique très-peu courbe dont les angles sont A, B, C *et les côtés opposés a, b, c, répond toujours à un triangle rectiligne qui a les côtés de même longueur a, b, c, et dont les angles opposés sont* $A - \frac{1}{3}\varepsilon$, $B - \frac{1}{3}\varepsilon$, $C - \frac{1}{3}\varepsilon$, ε *étant l'excès de la somme des angles du triangle sphérique sur deux angles droits.*

On trouvera la démonstration de ce théorème, ainsi que d'autres approximations analogues, dans l'appendice qui termine la *Trigonométrie* de Legendre.

56. Une des applications les plus importantes de ces formules approximatives dans lesquelles on néglige les termes suffisamment petits consiste dans la recherche des maxima et minima.

Soit
$$y = f(x),$$
et donnons à la variable x un accroissement quelconque Δx; la fonction y recevra un accroissement correspondant Δy, qui pourra quelquefois être négatif, même si Δx est positif. D'après le développement général de $f(x + \Delta x)$, nous aurons

$$y + \Delta y = f(x) + f'(x)\Delta x + \frac{f''(x)}{1.2}\Delta^2 x + \frac{f'''(x)}{1.2.3}\Delta^3 x + \ldots$$

Comme $y = f(x)$, il reste

$$\Delta y = f'(x)\Delta x + \frac{f''(x)}{1.2}\Delta^2 x + \frac{f'''(x)}{1.2.3}\Delta^3 x + \ldots$$

Si Δx est infiniment petit, négligeons son carré et ses puissances supérieures, il reste à la limite

$$\Delta y = f'(x)\Delta x.$$

Cette égalité fait voir que la fonction croît avec la variable si $f'(x)$ est positif pour la valeur que l'on considère, et décroît, au contraire, quand la variable augmente, si $f'(x)$ est négatif. Mais dans ces deux circonstances, il n'y a ni maximum ni minimum de y, car Δy change de signe avec Δx, tandis que, si la quantité x donnait pour y une valeur plus grande ou plus petite que celles qui la précèdent et la suivent immédiatement, y croîtrait avant et

5.

après x, ou bien diminuerait avant et après x, c'est-à-dire que Δy aurait le même signe pour $\pm \Delta x$.

Cela est impossible, à moins que l'on n'ait
$$f'(x) = 0;$$
car, même sans regarder Δx et Δy comme infiniment petits et sans négliger complétement les puissances supérieures de Δx, on peut concevoir que *le premier terme donne son signe à tout le développement.*

Supposons donc
$$f'(x) = 0,$$
il reste
$$\Delta y = \frac{f''(x)}{1.2} \Delta^2 x + \frac{f'''(x)}{1.2.3} \Delta^3 x + \ldots$$

Ainsi Δy aura le même signe pour $\pm \Delta x$, et il y aura maximum ou minimum suivant le signe de $f''(x)$. Si $f''(x) < 0$, Δy est aussi négatif de part et d'autre de la valeur x, par conséquent $y = f(x)$ sera *maximum* pour cette valeur x. Si, au contraire, $f''(x) > 0$, Δy est positif pour $\pm \Delta x$; donc x rendra *minimum* la fonction $y = f'(x)$.

Tout cela suppose que $f''(x)$ n'est pas nul. Si l'on avait
$$f''(x) = 0,$$
en même temps que
$$f'(x) = 0,$$
ce serait maintenant le terme
$$\frac{f'''(x)}{1.2.3} \Delta^3 x$$
qui donnerait son signe à la valeur de Δy, et comme ce terme change lui-même de signe avec Δx, on verrait, en répétant les raisonnements qui précèdent, que la condition cherchée serait
$$f'''(x) = 0,$$
et qu'il y aurait maximum ou minimum d'après le signe de $f^{IV}(x)$.

On poursuivrait ainsi jusqu'à ce qu'on trouvât une dérivée qui

FORMULES APPROXIMATIVES. 69

ne fût pas nulle; si elles l'étaient toutes, on ne pourrait rien conclure. Nous écartons également le cas dans lequel une ou plusieurs dérivées seraient infinies.

57. Nous venons de considérer les fonctions *explicites*, c'est-à-dire celles qui sont de la forme $y = f(x)$; on peut aussi trouver le maximum ou le minimum de y quand cette fonction est *implicite*, ce qui veut dire qu'elle est donnée par une relation de la forme

$$f(x, y) = 0.$$

Nous avons trouvé qu'il y avait maximum ou minimum de y quand $\lim \frac{\Delta y}{\Delta x} = 0$, c'est-à-dire quand $\frac{dy}{dx} = f'(x) = 0$. Par conséquent il suffira de différentier l'équation

$$f(x, y) = 0,$$

ce qui donne

$$\frac{df}{dx} dx + \frac{df}{dy} dy = 0,$$

ou bien

$$\frac{dy}{dx} = -\frac{\left(\dfrac{df}{dx}\right)}{\left(\dfrac{df}{dy}\right)}.$$

Ainsi *le coefficient différentiel $\frac{dy}{dx}$ est égal au rapport de la dérivée relative à x avec la dérivée relative à y, pris en signe contraire.*

La condition $f'(x) = 0$ revient donc à

$$\frac{df}{dx} = 0, \quad \text{ou bien à} \quad \frac{df}{dy} = \infty.$$

Cette théorie serait en défaut si les deux dérivées $\frac{df}{dx}$, $\frac{df}{dy}$ étaient à la fois nulles ou infinies; il en serait de même si l'une des deux se présentait sous la forme

$$\frac{0}{0} \quad \text{ou} \quad \frac{\infty}{\infty},$$

à moins que ces apparences indéterminées ne pussent se réduire à des résultats finis.

Le calcul différentiel montrerait sans peine ce qu'il faudrait faire s'il y avait plus de deux variables explicites ou implicites.
Soit
$$u = f(x, y, z, \ldots);$$
on trouve
$$du = \frac{df}{dx} dx + \frac{df}{dy} dy + \frac{df}{dz} dz + \ldots,$$
et la condition, ou plutôt les conditions nécessaires pour que u soit maximum ou minimum, sont contenues dans les équations
$$\frac{df}{dx} = 0, \quad \frac{df}{dy} = 0, \quad \frac{df}{dz} = 0, \ldots.$$

38. Nous prendrons comme exemple la question suivante :
Circonscrire à une sphère donnée un cône de volume minimum.
Soient $CD = R$ le rayon de la sphère, $SD = x + R$ la hauteur du cône et AD le rayon de sa base. Le volume de ce cône sera

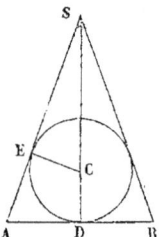

Fig. 3.

$$V = \frac{1}{3} \pi (x + R) \overline{AD}^2;$$
soit donc
$$V = \frac{\pi y}{3},$$
il s'agit de trouver le minimum de la quantité
$$y = (x + R) \cdot \overline{AD}^2.$$

Soit sur SA la perpendiculaire $CE = R$: les triangles rectangles SAD, SCE sont semblables, puisqu'ils ont un angle commun en S, ce qui donne
$$\frac{x}{R} = \frac{SA}{AD};$$
de plus, on a
$$\overline{SA}^2 = \overline{AD}^2 + (x + R)^2,$$

FORMULES APPROXIMATIVES.

et comme

$$\overline{AD}^2 = \frac{y}{x+R},$$

que

$$\overline{SA}^2 = \overline{AD}^2 \cdot \frac{x^2}{R^2} = \frac{yx^2}{R^2(x+R)},$$

on obtient

$$\frac{yx^2}{R^2(x+R)} = \frac{y}{x+R} + (x+R)^2,$$

ou bien

$$\frac{y}{x+R}\left(\frac{x^2}{R^2} - 1\right) = (x+R)^2;$$

réduisant, il vient

$$y(x-R) = (x+R)^2 R^2$$

et

$$\frac{y}{R^2} = \frac{(x+R)^2}{x-R}.$$

Employant la règle connue pour différentier un quotient ou pour trouver sa dérivée, ce qui revient au même, puis égalant à zéro cette dérivée, on aura pour condition du minimum

$$2(x+R)(x-R) = (x+R)^2,$$

c'est-à-dire

$$2x - 2R = x + R,$$

ou bien

$$x = 3R.$$

Donc enfin la hauteur du cône sera

$$SD = 4R,$$

c'est-à-dire quadruple du rayon ou double du diamètre.

Ici la nature de la question montre suffisamment qu'il s'agit d'un minimum et non d'un maximum, car il est facile d'imaginer un cône circonscrit d'un volume quelconque et même indéfini, s'il dégénère en cylindre.

Cherchons encore à *inscrire dans une sphère donnée un cône dont la surface convexe soit maximum*.

Nous prendrons pour inconnue la distance CD $= x$ du centre de la sphère à celui de la base du cône; la surface convexe sera

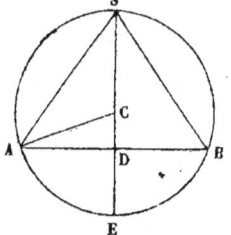

Fig. 4.

$$y = \pi \cdot SA \cdot AD.$$

On a d'ailleurs

$$\overline{AD}^2 = R^2 - x^2$$

et

$$\overline{SA}^2 = SE \cdot SD,$$

ou bien

$$\overline{SA}^2 = 2R(R+x),$$

ce qui donne

$$y^2 = 2\pi R \cdot (R + x)^2 (R - x).$$

La quantité qu'il faut rendre maximum est donc

$$(R + x)^2 (R - x),$$

et la condition sera

$$2(R + x)(R - x) = (R + x)^2,$$

d'où l'on tire

$$2R - 2x = R + x$$

et

$$x = \frac{R}{3}.$$

Comme la nature de la question indique presque toujours s'il faut trouver un maximum ou un minimum, il est généralement inutile de chercher la seconde dérivée de la fonction : on devrait cependant le faire si l'on soupçonnait que la même valeur qui a donné $f'(x) = 0$ donne aussi $f''(x) = 0$. Nous avons vu ce qu'il y avait alors à faire, mais quand la méthode est en défaut, c'est d'ordinaire parce que $f'(x)$ se présente sous la forme $\frac{0}{0}$ ou $\frac{\infty}{\infty}$. Il faut alors chercher à lever l'indétermination; nous en verrons des exemples dans la théorie des courbes.

39. Lorsque la fonction dont on cherche le maximum ou le minimum se trouve engagée sous un radical du second degré,

FORMULES APPROXIMATIVES.

quand on résout l'équation par rapport à la variable, on peut employer une autre méthode souvent plus expéditive.

Cherchons la plus grande et la plus petite valeur de l'ordonnée dans l'hyperbole dont l'équation est

$$x^2 + xy - 2y^2 - 2y - 2x + 3 = 0.$$

En résolvant par rapport à x, on trouve

$$x = 1 - \frac{y}{2} \pm \sqrt{\frac{9}{4}y^2 + y - 2},$$

et si l'on résout l'équation

$$\frac{9}{4}y^2 + y - 2 = 0,$$

cette expression prend la forme

$$x = 1 - \frac{y}{2} \pm \frac{3}{2}\sqrt{\left[y - \frac{1}{9}(\sqrt{76} - 2)\right]\left[y + \frac{1}{9}(\sqrt{76} + 2)\right]}.$$

La méthode est fondée sur ce que x doit toujours être réel, et, par conséquent, la quantité soumise au radical toujours positive; il faut donc que les deux facteurs dont ce radical se compose soient de même signe : c'est ce qui aura lieu si l'on donne à y des valeurs positives plus grandes que $\frac{1}{9}(\sqrt{76} - 2)$, mais, pour des valeurs positives plus petites, le premier facteur sera négatif et le second positif. Ainsi $y = \frac{1}{9}(\sqrt{76} - 2)$ est le *minimum des valeurs positives de y*.

Si l'on donne à y des valeurs négatives numériquement plus petites que $\frac{1}{9}(\sqrt{76} + 2)$, le premier facteur sera négatif, et le second sera encore positif, donc x sera imaginaire. Mais x redeviendra réel pour des valeurs de y négatives et numériquement plus grandes que $\frac{1}{9}(\sqrt{76} + 2)$, puisque les deux facteurs seront alors négatifs. Ainsi $y = -\frac{1}{9}(\sqrt{76} + 2)$ sera un *minimum numérique des valeurs négatives de y*, ou, si l'on veut, un *maximum de ces valeurs*.

On voit donc que l'hyperbole n'aura aucun point compris entre les deux parallèles menées à l'axe des x aux distances $y = \frac{1}{9}(\sqrt{76} - 2)$ et $y = -\frac{1}{9}(\sqrt{76} + 2)$.

On voit que cette méthode a l'avantage de déterminer s'il s'agit d'un maximum ou d'un minimum. Ainsi, quand la variable se présente sous la forme $x = \sqrt{y^2 - a^2}$, il est clair que $y^2 = a^2$ sera un *minimum*; si, au contraire, on a

$$x = \sqrt{a^2 - y^2},$$

on voit que $y^2 = a^2$ sera un *maximum*.

L'exemple précédent aurait pu être considéré comme une application de la recherche des maxima et minima dans les fonctions implicites. Différentions l'équation

$$x^2 + xy - 2y^2 - 2y - 2x + 3 = 0$$

par rapport à x et à y; nous trouverons

$$\frac{dy}{dx} = \frac{2x + y - 2}{4y + 2 - x},$$

ce qui donne pour condition

$$2x + y - 2 = 0,$$

d'où

$$x = 1 - \frac{y}{2}.$$

Transportant cette valeur dans l'équation de la courbe, et réduisant, il reste

$$\frac{9}{4}y^2 + y - 2 = 0,$$

ce qui donne les limites déjà connues.

Il arrive souvent que la fonction n'ait pas de maximum ni de

FORMULES APPROXIMATIVES. 75

minimum. On en est averti, quelle que soit la méthode employée, par l'absence de racines réelles; alors l'équation $f'(x) = 0$ n'a que des racines imaginaires. C'est ce qui arriverait si l'on cherchait le maximum ou le minimum de x dans l'hyperbole dont nous avons considéré l'équation : il n'y a ni maximum ni minimum de x, parce que toutes les valeurs de x donnent des valeurs réelles pour y.

40. Dans la recherche des maxima et minima, ainsi que dans beaucoup d'autres circonstances, il est souvent utile, comme nous l'avons vu, de savoir déterminer les valeurs véritables des expressions qui se présentent sous les formes indéterminées $\dfrac{0}{0}$ ou $\dfrac{\infty}{\infty}$.

Quelquefois, il est vrai, cette indétermination est réelle, mais cela ne se voit guère que dans la discussion des théories générales, et non dans les questions particulières, du moins quand on les traite directement, car l'indétermination, lorsqu'elle existe, se manifeste alors par une identité. C'est ce que l'on remarque dans la discussion des équations du premier degré à deux ou à plusieurs inconnues : lorsque deux ou un plus grand nombre d'équations se réduisent à une seule, on reconnaît l'indétermination dans les formules générales parce que les inconnues se présentent sous la forme $\dfrac{0}{0}$; mais quand on traite directement un problème particulier qui est indéterminé, sans que l'on s'en soit aperçu d'abord, on en est averti dans le courant du calcul parce que l'on rencontre une identité.

Nous regarderons donc, en général, ces indéterminations comme apparentes, et nous commencerons par montrer que la forme $\dfrac{\infty}{\infty}$ revient à $\dfrac{0}{0}$. En effet, $\dfrac{\frac{1}{f(x_0)}}{\frac{1}{F(x_0)}}$, qui devient $\dfrac{\infty}{\infty}$ pour $f(x_0) = 0$ et

$F(x_0) = 0$, peut se mettre en général sous la forme $\dfrac{F(x_0)}{f(x_0)}$, qui devient alors $\dfrac{0}{0}$.

Soient donc maintenant $y = \dfrac{f(x)}{F(x)}$ et x_0 une valeur qui annule $f(x)$ et $F(x)$; on demande la valeur $y_0 = \dfrac{f(x_0)}{F(x_0)}$.

Pour l'obtenir, remarquons que

$$y_0 + \Delta y_0 = \frac{f(x_0 + \Delta x)}{F(x_0 + \Delta x)} = \frac{f(x_0) + f'(x_0)\Delta x + \dfrac{f''(x_0)}{1.2}\Delta^2 x + \ldots}{F(x_0) + F'(x_0)\Delta x + \dfrac{F''(x_0)}{1.2}\Delta^2 x + \ldots},$$

ce qui se réduit, d'après l'hypothèse, à

$$y_0 + \Delta y_0 = \frac{f'(x_0) + \dfrac{f''(x_0)}{1.2}\Delta x + \ldots}{F'(x_0) + \dfrac{F''(x_0)}{1.2}\Delta x + \ldots},$$

après qu'on a supprimé Δx qui était devenu facteur commun au numérateur et au dénominateur; il reste

$$y_0 = \frac{f'(x_0)}{F'(x_0)},$$

puisque $\Delta x = 0$ donne évidemment

$$\Delta y_0 = 0.$$

Comme x est la variable indépendante, son accroissement Δx est constant; c'est pourquoi nous n'avons pas écrit Δx_0.

On voit que cette méthode est encore fondée sur la simplification que subissent les formules quand on y néglige plusieurs termes. Si la même valeur x_0 qui annule $f(x)$ et $F(x)$, rendait aussi nulles les dérivées premières $f'(x)$ et $F'(x)$, il faudrait avoir recours aux dérivées secondes, ce qui donnerait

$$y_0 = \frac{f''(x_0)}{F''(x_0)},$$

et ainsi de suite, s'il y avait lieu.

FORMULES APPROXIMATIVES.

Cependant cette méthode serait en défaut si la valeur x_0 rendait nulles ou infinies à la fois toutes les dérivées de $f(x)$ et toutes celles de $F(x)$. C'est ce qui peut arriver, même pour des cas très-simples. Soit, par exemple,

$$y = \frac{\sqrt{x-2}}{\sqrt[3]{x^2-4}},$$

et cherchons ce que devient y pour $x = 2$. Toutes les dérivées du numérateur et du dénominateur deviennent infinies à la fois; il faut donc *mettre en évidence le facteur commun* $x - 2$, ce qui se fait en posant $x - 2 = z$. Il reste alors

$$y = \frac{\sqrt{z}}{\sqrt[3]{z} \cdot \sqrt[3]{x+2}},$$

ou bien

$$y = \frac{1}{\sqrt[3]{x+2}} \cdot z^{\frac{1}{2}-\frac{1}{3}} = \frac{\sqrt[6]{x-2}}{\sqrt[3]{x+2}};$$

donc la vraie valeur de y pour $x = 2$ sera

$$y = 0.$$

On sait, en effet, que l'indétermination apparente tient généralement à l'existence d'un facteur commun entre le numérateur et le dénominateur de la fraction.

41. Quelquefois on rencontre des quantités indéterminées sous d'autres formes que

$$\frac{0}{0} \quad \text{ou} \quad \frac{\infty}{\infty};$$

il faut alors faire usage de considérations toutes particulières.

Cherchons d'abord la valeur de $y = \left(1 + \frac{1}{x}\right)^x$ quand $x = \infty$;

il suffira, pour cela, de supposer démontrée la formule du binôme pour le cas de l'exposant entier et positif, car on peut admettre que x soit un nombre entier et positif qui augmente indéfiniment.

Cela posé, nous aurons

$$y = 1 + \frac{x}{1} \cdot \frac{1}{x} + \frac{x(x-1)}{1.2} \cdot \frac{1}{x^2} + \frac{x(x-1)(x-2)}{1.2.3} \cdot \frac{1}{x^3} + \ldots$$

$$= 1 + \frac{1}{1} + \frac{1}{1.2}\left(1 - \frac{1}{x}\right) + \frac{1}{1.2.3} + \left(1 - \frac{1}{x}\right)\left(1 - \frac{2}{x}\right)$$

$$+ \frac{1}{1.2.3.4}\left(1 - \frac{1}{x}\right)\left(1 - \frac{2}{x}\right)\left(1 - \frac{3}{x}\right) + \ldots,$$

et à la limite, pour $x = \infty$, il reste

$$y = 1 + \frac{1}{1} + \frac{1}{1.2} + \frac{1}{1.2.3} + \frac{1}{1.2.3.4} + \ldots = e.$$

Ainsi, la limite cherchée est le nombre e que Néper a pris pour base des logarithmes hyperboliques.

Ce calcul a été employé par M. Cauchy, pour démontrer les séries logarithmiques et exponentielles.

Cherchons encore $y = (\cos x)^{\frac{1}{x}}$ pour $x = 0$; nous pouvons regarder $\frac{1}{x}$ comme un nombre entier et positif qui croîtrait jusqu'à l'infini, ce qui donne

$$y^2 = (1 - \sin^2 x)^{\frac{1}{x}} = 1 - \frac{1}{x} \cdot \sin^2 x + \frac{1}{x} \cdot \left(\frac{1}{x} - 1\right) \cdot \frac{\sin^4 x}{1.2}$$

$$- \frac{1}{x}\left(\frac{1}{x} - 1\right)\left(\frac{1}{x} - 2\right) \cdot \frac{\sin^6 x}{1.2.3} + \ldots,$$

ou bien encore

$$y^2 = 1 - \frac{\sin^2 x}{x} + \frac{1-x}{1.2} \cdot \frac{\sin^4 x}{x^2} - \frac{(1-x)(1-2x)}{1.2.3} \cdot \frac{\sin^6 x}{x^3} + \ldots,$$

et enfin, en appelant z le rapport $\frac{\sin x}{x}$, il reste

$$y^2 = 1 - z\sin x + \frac{1-x}{1.2} z^2 \sin^2 x - \frac{(1-x)(1-2x)}{1.2.3} z^3 \sin^3 x + \ldots$$

Si maintenant on suppose x infiniment petit, on sait que ce rapport z devient égal à l'unité; donc enfin $x = 0$ donne $y^2 = 1$, et par suite $y = 1$, car pour x très-petit $\cos x > 0$, et une puissance quelconque de $\cos x$ serait toujours positive.

La comparaison de ces deux résultats

$$\lim \left(1 + \frac{1}{x}\right)^x = e, \quad \text{pour} \quad x = \infty,$$

et

$$\lim (\cos x)^{\frac{1}{x}} = 1, \quad \text{pour} \quad x = 0,$$

fait voir qu'il ne faut pas seulement considérer les valeurs extrêmes des variables, mais la nature de la fonction dont il s'agit. En effet, comme ces deux expressions, pour les valeurs limites, prennent la forme 1^∞, on pourrait croire que leurs valeurs sont les mêmes, mais il faut observer que 1^∞ est indéterminé aussi bien que $\frac{0}{0}$ et $\frac{\infty}{\infty}$.

Considérons enfin $y = x^{\frac{1}{x}}$ quand $x = 0$. Posons

$$x = \frac{1}{z}, \quad \text{d'où} \quad \frac{1}{x} = z.$$

Il reste alors

$$y = \left(\frac{1}{z}\right)^z = \frac{1}{z^z},$$

et comme $x = 0$ donne $z = \infty$ ainsi que z^z, il est clair que $y = 0$.

42. Comme application très-importante de la recherche des maxima et minima, nous allons étudier la *méthode des moindres carrés* qui permet de conclure, de plusieurs observations entachées d'erreurs inévitables, les valeurs les plus exactes possible des inconnues.

Dans les questions de physique ou d'astronomie, comme l'on peut d'ordinaire multiplier suffisamment les observations, on connaît, pour déterminer certaines inconnues, des équations en nombre plus grand que celui de ces inconnues; seulement, les coefficients de ces équations ne sont pas tout à fait exacts, à cause des erreurs qu'entraînent toujours les expériences, mais on ne suppose pas qu'il y ait plus ou moins d'exactitude dans une expérience que dans une autre.

De plus, comme on connaît déjà des valeurs approchées pour toutes les quantités que l'on veut déterminer, nous prendrons pour inconnues les corrections de ces quantités, ce qui nous permettra de n'avoir que des équations du premier degré, puisque les puissances des corrections seront négligeables.

D'après cela, soient x, y et z ces inconnues que nous supposerons seulement au nombre de trois ; nous aurons les équations

$$ax + by + cz + d = 0,$$
$$a'x + b'y + c'z + d' = 0,$$
$$a''x + b''y + c''z + d'' = 0,$$
$$\dots\dots\dots\dots\dots\dots\dots\dots\dots$$
$$a^{(n)}x + b^{(n)}y + c^{(n)}z + d^{(n)} = 0,$$

le nombre $n+1$ de ces équations étant plus grand que 3.

Si toutes ces équations étaient prises à la rigueur, il serait difficile qu'elles ne fussent pas incompatibles ; mais, comme les coefficients ne sont pas exacts, on a seulement en réalité

$$ax + by + cz + d = e,$$
$$a'x + b'y + c'z + d' = e',$$
$$a''x + b''y + c''z + d'' = e'',$$
$$\dots\dots\dots\dots\dots\dots\dots\dots\dots$$
$$a^{(n)} + b^{(n)}y + c^{(n)}z + d^{(n)} = e^{(n)}.$$

Les quantités e, e', e'', ..., $e^{(n)}$ sont des erreurs que nous savons exister, mais que nous ne connaissons pas.

Cela posé, Laplace a démontré par le calcul des probabilités que les inconnues x, y et z sont déterminées avec le moins de chances possible d'erreur, quand on fait en sorte que *la somme des carrés de ces quantités* e, e', e'', ..., $e^{(n)}$ *soit minimum*.

Cette somme sera

$$e^2 + e'^2 + \dots + e^{(n)} = (ax + by + cz + d)^2$$
$$+ (a'x + b'y + c'z + d')^2 + \dots + (a^{(n)}x + b^{(n)}y + c^{(n)}z + d^{(n)})^2.$$

Afin d'avoir le minimum de cette somme, il faut, comme on l'a vu à la fin du n° 37, différentier par rapport à x, à y et à z,

FORMULES APPROXIMATIVES.   81

et égaler à zéro les coefficients différentiels, c'est-à-dire les dérivées du second nombre par rapport à chacune de ces inconnues.

On aura donc les trois équations

$$2a(ax+by+cz+d)+2a'(a'x+b'y+c'z+d')+\ldots=0,$$
$$2b(ax+by+cz+d)+2b'(a'x+b'y+c'z+d')+\ldots=0,$$
$$2c(ax+by+cz+d)+2c'(a'x+b'y+c'z+d')+\ldots=0,$$

qui déterminent les valeurs les plus avantageuses de x, de y et de z. Considérons, pour plus de simplicité, une seule inconnue x et trois équations

$$ax+b=0,$$
$$a'x+b'=0,$$
$$a''x+b''=0.$$

L'équation des moindres carrés sera

$$a(ax+b)+a'(a'x+b')+a''(a''x+b'')=0,$$

d'où l'on tire

$$x=-\frac{ab+a'b'+a''b''}{a^2+a'^2+a''^2}.$$

43. On résout quelquefois le même problème par d'autres méthodes moins exactes, mais souvent plus simples pour le calcul.

Telle est la *méthode des équations de condition*, qui consiste à combiner de différentes manières les équations données, de sorte qu'on ait seulement autant d'équations que d'inconnues.

Supposons, par exemple, qu'on ait neuf équations à trois inconnues; en indiquant ces équations par les n^{os} (1), (2), (3),..., (9), on peut les disposer de la manière suivante :

$$(1)+(2)+(3)=0,$$
$$(4)+(5)+(6)=0,$$
$$(7)+(8)+(9)=0;$$

ou bien de cette autre façon :

$$(1)+(4)+(7)=0,$$
$$(2)+(5)+(8)=0,$$
$$(3)+(6)+(9)=0.$$

On peut alors, pour chaque inconnue, prendre la moyenne entre les résultats obtenus de cette manière.

Dans l'exemple d'une seule inconnue et de trois équations, il n'y a qu'à les ajouter ensemble, ce qui donne

$$(a + a' + a'')x + b + b' + b'' = 0$$

et

$$x = -\frac{b + b' + b''}{a + a' + a''}.$$

On vient de voir que la *méthode des moyennes* se rattache à la précédente, puisqu'elle consiste à combiner de diverses manières les équations données, en sorte qu'on ait par chaque arrangement un nombre d'équations seulement égal à celui des inconnues. Ensuite on ajoute les diverses valeurs obtenues pour l'une d'elles, x par exemple, et l'on divise cette somme par le nombre de ces arrangements.

Cependant cette méthode est distincte de la précédente dans certains cas très-simples, tel que celui d'une seule inconnue et de trois équations

$$ax + b = 0,$$
$$a'x + b' = 0,$$
$$a''x + b'' = 0,$$

qui donnent, en prenant la moyenne entre les trois valeurs de x,

$$x = -\frac{1}{3}\left(\frac{b}{a} + \frac{b'}{a'} + \frac{b''}{a''}\right).$$

Prenons comme application les équations suivantes :

$$x = 1,$$
$$10x = 11,$$
$$20x = 24,$$

et comparons les résultats fournis par les trois méthodes.

Celle des moindres carrés donnera

$$x = \frac{1 + 110 + 480}{1 + 100 + 400} = \frac{591}{501} = 1,17.$$

FORMULES APPROXIMATIVES.

Par celle des *équations de condition*, on trouve
$$x = \frac{1+11+24}{1+10+20} = \frac{36}{31} = 1,16.$$

Et enfin, la méthode des moyennes donne
$$x = \frac{1}{3}\left(1 + \frac{11}{10} + \frac{24}{20}\right) = \frac{1}{3} \cdot \frac{10+11+12}{10} = \frac{33}{30} = \frac{11}{10} = 1,1.$$

Cette dernière évaluation est la moins exacte, parce que c'est elle qui s'écarte le plus de celle qui a été déterminée par les moindres carrés.

44. Renversement des séries.

Pour achever ce qui a rapport aux développements des fonctions, soit que l'on considère une suite indéfinie de termes, soit que l'on n'en conserve qu'un certain nombre en négligeant les puissances supérieures de la variable, nous devons étudier encore le renversement des séries, c'est-à-dire la manière de développer inversement la variable indépendante en fonction de la variable dépendante.

Ainsi, soit donné le développement
$$y = ax + bx^2 + cx^3 + dx^4 + \ldots,$$

dans lequel $a, b, c, \ldots$, sont des coefficients connus, il s'agit de trouver la série réciproque $x = Ay + By^2 + Cy^3 + Dy^4 + \ldots$, où il faut déterminer les coefficients $A, B, C, \ldots$.

En élevant le premier développement à différentes puissances et les transportant dans le second, nous aurons une égalité qui sera vraie pour toutes les valeurs de x, et par conséquent dans laquelle les coefficients de toutes les puissances de x seront nuls séparément. Nous aurons

$$y^2 = a^2 x^2 + 2abx^3 + \begin{matrix} b^2 \\ +2ac \end{matrix} \Big| x^4 + \begin{matrix} abc \\ +2ad \end{matrix} \Big| x^5 + \ldots,$$

$$y^3 = a^3 x^3 + 3a^2 bx^4 + \begin{matrix} 3ab^2 \\ +3a^2c \end{matrix} \Big| x^5 + \ldots,$$

$$y^4 = a^4 x^4 + 4a^3 bx^5,$$

$$y^5 = a^5 x^5 + \ldots.$$

6.

Substituant et ordonnant, on trouve

$$0 = \begin{array}{l|l|l|l|l} Aa & x+Ab & x^2+Ac & x^3+Ad & x^4+\ldots \\ -1 & +Ba^2 & +2Bab & +Ab^2 & \\ & & +Ca^3 & +2Bac & \\ & & & +3Ca^2b & \\ & & & +Da^4 & \end{array}$$

ce qui donne les équations

$$Aa - 1 = 0, \quad Ab + Ba^2 = 0, \quad Ac + 2Bab + Ca^3 = 0,$$
$$Ad + Bb^2 + 2Bac + 3Ca^2b + Da^4 = 0;$$

d'où l'on conclut

$$A = \frac{1}{a}, \quad B = -\frac{b}{a^3}, \quad C = \frac{2b^2-ac}{a^5},$$
$$D = \frac{5abc - 5b^3 - a^2 d}{a^7}.$$

Cette méthode semble en défaut quand le développement donné est de la forme

$$y = \alpha + ax + bx^2 + cx^2 + \ldots.$$

Mais si l'on pose $y - \alpha = z$, il est facile de voir que l'on développera x en fonction de z et non de y.

Par exemple, soit donnée la série

$$y = 1 + \frac{x}{1} + \frac{x^2}{1.2} + \frac{x^3}{1.2.3} + \frac{x^4}{1.2.3.4} + \ldots$$

qui est le développement de e^x; posons $y - 1 = z$, nous trouverons, par la méthode précédente,

$$x = z - \frac{z^2}{2} + \frac{z^3}{3} + \frac{z^4}{4} + \ldots,$$

résultat déjà connu, car cela revient à la formule

$$ly = (y-1) - \frac{(y-1)^2}{2} + \frac{(y-1)^3}{3} - \frac{(y-1)^4}{4} + \ldots.$$

On est aidé quelquefois dans cette recherche par cette considération, que *si la série directe ne contient que des exposants impairs, il en sera de même pour la série inverse.*

Ainsi, soit $y = \sin x$, nous savons que

$$y = x - \frac{x^3}{1.2.3} + \frac{x^5}{1.2.3.4.5} - \ldots$$

Donc, quand on change le signe de l'une des variables x et y, l'autre change de signe, mais garde la même valeur numérique, ce qui donne

$$x = Ay + Cy^3 + Ey^5 + \ldots,$$

et, par la méthode précédente, on obtient

$$\arcsin x = x + \frac{1}{2} \cdot \frac{x^3}{3} + \frac{1.3}{2.4} \cdot \frac{x^5}{5} + \frac{1.3.5}{2.4.6} \cdot \frac{x^7}{7}$$
$$+ \frac{1.3.5.7}{2.4.6.8} \cdot \frac{x^9}{9} + \ldots$$

Cependant ce procédé général est d'un usage compliqué, et d'ailleurs il n'est pas facile de reconnaître la loi des coefficients. Aussi l'on parviendra plus facilement au résultat précédent par la méthode ordinaire des coefficients indéterminés, si l'on observe que

$$\frac{dx}{dy} = A + 3Cy^2 + 5Ey^4 + 7Gy^6 + \ldots,$$

et que d'ailleurs

$$\frac{dx}{dy} = \frac{1}{\cos x} = (1 - y^2)^{-\frac{1}{2}}.$$

On a donc

$$1 + \frac{1}{2}y^2 + \frac{1}{1.2} \cdot \frac{1}{2}\left(\frac{1}{2} + 1\right)y^4$$
$$+ \frac{1}{1.2.3} \cdot \frac{1}{2}\left(\frac{1}{2} + 1\right)\left(\frac{1}{2} + 2\right)y^6 \ldots$$
$$= A + 3Cy^2 + 5Ey^4 + 7Gy^6 + \ldots,$$

ce qui donne très-facilement le résultat précédent en identifiant de part et d'autre les coefficients des diverses puissances de y.

Il en sera de même pour le développement

$$\tan x = A_1 x + A_3 x^3 + A_5 x^5 + A_7 x^7 + A_9 x^9 + \ldots,$$

inverse de la série du n° **31**, et qui s'obtient assez facilement par les coefficients indéterminés, tandis que la méthode précédente serait impraticable.

En différentiant de part et d'autre, il vient

$$\frac{1}{\cos^2 x} = A_1 + 3 A_3 x^2 + 5 A_5 x^4 + 7 A_7 x^6 + \ldots,$$

ou bien

$$\cos^2 x = \frac{1}{A_1 + 3 A_3 x^2 + 5 A_5 x^4 + 7 A_7 x^6 + \ldots},$$

et différentiant encore,

$$2 \cos x \sin x = \frac{2.3 A_3 x + 4.5 A_5 x^3 + 6.7 A_7 x^5 + \ldots}{(A_1 + 3 A_3 x^2 + 5 A_5 x^4 + 7 A_7 x^6 + \ldots)^2},$$

ce qui revient à

$$\cos x \sin x = \frac{1.3 A_3 x + 2.5 A_5 x^3 + 3.7 A_7 x^5 + \ldots}{(A_1 + 3 A_3 x^2 + 5 A_5 x^4 + 7 A_7 x^6 + \ldots)^2}.$$

On voit que les premiers coefficients des termes du numérateur sont $1, 2, 3, \ldots$, et les seconds sont les nombres impairs $3, 5, 7, \ldots$. Divisant cette expression par $\cos^2 x$, on a

$$\tan x = \frac{1.3 A_3 x + 2.5 A_5 x^3 + 3.7 A_7 x^5 + 4.9 A_9 x^7 + \ldots}{A_1 + 3 A_3 x^2 + 5 A_5 x^4 + 7 A_7 x^6 + \ldots}$$
$$= A_1 x + A_3 x^3 + A_5 x^5 + \ldots.$$

Nous obtenons donc l'égalité

$$1.3 A_3 x + 2.5 A_5 x^3 + 3.7 A_7 x^5 + 4.9 A_9 x^7 + \ldots$$
$$= (A_1 + 3 A_3 x^2 + 5 A_5 x^4 + 7 A_7 x^6 + \ldots)(A_1 x + A_3 x^3 + A_5 x^5 + \ldots)$$

qui servira à trouver les coefficients de $\tan x$ en identifiant ceux de x.

On sait d'abord que $A_1 = 1$, puisque l'arc infiniment petit est égal à sa tangente : nous aurons donc la suite d'égalités, dont la loi de formation est facile à saisir :

$$1.3 A_3 = 1,$$
$$2.5 A_5 = 4 A_3,$$
$$3.7 A_7 = 6 A_5 + 3 A_3^2,$$
$$4.9 A_9 = 8 A_7 + (5+3) A_5 A_3,$$
$$5.11 A_{11} = 10 A_9 + (7+3) A_7 A_3 + 5 A_5^2,$$
$$\ldots\ldots\ldots\ldots\ldots\ldots\ldots\ldots\ldots$$

FORMULES APPROXIMATIVES.   87

Ainsi l'on déterminera de proche en proche les coefficients cherchés.

La méthode du renversement des séries n'est généralement avantageuse que quand il s'agit de séries comme celles que nous considérons particulièrement dans ce chapitre, c'est-à-dire dont on ne prend qu'un nombre de termes assez limité, suivant la petitesse des variables. Ainsi, étant donnée la série approximative

$$y = ax + bx^2 + cx^3,$$

où l'on néglige la quatrième puissance et les puissances supérieures de x, on pourra poser

$$x = Ay + By^2 + Cy^3,$$

en admettant la même approximation dans la série inverse : alors on déterminera sans peine A, B et C.

45. *Formules de quadrature.*

On peut compter encore parmi les formules approximatives celles qui servent à trouver avec une précision plus ou moins grande une certaine portion d'une surface, quelle que soit la nature de la courbe qui termine cette surface.

On connaît donc un certain nombre d'ordonnées équidistantes, ce qui ne donne en réalité qu'un polygone plus ou moins rapproché de la courbe, et il s'agit de calculer la surface comprise entre l'axe des abscisses, les ordonnées extrêmes et la courbe dont il s'agit.

Pour y parvenir, on a indiqué diverses méthodes : nous allons exposer l'une des plus employées et qui est due à Thomas Simpson.

Nous supposerons que la distance AG des ordonnées extrêmes $AA' = e$, $GG' = E$ est divisée en un nombre *pair* de parties égales, et nous appellerons h la valeur commune de ces divisions.

Fig. 5.

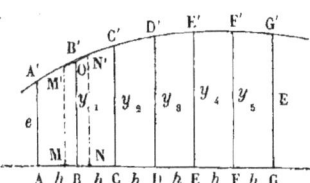

Partageons $AC = 2h$ en trois portions égales aux points M et N;

on voit que $AM = MN = NC = \dfrac{2h}{3}$ et que B est le milieu de MN.
Le premier trapèze AA′ MM′ a pour mesure

$$AM \cdot \frac{AA' + MM'}{2} = \frac{h}{3} AA' + MM':$$

de même le second MM′ NN′ est égal à

$$\frac{h}{3}(MM' + NN'),$$

et enfin le troisième NN′ CC′ s'exprime par

$$\frac{h}{3}(NN' + CC').$$

Ils auront donc pour somme

$$\frac{h}{3}[AA' + 2(MM' + NN') + CC'].$$

Mais $2(MM' + NN') = 4\,OB$, le point O étant celui où l'ordonnée BB′ rencontre la corde M′ N′; or on peut remplacer $4\,OB$ par $4\,BB'$, car la différence est très-petite et l'*on se rapproche de la courbe*: ainsi l'aire AA′ CC′ a pour mesure approximative

$$\frac{h}{3}(AA' + 4\,BB' + CC').$$

On verrait de même que l'aire CC′ DD′ des deux parties suivantes a pour mesure

$$\frac{h}{3}(CC' + 4\,DD' + EE'),$$

et celle qui vient à la suite s'exprime par

$$\frac{h}{3}(EE' + 4\,FF' + GG').$$

En ajoutant, on aura l'aire totale

$$S = \frac{h}{3}[AA' + 2(CC' + EE') + 4(BB' + DD' + FF') + EE'].$$

FORMULES APPROXIMATIVES.

En indiquant par Σy_p la somme des ordonnées paires et par Σy_i la somme des ordonnées impaires, la formule de Simpson est donc

$$S = \frac{h}{3}[e + 2\Sigma y_p + 4\Sigma y_i + E]$$

et s'exprime par conséquent de la manière suivante :

Faites la somme des ordonnées extrêmes, ajoutez deux fois la somme des ordonnées paires et quatre fois la somme des ordonnées impaires; enfin multipliez le tout par le tiers de la division des abscisses.

Cette formule, qui est généralement satisfaisante, donne cependant des résultats d'une exactitude insuffisante pour les portions de courbe dont les éléments sont peu inclinés par rapport aux ordonnées, en même temps que la courbure est assez prononcée; c'est ce qui a lieu aux environs du sommet de la parabole, quand cette courbe est dans sa position ordinaire.

La formule de M. Poncelet consiste en principe à prendre la moyenne des surfaces des polygones inscrit et circonscrit à la courbe. En admettant encore que le nombre des divisions soit pair et égal à $2n$ (*fig.* 5), voici la formule à laquelle il est conduit :

$$S = h\left(\frac{e - y_1}{4} + 2\sum y_i + \frac{E - y_{2n-1}}{4}\right).$$

On voit que y_1 et y_{2n-1} sont les ordonnées voisines des ordonnées extrêmes.

Dans le cas défavorable de la parabole dont nous avons parlé, cette formule donne, près du sommet, plus d'approximation que celle de Simpson, mais cette valeur est un peu trop faible pour les courbes convexes à l'extérieur.

Enfin, si le nombre des divisions est *impair*, soit $y_{\frac{1}{2}}$ l'ordonnée située à égale distance de e et de y_1, on pose encore la formule

$$S = h\left(y_{\frac{1}{2}} + 2\sum y_p\right).$$

On conçoit que ces formules, malgré les raisonnements par lesquels on cherche à en justifier l'usage, ont toujours quelque chose d'arbitraire et d'empirique; il n'en existe pas une qui ait un avantage constant sur toutes les autres dans toutes les circonstances, mais elles n'en sont pas moins utiles dans une foule de recherches de géométrie et de mécanique.

On trouvera d'autres détails et de nouvelles formules de quadratures dans un article de M. Piobert inséré dans le tome XIII des *Nouvelles Annales de Mathématiques*.

CHAPITRE IV.

APPLICATIONS MATHÉMATIQUES.

46. Dans le chapitre précédent, nous avons passé en revue les formules et les séries les plus importantes; nous allons maintenant en faire l'application numérique et indiquer, par exemple, comment les logarithmes des nombres et des lignes trigonométriques ont pu être calculés d'une manière praticable.

Nous commencerons par la base e des logarithmes hyperboliques. Pour cela, reprenons la série

$$e = 1 + \frac{1}{1} + \frac{1}{1.2} + \frac{1}{1.2.3} + \frac{1}{1.2.3.4} + \frac{1}{1.2.3.4.5} + \cdots$$

D'après le principe du n° 9, on reconnaîtra sans peine que cette série est convergente; mais, de plus, nous verrons bientôt qu'il est facile de calculer l'erreur que l'on commet quand on s'arrête à un terme quelconque.

Remarquons d'abord que e n'est pas un nombre entier; car on a évidemment

$$\frac{1}{2} + \frac{1}{2.3} + \frac{1}{2.3.4} + \cdots < \frac{1}{2} + \frac{1}{2^2} + \frac{1}{2^3} + \cdots$$

Or cette dernière série est une progression géométrique qui a pour limite l'unité. On a donc

$$\frac{1}{2} + \frac{1}{2.3} + \frac{1}{2.3.4} + \cdots < 1;$$

d'où l'on voit que e est un nombre compris entre 2 et 3.

Je dis, en second lieu, qu'aucun nombre fractionnaire exact ne peut exprimer la valeur de e.

En effet, soit, s'il est possible, $e = \dfrac{m}{n}$, m étant un nombre entier ainsi que n; et poussons la série jusqu'à ce qu'on parvienne aux termes dont les dénominateurs renferment le facteur n. On aurait alors

$$\frac{m}{n} = 2 + \frac{1}{2} + \frac{1}{2.3} + \frac{1}{2.3.4} + \cdots$$
$$+ \frac{1}{2.3.4\ldots n} + \frac{1}{2.3.4\ldots n(n+1)} + \cdots;$$

d'où, multipliant les deux termes par $2.3.4\ldots n$, il reste

$$2.3.4\ldots(n-1)m = 2 \times 2.3.4\ldots n + 3.4\ldots n + 4\ldots n + \cdots + 1$$
$$+ \frac{1}{n+1} + \frac{1}{(n+1)(n+2)} + \frac{1}{(n+1)(n+2)(n+3)} + \cdots.$$

Comme le premier membre de cette égalité est un nombre entier, ainsi que la première partie du second, il faut que la deuxième partie de ce second membre soit aussi un nombre entier. Or cela est impossible, car cette deuxième partie

$$\frac{1}{n+1} + \frac{1}{(n+1)(n+2)} + \frac{1}{(n+1)(n+2)(n+3)} + \cdots,$$

a évidemment une valeur moindre que la somme de la progression

$$\frac{1}{n+1} + \frac{1}{(n+1)^2} + \frac{1}{(n+1)^3} + \cdots,$$

dont la limite est $\frac{1}{n}$.

Donc enfin l'égalité

$$\frac{m}{n} = 2 + \frac{1}{2.3} + \frac{1}{2.3.4} + \cdots$$

est impossible, et le nombre e est *incommensurable*, comme nous l'avions annoncé.

Le calcul précédent sert aussi à estimer la limite de l'erreur que l'on commet en prenant pour valeur de e les n premiers termes de la série.

En effet, cette erreur, que nous appellerons E, est égale à

$$\frac{1}{2.3.4\ldots(n+1)} + \frac{1}{2.3.4\ldots(n+1)(n+2)} + \cdots,$$

APPLICATIONS MATHÉMATIQUES.

c'est-à-dire que l'on a

$$E = \frac{1}{2.3.4\ldots n} \cdot \left[\frac{1}{(n+1)} + \frac{1}{(n+1)(n+2)} + \frac{1}{(n+1)(n+2)(n+3)} + \ldots \right];$$

mais nous avons vu que la série entre parenthèses est moindre que $\frac{1}{n}$, on a donc

$$E < \frac{1}{n} \cdot \frac{1}{2.3.4\ldots n}.$$

Le calcul se fera donc de la manière suivante :

$$\frac{1}{1.2} = 0,5 \qquad \overset{2}{}$$

$$\frac{1}{1.2.3} = 1666666667$$

$$\frac{1}{1.2.3.4} = 416666667$$

$$\frac{1}{1.2.3.4.5} = 83333333$$

$$\frac{1}{1.2.3.4.5.6} = 13888889$$

$$\frac{1}{1.2.3.4.5.6.7} = 1984127$$

$$\frac{1}{1.2.3.4.5.6.7.8} = 248016$$

$$\frac{1}{1.2.3.4.5.6.7.8.9} = 27557$$

$$\frac{1}{1.2.3.4.5.6.7.8.9.10} = 2756$$

$$\frac{1}{1.2.3.4.5.6.7.8.9.10.11} = 251$$

$$\frac{1}{1.2.3.4.5.6.7.8.9.10.11.12} = 21$$

$$\frac{1}{1.2.3.4\ 5.6.7.8.9.10.11.12.13} = 1$$

$$2,7182818285$$

On prend le tiers de $\frac{1}{2} = 0,5$, le quart du résultat, et ainsi de suite. Nous avons calculé dix décimales, mais nous devons regarder la dernière comme incertaine, et nous posons

$$e = 2,718281828.$$

La disposition du calcul fait voir qu'il n'est pas toujours nécessaire de déterminer théoriquement la limite de l'erreur dans une série *convergente*, et que l'on reconnaît combien de termes il faut calculer pour arriver à l'approximation que l'on désire, en remarquant quel est le terme qui ne donne plus de décimales de cette espèce; c'est à celui-ci qu'il faut s'arrêter (*).

47. Pour calculer les logarithmes des nombres, nous avons donné au n° **28** les formules

$$l(1+x) = x - \frac{x^2}{2} + \frac{x^3}{3} - \frac{x^4}{4} + \frac{x^5}{5} - \ldots$$

et

$$l\frac{1+x}{1-x} = 2\left(x + \frac{x^3}{3} + \frac{x^5}{5} + \ldots\right).$$

Cette seconde formule est souvent employée, mais comme elle n'est convergente que pour $x < 1$, il faut la modifier en posant

$$\frac{1+x}{1-x} = \frac{1+n}{n} = 1 + \frac{1}{n},$$

n étant nécessairement positif, ce qui donne

$$x = \frac{1}{2n+1},$$

et l'on trouve

$$l(1+n) - ln = 2\left[\frac{1}{2n+1} + \frac{1}{3(2n+1)^3} + \frac{1}{5(2n+1)^5} + \ldots\right];$$

on a donc la différence entre les logarithmes de deux nombres entiers consécutifs n et $n+1$.

Mais nous allons faire usage de la première formule dans la-

(*) On comprend qu'il ne faut pas se fier complétement à cette observation.

quelle les termes sont alternativement positifs et négatifs, et nous poserons

$$x = \frac{1}{n},$$

ce qui donnera

$$l(1+n) - ln = \frac{1}{n} - \frac{1}{2n^2} + \frac{1}{3n^3} - \frac{1}{4n^4} + \frac{1}{5n^5} - \cdots$$

Si nous posions

$$n = 1,$$

il en résulterait

$$l\,2 = \frac{1}{2} - \frac{1}{2.2^2} + \frac{1}{3.2^3} - \frac{1}{4.2^4} + \cdots ;$$

on trouverait de même le logarithme de 3 au moyen de celui de 2, et ainsi de suite ; mais les premières séries seraient très-peu convergentes. Voici par quel artifice on peut lever cette difficulté.

Considérons les valeurs des trois séries :

$$l\,9 - l\,8 = \frac{1}{8} - \frac{1}{2.8^2} + \frac{1}{3.8^3} - \frac{1}{4.8^4} + \cdots = \alpha,$$

$$l\,25 - l\,24 = \frac{1}{24} - \frac{1}{2.(24)^2} + \frac{1}{3.(24)^3} - \frac{1}{4\,(24)^4} + \cdots = \beta,$$

$$l\,81 - l\,80 = \frac{1}{80} - \frac{1}{2.(80)^2} + \frac{1}{3.(80)^3} - \frac{1}{4.(80)^4} + \cdots = \gamma.$$

Cela revient à poser les trois égalités

$$\alpha = 2\,l\,3 - 3\,l\,2,$$
$$\beta = 2\,l\,5 - 3\,l\,2 - l\,3,$$
$$\gamma = 4\,l\,3 - l\,5 - 4\,l\,2,$$

d'où l'on tire, en éliminant,

$$l\,2 = 7\alpha - 2\beta - 4\gamma,$$
$$l\,3 = 11\alpha - 3\beta - 6\gamma,$$
$$l\,5 = 16\alpha - 4\beta - 9\gamma.$$

Nous remarquerons que le calcul des quantités α, β et γ sera facile, car tout dépendra des puissances de $\frac{1}{8}$ qui se trouveront, en prenant toujours le huitième du résultat précédent :

$$\frac{1}{8} = 0,125$$

$$\frac{1}{8^2} = 15625$$

$$\frac{1}{8^3} = 1953125$$

$$\frac{1}{8^4} = 2441406$$

$$\frac{1}{8^5} = 305176$$

$$\frac{1}{8^6} = 38147$$

$$\frac{1}{8^7} = 4768$$

$$\frac{1}{8^8} = 596$$

$$\frac{1}{8^9} = 74$$

$$\frac{1}{8^{10}} = 9$$

On formera ensuite, en prenant le tiers, le cinquième, etc., les fractions $\frac{1}{3.8^3}$, $\frac{1}{5.8^5}$, ... que l'on ajoutera avec $\frac{1}{8}$; de même on prendra la moitié de $\frac{1}{8^2}$, le quart de $\frac{1}{8^4}$ et ainsi de suite, et l'on retranchera la somme de ces quantités de la somme précédente, ce qui donnera α. Le même calcul donnera en même temps les fractions qui composent γ, et même celles qui composent β ; car les puissances de $\frac{1}{8}$ aideront aussi à trouver celles de $\frac{1}{24}$, puisque $24 = 8.3$.

Ayant ainsi trouvé l 2 et l 5, on les ajoutera, ce qui donnera

$$l\,10 = 2,3025850929.$$

APPLICATIONS MATHÉMATIQUES.   97

Par conséquent, ainsi qu'on l'a vu au n° **29**, en divisant l'unité par l 10, on trouvera le module

$$M = L\,e$$

par lequel il faut multiplier les logarithmes hyperboliques que nous avons calculés jusqu'à présent pour obtenir les logarithmes vulgaires; on obtiendra

$$M = 0{,}4342944819,$$

en admettant que l 10 soit calculé avec dix décimales.

Nous aurons ensuite

$$L\,2 = M\,l\,2, \quad L\,3 = M\,l\,3, \quad L\,5 = M\,l\,5,$$

et nous en ferons autant pour tous les logarithmes que donneront les séries.

Le calcul des puissances de $\frac{1}{8}$ sera encore utile pour la détermination des logarithmes de plusieurs nombres premiers. Ainsi

$$l\,49 - l\,48 = \frac{1}{48} - \frac{1}{2.(48)^2} + \frac{1}{3.(48)^3} + \cdots,$$

et les puissances de $\frac{1}{24}$, que l'on a déjà obtenues, aident à trouver celles de $\frac{1}{48}$: on voit d'ailleurs que

$$l\,49 - l\,48 = 2\,l\,7 - l\,3 - 4\,l\,2,$$

ce qui détermine l 7.

On a

$$l\,65 - l\,64 = \frac{1}{64} - \frac{1}{2.(64)^2} + \frac{1}{3.(64)^3} \cdots,$$

et les calculs sont faits d'avance, car $64 = 8^2$.

Comme $l\,65 - l\,64 = l\,5 + l\,13 - 6\,l\,2$, on trouve l 13.

De même

$$l\,17 - l\,16 = \frac{1}{16} - \frac{1}{2.(16)^2} + \frac{1}{3.(16)^3} \cdots,$$

et, comme $16 = 2.8$, on trouve l 17.

7

Quant au logarithme de 11, on le trouvera facilement, puisque l'on a

$$L\,11 = 1 + M\left(\frac{1}{10} - \frac{1}{2.100} + \frac{1}{3.1000} - \ldots\right).$$

Ce qui précède suffit pour faire voir que cette formule peut donner les logarithmes avec des séries très-convergentes. On sait, du reste, qu'il sera seulement nécessaire de trouver les logarithmes des nombres premiers; cependant il sera bon, comme vérification, de calculer directement ceux de quelques nombres multiples.

Quand on veut obtenir les logarithmes avec sept décimales, il est bon d'en calculer dix : ce nombre serait plus que suffisant pour une seule opération, mais les erreurs peuvent s'accumuler, parce que les logarithmes déjà trouvés servent à en déterminer d'autres.

46. Ces opérations, et beaucoup d'autres semblables, peuvent être simplifiées par quelques artifices d'arithmétique.

Quand on doit, dans une longue suite de calculs, avoir un même facteur pour beaucoup de nombres différents, il est avantageux de faire d'avance le produit de ce facteur par les neuf chiffres, ce qui réduira les multiplications à ne plus être que des additions; c'est ce que l'on doit faire pour le module M.

$$M = 0,4342944819$$
$$2\,M = 0,8685889638$$
$$3\,M = 1,3028834457$$
$$4\,M = 1,7371779276$$
$$5\,M = 2,1714724095$$
$$6\,M = 2,6057668914$$
$$7\,M = 3,0400613733$$
$$8\,M = 3,4743558552$$
$$9\,M = 3,9086503371$$

Cette simplification n'empêche nullement de faire usage de la multiplication abrégée. Cherchons, par exemple, L 3 par le calcul

APPLICATIONS MATHÉMATIQUES.

suivant, 13 étant égal à 1,098612289 :

$$\begin{array}{r}
4342944819 \\
9822168901 \\
\hline
4342944819 \\
390865034 \\
34743558 \\
2605767 \\
43429 \\
8686 \\
868 \\
347 \\
39 \\
\hline
\end{array}$$

L 3 = 0,4771212547

Après avoir renversé le multiplicateur 13, d'après la règle d'Oughtred, il faudra multiplier par 9 seulement la partie du multiplicande qui n'est pas laissée à droite, c'est-à-dire 43429448, et, pour cela, prendre dans le produit 9 M les chiffres qui correspondent à ce multiplicande partiel, ce qui fait 3,90865033. Cependant il sera généralement utile de *forcer* le dernier chiffre, s'il y a lieu, comme cela se rencontre ici, puisque le dernier 3 est suivi d'un 7 ; nous prendrons donc 3,90865034 : on opérera de même pour les autres chiffres du multiplicateur.

Si l'on doit diviser successivement beaucoup de nombres par le même diviseur, il sera encore avantageux de former les produits de ce diviseur par les neuf chiffres. De cette manière, les multiplications du diviseur par chaque chiffre du quotient seront faites d'avance dans toutes les divisions, et il ne restera plus que des soustractions à effectuer : cela n'empêchera pas non plus d'employer la division abrégée, en se bornant, dans chaque produit partiel, à la partie dont on a besoin pour le moment.

Il est bon aussi, pour faciliter ces soustractions, d'écrire d'avance les neuf produits partiels sur des bandes minces de papier que l'on dispose sous le reste précédent, ce qui permet de voir d'un coup d'œil si le chiffre que l'on vient de mettre au quotient est trop considérable, et d'écrire immédiatement le nouveau reste qui lui correspond : on divise ainsi par un nombre quelconque aussi facilement que par un nombre d'un seul chiffre.

Indépendamment de ce procédé, dont l'application n'est véritablement utile que si le même diviseur sert dans beaucoup de divisions, il est une manière très-simple et trop peu connue de diriger le tâtonnement par lequel on détermine chaque quotient partiel.

Soit, par exemple, à diviser 58434 par 7334, on est conduit à essayer le quotient 8 ; pour cela, *prenons à vue d'œil le huitième du dividende*, et comparons les chiffres, à mesure que nous les obtenons, avec les chiffres correspondants du diviseur : nous trouverons le huitième de 58 égal à 7 avec le reste 2, le huitième de 24 égal à 3. Jusque-là les chiffres obtenus sont les mêmes que ceux du diviseur, mais nous trouvons ensuite le huitième de 3 qui est zéro : par conséquent, *le huitième du dividende sera plus petit que le diviseur, donc le chiffre 8 est trop fort*, puisque le diviseur n'est pas contenu huit fois dans le dividende.

Prenons de même le septième de ce dividende, on verra dès le premier chiffre que ce septième sera plus grand que le diviseur ; donc 7 sera le chiffre convenable, puisque le diviseur est contenu sept fois dans le dividende. De cette manière, on n'a pas à écrire ni à effacer de chiffres inutiles.

Cette observation, plus importante qu'elle ne le semble peut-être, est due à M. Binet, frère de l'ancien professeur du Collége de France.

Relativement aux longues additions qui se présentent quelquefois, nous observerons qu'un calculateur, peu confiant dans son habileté, pourra faciliter l'opération en comptant dans chaque colonne combien il y a de 2, de 3,..., de 9, faisant chaque somme partielle et les additionnant ensuite.

Voici enfin une remarque relative aux nombres approximatifs. Après les décimales connues, celles qui viendraient à la suite sont naturellement remplacées par des zéros ; mais, pour avoir une appréciation probable du premier chiffre inconnu, on peut le remplacer par la moyenne des dix chiffres depuis 0 jusqu'à 9,

APPLICATIONS MATHÉMATIQUES.

dont la somme est $\dfrac{9.(9+1)}{2} = 45$: cette moyenne sera donc $4,5$: si l'on en fait autant pour les chiffres suivants, l'évaluation probable de la partie inconnue sera $4999\ldots = 5$, c'est-à-dire une demi-unité du dernier ordre, comme cela était presque évident. Observons à ce sujet que si l'on fait la somme S des 250 décimales que l'on connaît avec certitude pour le nombre π, on trouve $\dfrac{S}{250} = 4,5$, ce qui doit être à la limite pour un nombre incommensurable; à moins qu'il n'y ait une loi pour la succession des chiffres, comme dans les périodes.

49. Passons maintenant aux fonctions circulaires.

Pour calculer, par exemple, le logarithme du sinus d'un arc quelconque donné en degrés, minutes et secondes, nous supposerons d'abord que cet arc est pris dans un cercle dont le rayon est l'unité. Il faudra avant tout, dans ce cercle de 1 mètre de rayon, calculer en mètres la longueur de l'arc donné en degrés. C'est l'inverse du problème que nous avons étudié dans le n° 6.

Comme on prend toujours pour point de départ un arc très-petit, nous chercherons la longueur de l'arc de 1 seconde. Il est clair que la longueur de l'arc de 1 degré est

$$\dfrac{\pi}{180}, \quad \text{et par suite} \quad \text{arc } 1'' = \dfrac{\pi}{180.60.60} = \dfrac{\pi}{648000},$$

On aura ainsi cette longueur avec plus ou moins d'exactitude, suivant le nombre de décimales que l'on aura prises pour la valeur de π.

Nous aurons donc la longueur d'un arc d'un nombre quelconque n de secondes, en multipliant par n la valeur précédente

$$x = \dfrac{\pi}{648000}.$$

Réciproquement, si l'on demande combien un arc de longueur a contient de secondes, nous verrons qu'il en renferme autant que la quantité x s'y trouve contenue de fois.

Posons donc

$$x = \dfrac{1}{\alpha};$$

on voit que
$$\alpha = \frac{648000}{\pi},$$
ou bien
$$\alpha = 648000 \cdot 0,31831;$$
car on sait que
$$\frac{1}{\pi} = 0,31831$$
à un cent-millième près; par conséquent
$$\alpha = 206264,88.$$

Or il faut diviser a par x; cela revient donc à multiplier par α : ainsi, le nombre de secondes contenues dans l'arc de longueur a sera
$$n = a \cdot 206264,88.$$

Proposons-nous de chercher la différence des heures observées au même instant sur un parallèle donné de la terre à deux points situés sur deux méridiens différents.

Pour cela, observons dans la relation précédente que le nombre de secondes contenues dans un arc de longueur donnée diminue quand le rayon augmente. Ainsi, dans un cercle de rayon r on trouve
$$n = \frac{a\alpha}{r},$$
et si l'on cherche combien il y a de secondes dans 1 kilomètre du parallèle, il reste
$$n = \frac{1000\alpha}{r}.$$

De plus, soit R le rayon de la terre supposée sphérique, on sait que
$$r = R \cos\lambda,$$
en appelant λ la latitude, et par suite
$$2\pi r = 2\pi R \cdot \cos\lambda = 40000000 \cdot \cos\lambda.$$

Multipliant donc haut et bas par 2π, il vient, à cause de $\pi\alpha = 648000$,
$$n = \frac{2000 \cdot 648000}{40000000 \cos\lambda},$$

et enfin
$$n = \frac{32,4}{\cos \lambda}.$$

Maintenant, soit t le nombre de secondes d'heure qui s'écoule entre le passage du soleil à chacun des méridiens, le rapport de ces secondes d'heure aux secondes de degré sera, comme on le sait, représenté par
$$\frac{24^h}{360°} = \frac{1}{15}.$$

On a donc
$$t = \frac{n}{15} = \frac{32,4}{15 \cos \lambda},$$

ce qui donne
$$t = \frac{2,16}{\cos \lambda}.$$

Pour le parallèle de Paris,
$$\lambda = 48° 50' 14'',$$
ce qui donne
$$t = 3^s,3$$

pour la différence des temps sur ce parallèle à 1 kilomètre de distance.

50. Connaissant ainsi, dans un cercle dont le rayon est égal à l'unité, la longueur d'un arc d'un nombre quelconque de secondes, nous calculerons son sinus et son cosinus par les formules connues et toujours convergentes
$$\sin x = x - \frac{x^3}{1.2.3} + \frac{x^5}{1.2.3.4.5} - \cdots,$$
$$\cos x = 1 - \frac{x^2}{1.2} + \frac{x^4}{1.2.3.4} - \cdots$$

Il sera même plus clair et plus exact de considérer x comme étant, dans un cercle quelconque, le rapport de la longueur de l'arc au rayon du cercle; de même $\sin x$ et $\cos x$ seront les rapports des lignes prises dans ce cercle avec ce même rayon.

De cette façon les lignes trigonométriques ne sont plus que des rapports, ainsi qu'on les considère dans l'analyse.

On déterminera ainsi, en admettant, par exemple, que l'on

parte de l'arc de 10 secondes, le sinus et le cosinus de cet arc : pour connaître ceux des multiples de 10 secondes, on peut employer les formules suivantes, dues à Thomas Simpson :

$$\sin(m+1)a = \sin ma \cdot 2\cos a - \sin(m-1)a,$$
$$\cos(m+1)a = \cos ma \cdot 2\cos a - \cos(m-1)a,$$

et qui se déduisent facilement des valeurs connues de $\sin(a \pm b)$ et de $\cos(a \pm b)$, en faisant

$$b = ma.$$

On pose

$$a = \text{arc } 10'',$$

on fait successivement

$$m = 1, \quad m = 2, \ldots,$$

et l'on s'élève ainsi de proche en proche jusqu'à 45 degrés, ce qui suffit pour tout le quadrant, si l'on a calculé les sinus et les cosinus. En effet,

$$\sin(45 + \alpha) = \cos(45 - \alpha),$$

puisque la somme de ces deux angles fait 90°, quel que soit α. De même

$$\cos(45 + \alpha) = \sin(45 - \alpha).$$

Les formules de Thomas Simpson fournissent une application remarquable de ce que nous avons dit au commencement du n° 48. On déterminera avec plus ou moins de décimales, suivant l'approximation que l'on veut avoir, le sinus et le cosinus de 10 secondes, et l'on fera le produit du facteur commun $2\cos 10''$ par les neuf chiffres. Ces produits serviront dans toute la série des calculs.

51. Afin de montrer avec plus de détails quelle peut être l'approximation dans ces calculs et de donner un exemple des *grades* par lesquels on avait cherché à remplacer les degrés du cercle, nous allons chercher, d'après M. Vincent, les sinus et cosinus relatifs à cette nouvelle division.

Au lieu de diviser le quadrant en 90 degrés, le degré en 60 minutes et la minute en 60 secondes, on l'avait partagé, à l'époque de l'invention du système décimal, en 100 *grades*, le grade en 100 *minutes centésimales* ou centigrades, et le centigrade en 100 *secondes centésimales* ou dix-milligrades. On voit la différence qui existe entre les minutes ou les secondes centésimales et les minutes ou les secondes *sexagésimales* ou ordinaires (*).

Prenons donc pour a, dans les formules de Simpson, la seconde centésimale, c'est-à-dire la millionième partie du quadrant dont la valeur, quand on fait le rayon égal à l'unité, est

$$\frac{\pi}{2000000} = 0,000\,001\,570\,796\,326\,795.$$

L'erreur commise en employant cet arc pour son sinus sera moindre, d'après la série connue et la règle du n° **10**, que $\frac{1}{2.3}(0,0000016)^3$ ou $\frac{1}{6}(0,000\,000\,000\,000\,000\,004\,096)$, ou encore

$$0,000\,000\,000\,000\,000\,001,$$

c'est-à-dire l'unité décimale du *dix-huitième* ordre. On pourra donc pousser le calcul de a jusqu'à la dix-huitième décimale et considérer le résultat comme représentant jusqu'à cette limite la valeur de $\sin a$, ce qui exige l'emploi des douze premières décimales de π.

Quant à la valeur de $\cos a$, en la supposant égale à $1 - \frac{a^2}{2}$, on ne commettra pas d'erreur dans les vingt-quatre premières décimales, car il est facile de voir que $\frac{1}{2.3.4}(0,000002)^4$, qui mesure l'erreur, est moindre que l'unité du vingt-quatrième ordre. Ainsi, les douze décimales de π, qui en ont donné dix-huit pour $\sin a$, en donneront vingt-quatre pour $\cos a$.

On prendra donc, dans les formules de Th. Simpson,

$$a = 0^g,0001,$$

c'est-à-dire une *seconde centésimale*, et l'on fera successivement

$$m = 1, \quad m = 2, \ldots, \quad \text{jusqu'à} \quad m = 999999,$$

hypothèse finale qui reproduit le quadrant. En réalité, d'ailleurs, on sait qu'il n'est pas nécessaire de dépasser le demi-quadrant;

(*) Dans beaucoup d'ouvrages on laisse au *grade* le nom de *degré*, et l'on indique les degrés, minutes et secondes de ce système par les mêmes signes °, ′, ″, que dans le système ordinaire.

mais en admettant même le cas défavorable où l'on irait jusqu'au quadrant entier, nous voulons faire voir que néanmoins, *malgré l'accumulation des erreurs*, on aurait encore douze décimales exactes pour les sinus et cosinus des arcs les plus rapprochés de cette limite extrême.

A cet effet, soit représentée par δ la fraction d'unité du dix-huitième ordre dont $\sin 0^g,0001$ est en défaut, l'erreur de $\cos 0^g,0001$ sera négligée en comparaison, comme étant bien plus faible, puisqu'il a 24 décimales exactes et le sinus 18 seulement.

D'après cela, la limite de l'erreur de $\sin 0^g,0002$ sera
$$2\delta;$$
celle de $\sin 0^g,0003$ sera
$$2\delta.2 - \delta = 3\delta;$$
celle de $\sin 0^g,0004$ sera
$$3\delta.2 - 2\delta = 4\delta;$$
et généralement la limite de l'erreur de $\sin(m+1).0^g,0001$ sera
$$m\delta.2 - (m-1)\delta = (m+1)\delta.$$
Ainsi l'erreur du sinus, à la limite du quadrant, sera
$$1\,000\,000\,\delta,$$
ce qui réduira le nombre des décimales exactes de dix-huit à douze.

De même, soit ε la fraction de l'unité décimale du vingt-quatrième ordre dont $\cos 0^g,0001$ est en défaut. L'erreur limite de $\cos 0^g,0002$ sera 4ε, parce qu'ici les deux facteurs du terme
$$\cos 0^g,0001 \times 2\cos 0^g,0001$$
étant comparables, on ne doit plus rien négliger : on voit qu'en effet cette erreur sera double de celle du carré de ce cosinus. Or, d'après les principes posés dans le premier chapitre, on a
$$(A + \varepsilon)^2 = A^2 + 2A\varepsilon,$$
c'est-à-dire que l'erreur de ce carré sera $2A\varepsilon$ ou plutôt 2ε, puisque A est un cosinus.

De même
$$\cos 3a = \cos 2a.2\cos a - \cos a;$$

mais l'erreur de $\cos 2a \cdot 2\cos a$ s'évaluera en posant

$$2(B + 4\varepsilon)(A + \varepsilon)$$

pour valeur de ce produit dont l'erreur sera

$$2\varepsilon(4A + B),$$

résultat inférieur à $5\varepsilon \cdot 2$, puisque A et B sont des cosinus. Ainsi l'erreur de $\cos 3a$ sera

$$5\varepsilon \cdot 2 - \varepsilon = 9\varepsilon;$$

celle de $\cos 4a$ sera de même

$$10\varepsilon \cdot 2 - 4\varepsilon = 16\varepsilon;$$

celle de $\cos 5a$ sera

$$17\varepsilon \cdot 2 - 9\varepsilon = 25\varepsilon,$$

et ainsi de suite, c'est-à-dire, en généralisant, que $\cos(m+1)a$ comporte une erreur limite de

$$(m^2 + 1)\varepsilon \times 2 - (m-1)^2\varepsilon = (m+1)^2\varepsilon;$$

ce qui montera pour l'arc de 100 grades, c'est-à-dire le quadrant, à $10^{12}\varepsilon$, et fera, par conséquent, perdre à la série des cosinus douze décimales sur vingt-quatre, de même que la série des sinus en avait perdu six sur dix-huit.

On voit donc que d'un coté comme de l'autre, *on conserve douze décimales exactes dans toute la suite des calculs.*

Cette méthode s'appliquerait aussi facilement à l'ancienne division du cercle, c'est-à-dire à la division sexagésimale ordinaire; car l'on sait que la nouvelle division décimale n'a pas prévalu, quoiqu'elle ait été adoptée dans plusieurs ouvrages, tels que la *Trigonométrie* de Legendre. On l'a sans doute rejetée, parce que le nombre 100 n'a pas autant de diviseurs que 90 et 60, mais surtout parce qu'elle aurait nécessité l'abandon d'une foule d'instruments dont les limbes étaient divisés suivant la méthode sexagésimale.

52. Les constructions qui donnent en géométrie les côtés de certains polygones réguliers permettent d'obtenir des vérifications assez nombreuses pour les sinus et cosinus de certains arcs. Voici un tableau qui contient les valeurs des sinus et cosinus de 9 en 9 degrés (il est bien entendu que nous reprenons ici la division ordinaire) :

$$\sin 0° = 0, \qquad \cos 0° = 1;$$

$$\sin 9° = \frac{1}{4}\sqrt{3+\sqrt{5}} - \frac{1}{4}\sqrt{5-\sqrt{5}},$$

$$\cos 9° = \frac{1}{4}\sqrt{3+\sqrt{5}} + \frac{1}{4}\sqrt{5-\sqrt{5}};$$

$$\sin 18° = \frac{1}{4}(\sqrt{5}-1), \qquad \cos 18° = \frac{1}{4}\sqrt{10+2\sqrt{5}};$$

$$\sin 27° = \frac{1}{4}\sqrt{5+\sqrt{5}} - \frac{1}{4}\sqrt{3-\sqrt{5}},$$

$$\cos 27° = \frac{1}{4}\sqrt{5+\sqrt{5}} + \frac{1}{4}\sqrt{3-\sqrt{5}};$$

$$\sin 36° = \frac{1}{4}\sqrt{10-2\sqrt{5}}, \quad \cos 36° = \frac{1}{4}(\sqrt{5}+2);$$

$$\sin 45° = \frac{1}{4}\sqrt{2}, \qquad \cos 45° = \frac{1}{2}\sqrt{2};$$

On peut ajouter au tableau les valeurs suivantes :

$$\sin 30° = \frac{1}{2}, \quad \cos 30° = \frac{\sqrt{3}}{2};$$

$$\sin 60° = \frac{\sqrt{3}}{2}, \quad \cos 60° = \frac{1}{2};$$

$$\sin 15° = \frac{1}{2}\sqrt{\frac{3}{2}} - \frac{1}{2}\sqrt{\frac{1}{2}},$$

$$\cos 15° = \frac{1}{2}\sqrt{\frac{3}{2}} + \frac{1}{2}\sqrt{\frac{1}{2}}.$$

Ces valeurs du sinus et du cosinus de $15° = \frac{\pi}{12}$ ont été obtenues d'après celles du sinus et du cosinus de $30° = \frac{\pi}{6}$ au moyen des formules qui permettent de prendre la moitié des arcs. On aurait de même les valeurs de ces lignes pour $\frac{\pi}{24}$, $\frac{\pi}{48}$, etc.

Ayant obtenu par le côté du décagone régulier le sinus et le cosinus de $\frac{\pi}{5}$ et de $\frac{\pi}{10}$, on calculera ceux de $\frac{\pi}{20}$, $\frac{\pi}{40}$, etc.

En appelant x le côté du pentédécagone, on aura

$$x = 2\sin\frac{\pi}{15},$$

et d'ailleurs

$$x = \frac{1}{4}\sqrt{10 + 2\sqrt{5}} - \frac{1}{4}\sqrt{3}(\sqrt{5}-1).$$

55. Après avoir calculé les sinus et cosinus *naturels*, il faudrait chercher leurs logarithmes, mais comme nous avons supposé jusqu'ici le rayon égal à l'unité, tous ces logarithmes seraient négatifs; on prend donc un rayon $R = 10^{10}$, ce qui revient à ajouter 10 à tous les logarithmes des lignes trigonométriques. De cette façon, il faudrait que les arcs fussent beaucoup plus petits qu'on ne les rencontre dans la pratique pour que les logarithmes de leurs sinus ou de leurs tangentes fussent négatifs. Par exemple, pour que le logarithme d'un sinus fût alors négatif, il faudrait que l'arc correspondant fût moindre que $\frac{1''}{40\,000}$.

C'est pour nous conformer à l'usage que nous avons parlé du rayon des Tables; d'après ce que nous avons vu au n° 50, il serait plus naturel de dire simplement qu'on ajoute 10 aux logarithmes pour les rendre toujours positifs.

Du reste, on conçoit qu'on cherchera le logarithme des sinus et des cosinus naturels comme ceux des nombres ordinaires; ainsi les logarithmes des nombres étant calculés, par exemple, avec sept décimales, on aura aussi sept décimales pour les logarithmes des lignes trigonométriques.

On peut d'ailleurs développer directement en série les logarithmes des sinus et des cosinus. Pour cela, rappelons-nous que la série

$$\sin x = x - \frac{x^3}{1.2.3} + \frac{x^5}{1.2.3.4.5} - \ldots$$

est convergente, non pas seulement quand x est contenu dans le premier quadrant, mais aussi quand x augmente ou diminue d'une ou de plusieurs circonférences. Par conséquent, l'équation

$$x - \frac{x^3}{1.2.3} + \frac{x^5}{1.2.3.4.5} - \ldots = 0$$

sera résolue pour toutes les valeurs de x dont le sinus est nul; ces valeurs sont contenues dans l'expression

$$x = \pm k\pi,$$

k étant un nombre entier quelconque.

Or le polynôme, même indéfini, d'une équation, se décompose dans le produit des facteurs qui le rendent nul; on aura donc

$$x - \frac{x^3}{1.2.3} + \frac{x^5}{1.2.3.4.5} - \ldots$$
$$= x\left(1 \pm \frac{x}{\pi}\right)\left(1 \pm \frac{x}{2\pi}\right)\left(1 \pm \frac{x}{3\pi}\right)\left(1 \pm \frac{x}{4\pi}\right)\ldots;$$

car il est facile de voir que $x = \pm k\pi$ rendra nul un des facteurs du second membre. On aura donc aussi, en dédoublant ces facteurs,

$$\sin x = x\left(1 + \frac{x}{\pi}\right)\left(1 - \frac{x}{\pi}\right)\left(1 + \frac{x}{2\pi}\right)\left(1 - \frac{x}{2\pi}\right)\left(1 + \frac{x}{3\pi}\right)\left(1 - \frac{x}{3\pi}\right)\ldots$$

Il sera donc d'autant plus facile de prendre les logarithmes de part et d'autre, que la forme des séries logarithmiques s'applique parfaitement aux facteurs du second membre.

Le même raisonnement s'appliquera au développement du cosinus

$$\cos x = 1 - \frac{x^2}{1.2} + \frac{x^4}{1.2.3.4} - \ldots$$

On sait que l'on a

$$\cos x = 0 \quad \text{pour} \quad x = \pm \frac{\pi}{2}(4k \pm 1),$$

ce qui donnera l'expression

$$\cos x = \left(1 + \frac{2x}{\pi}\right)\left(1 - \frac{2x}{\pi}\right)\left(1 + \frac{2x}{3\pi}\right)\left(1 - \frac{2x}{3\pi}\right)\left(1 + \frac{2x}{5\pi}\right)\left(1 - \frac{2x}{5\pi}\right)\ldots$$

APPLICATIONS MATHÉMATIQUES.

dans laquelle les coefficients de π au dénominateur sont les nombres impairs.

Le calcul logarithmique s'appliquera de même à cette formule; mais, pour plus de détails, on devra consulter l'avertissement qui précède les Tables de Callet, pages 48 et suivantes.

Enfin, quelle que soit la méthode employée, les logarithmes des tangentes et cotangentes se trouveront par soustraction au moyen des logarithmes des sinus et cosinus.

54. *Calcul de π.*

Tous les calculs précédents, relatifs aux lignes trigonométriques, sont basés sur la connaissance du nombre π, rapport de la circonférence au diamètre. Depuis Archimède, qui l'a calculé le premier, on a proposé, pour en trouver la valeur, bien des méthodes géométriques ou analytiques, dont la discussion nous entraînerait trop loin.

On sait que le rapport indiqué par Archimède est $\frac{22}{7}$, et que celui d'Adrien Métius, égal à $\frac{355}{113}$, est facile à retenir, parce qu'il suffit d'écrire deux fois les trois premiers chiffres impairs, ce qui donne 113355, et de prendre la moitié du nombre pour numérateur et l'autre moitié pour dénominateur. On trouvera facilement l'approximation respective de ces deux rapports en les réduisant en décimales et comparant les résultats à ceux que nous allons déterminer.

La méthode la plus simple pour trouver la valeur de π consiste dans l'usage des séries qui proviennent du développement

$$\text{arc tang}\, x = x - \frac{x^3}{3} + \frac{x^5}{5} - \frac{x^7}{7} + \frac{x^9}{9} - \ldots$$

La formule $\text{tang}\,(a+b) = \dfrac{\text{tang}\,a + \text{tang}\,b}{1 - \text{tang}\,a\,\text{tang}\,b}$ donnera

$$\frac{\pi}{4} = \text{arc tang}\,\frac{1}{2} + \text{arc tang}\,\frac{1}{5} + \text{arc tang}\,\frac{1}{8},$$

formule assez avantageuse, car les puissances de $\dfrac{1}{2}$ donneront celles de $\frac{1}{8}$, et même celles de $\frac{1}{5} = \frac{2}{10}$; il s'agira toujours de former les puissances de 2.

On a encore

$$\frac{\pi}{4} = \text{arc tang}\,\frac{1}{2} + \text{arc tang}\,\frac{1}{3} \quad \text{et} \quad \frac{\pi}{4} = 2\,\text{arc tang}\,\frac{1}{3} + \text{arc tang}\,\frac{1}{7}.$$

Mais la formule dont on se sert le plus souvent est celle-ci, qui a été trouvée par Machin,

$$\frac{\pi}{4} = 4\,\text{arc tang}\,\frac{1}{5} - \text{arc tang}\,\frac{1}{239}.$$

Nous allons faire usage de cette formule en poussant le calcul jusqu'à vingt décimales, comme dans la Trigonométrie de MM. Delisle et Gerono.

Calcul de $4\,\text{arc tang}\,\frac{1}{5}$.

$$\frac{4}{5} = 0,8$$

$$\frac{4}{5.5^5} = 0,00025\ 6$$

$$\frac{4}{9.5^9} = 0,00000\ 02275\ 55555\ 55555\ 56$$

$$\frac{4}{13.5^{13}} = 0,00000\ 00002\ 52061\ 53846\ 15$$

$$\frac{4}{17.5^{17}} = 0,00000\ 00000\ 00308\ 40470\ 59$$

$$\frac{4}{21.5^{21}} = 0,00000\ 00000\ 00000\ 39945\ 75$$

$$\frac{4}{25.5^{25}} = 0,00000\ 00000\ 00000\ 00053\ 69$$

$$\frac{4}{29.5^{29}} = 0,00000\ 00000\ 00000\ 00000\ 07$$

Somme $= 0,80025\ 62278\ 07925\ 89871\ 81$

APPLICATIONS MATHÉMATIQUES.

$$\frac{4}{3.5^3} = 0,01066\ 66666\ 66666\ 66666\ 67$$

$$\frac{4}{7.5^7} = 0,00000\ 73142\ 85714\ 28571\ 43$$

$$\frac{4}{11.5^{11}} = 0,00000\ 00074\ 47272\ 72727\ 27$$

$$\frac{4}{15.5^{15}} = 0,00000\ 00000\ 08738\ 13333\ 33$$

$$\frac{4}{19.5^{19}} = 0,00000\ 00000\ 00011\ 03764\ 21$$

$$\frac{4}{23.5^{23}} = 0,00000\ 00000\ 00000\ 01458\ 89$$

$$\frac{4}{27.5^{27}} = 0,00000\ 00000\ 00000\ 00001\ 98$$

Somme $= 0,01067\ 39884\ 08402\ 86528\ 78$

Retranchant cette somme de la précédente, on trouve

$$4 \text{ arc tang} \frac{1}{5} = 0,78958\ 22393\ 99523\ 03348\ 04$$

Calcul de $\text{arc tang} \dfrac{1}{239}$.

$$\frac{1}{239} = 0,00418\ 41004\ 18410\ 04184\ 10$$

$$\frac{5}{5.239^5} = 0,00000\ 00000\ 00256\ 47231\ 44$$

Somme $= 0,00418\ 41004\ 18666\ 51415\ 54$

$$\frac{1}{3.239^3} = 0,00000\ 00244\ 16591\ 78708\ 38$$

$$\frac{1}{7.239^7} = 0,00000\ 00000\ 00000\ 00320\ 71$$

Somme $= 0,00000\ 00244\ 16591\ 79029\ 09$

En retranchant cette somme de la précédente, on obtient

$$\text{arc tang} \frac{1}{239} = 0,00418\ 40760\ 02074\ 72386\ 45$$

8

En retranchant cette valeur de 4 arc tang $\frac{1}{5}$, il vient

$$\frac{\pi}{4} = 0,78539\ 81633\ 97448\ 30961\ 58.$$

D'après le principe du n° **10**, on prendra pour mesure de l'erreur dans chaque série, le premier terme que l'on néglige : on reconnaît d'après cela que ce résultat, calculé avec vingt-deux décimales, en a au moins vingt qui sont exactes ; d'où l'on tire

$$\pi = 3,14159\ 26535\ 89793\ 23846.$$

On pourrait encore modifier ce calcul en observant que

$$\text{arc tang}\ \frac{1}{239} = \text{arc tang}\ \frac{1}{70} - \text{arc tang}\ \frac{1}{99},$$

ce qui donne

$$\frac{\pi}{4} = 4\ \text{arc tang}\ \frac{1}{5} + \text{arc tang}\ \frac{1}{99} - \text{arc tang}\ \frac{1}{70}.$$

Relativement à cette dernière formule, nous remarquerons qu'on peut diviser par 99 comme par un nombre d'un seul chiffre. Soit, par exemple, à diviser par 99 le nombre 5743256, nous dirons : en 574, le diviseur se trouve 5 fois, et il resterait 74 si l'on divisait par 100, mais il reste 5 de plus, ce qui fait 79, et l'on dit : en 793, on trouverait 7 fois 99 avec le reste $93 + 7 = 100$; donc il y est 8 fois avec le reste 1. En 12, il n'y est pas et le quotient est 0 ; en 125, il y est 1 fois et ainsi de suite.

On trouvera dans l'avertissement de Callet, page 96, les 128 décimales calculées par Lagny en 1719. Différents géomètres, M. Rutherford, M. Dahse, etc., ont vérifié et étendu ce calcul, et M. Richter l'a poussé jusqu'à 333 décimales. Malheureusement peu de personnes sont capables de vérifier de semblables approximations, et d'ailleurs elles n'ont pas d'importance pratique, car M. Lehmann, de Postdam, a observé que si l'on cherchait le volume d'une sphère ayant pour rayon huit trillions de kilomètres, et si l'on voulait calculer avec une exactitude telle, que l'erreur fût moindre que la plus petite grandeur microscopique, moindre qu'un cube d'un millionième de centimètre de côté, il suffirait de prendre π avec 90 décimales (*).

Lambert a démontré que le nombre π et son carré étaient deux nombres incommensurables; nous renverrons pour la démonstration à la Note IV de la *Géométrie* de Legendre. Ces deux théorèmes ne suffisent point pour prouver l'impossibilité géométrique de la quadrature du cercle : il faudrait faire voir que π ne peut être racine d'une équation telle, que cette racine se construise par la règle et le compas; mais cette proposition, quoique très-probable, n'a pu être encore démontrée.

Vu l'importance de ce nombre, on l'a présenté sous plusieurs formes différentes, et, par exemple, sous celle de fraction continue. Pour y parvenir, on est porté naturellement à prendre π avec un certain nombre de décimales et à réduire cette quantité en fraction continue, mais il faut observer que les réduites obtenues s'approcheront, non pas de la valeur de π, mais seulement de la fraction que l'on a prise pour remplacer ce nombre. Pour être sûr que les quotients incomplets auxquels on parvient appartiennent effectivement à π, il faudra prendre deux valeurs, l'une plus grande que π, l'autre plus petite, et les réduire toutes deux en fraction continue. Il est clair que tous les quotients incomplets communs à chaque fraction continue appartiendront aussi à la valeur de π.

En prenant, par exemple, les deux valeurs

$$\frac{31415926535}{10000000000}$$

et

$$\frac{31415926536}{10000000000},$$

qui comprennent π, et ne gardant que les quotients incomplets communs aux deux fractions continues qui résultent de ces quan-

---

(*) Voir *Nouvelles Annales de Mathématiques*, tome XIII, 1854, pages 418 et suiv.

tités, on trouve

$$\pi = 3 + \cfrac{1}{7 + \cfrac{1}{15 + \cfrac{1}{1 + \cfrac{1}{292 + \cfrac{1}{1 + \cfrac{1}{1 + \ldots}}}}}},$$

ce qui donne les réduites suivantes :

$$\frac{3}{1}, \frac{22}{7}, \frac{333}{106}, \frac{355}{113}, \frac{103993}{33102}, \frac{104348}{33215}, \frac{208341}{66317}.$$

D'après les propriétés des réduites, n° **18**, on sait que chacune de ces fractions approchera plus de la valeur de π que toute fraction plus simple. De plus, ces réduites sont alternativement plus petites et plus grandes que π : ainsi, 3 est trop faible, $\frac{22}{7}$ trop fort; et ainsi de suite. L'erreur de ce rapport $\frac{22}{7}$, qui est celui d'Archimède, sera donc évaluée par la fraction

$$\frac{1}{7 \cdot 106} = \frac{1}{742}.$$

Le rapport $\frac{355}{113}$, dû à Adrien Métius, sera aussi trop considérable, mais l'erreur sera évaluée par la fraction

$$\frac{1}{113 \cdot 33102} = \frac{1}{3740526}.$$

On trouve d'ailleurs

$$\frac{355}{113} = 3,1415929\ldots;$$

donc ce rapport n'est en erreur qu'à la septième décimale.

Au commencement du n° **18**, nous avions réduit en fraction continue cette même fraction $\frac{355}{113}$ qui nous avait donné pour

réduites les quantités
$$\frac{3}{1}, \frac{22}{7}, \frac{355}{113},$$
ce qui diffère du véritable développement de π en fraction continue, parce qu'il y manque la réduite $\frac{333}{106}$.

55. *Quadrature approximative du cercle.*

L'impossibilité presque démontrée de résoudre le problème de la quadrature du cercle a porté, après avoir trouvé π avec une approximation arithmétique suffisante, à le chercher aussi avec une certaine approximation géométrique, c'est-à-dire à construire d'une manière plus ou moins simple et plus ou moins exacte la circonférence correspondante à un rayon donné, et réciproquement, ou bien le côté du carré équivalent à un cercle de rayon donné.

I. Soit la corde $BI = R$ (*fig.* 6) et OA perpendiculaire sur BI, ce qui donne l'arc

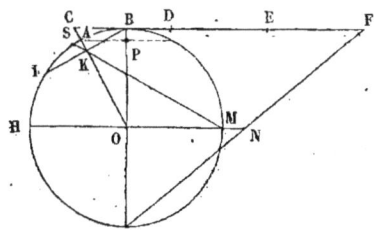

Fig. 6.

$$BA = 30°.$$

Soit BC tangent en B jusqu'à la rencontre de OA en C; sur CB prolongé vers B prenez
$$CD = DE = EF = R,$$
et joignez F à l'extrémité G du diamètre BOG, la droite GF sera presque égale à la moitié de la circonférence.

En effet, soient $R = 1$ et AP perpendiculaire sur OB en P, on sait que
$$AP = \frac{1}{2},$$
c'est-à-dire
$$AP = \frac{1}{2} OA;$$
donc aussi
$$BC = \frac{1}{2} OC,$$

ce qui donne
$$\overline{OC}^2 = 4\overline{BC}^2.$$

Mais aussi
$$\overline{OC}^2 = 4\overline{BC}^2 = \overline{BC}^2 + \overline{OB}^2;$$

il reste
$$\overline{OB}^2 = 1 = 3\overline{BC}^2 \quad \text{et} \quad BC = \frac{1}{\sqrt{3}} = \frac{\sqrt{3}}{3}.$$

On a donc
$$BF = 3 - \frac{\sqrt{3}}{3}.$$

et
$$\overline{GF}^2 = \overline{GB}^2 + \overline{BF}^2 = 4 + \left(3 - \frac{\sqrt{3}}{3}\right)^2.$$

En réduisant, on trouve
$$GF = \frac{\sqrt{6} - 2\sqrt{3}}{3}.$$

On sait que
$$\sqrt{3} = 1,73205,$$

ce qui donne
$$GF = 3,14153,$$

au lieu de
$$3,14159.$$

L'erreur est donc
$$0,00006,$$

ce qui donne un dixième de millimètre pour un rayon de 5 mètres, quantité tout à fait négligeable dans les constructions géométriques.

Réciproquement, si l'on veut avoir le rayon quand on connaît la circonférence, on construira la figure précédente pour un rayon quelconque, et l'on obtiendra le rayon cherché par une quatrième proportionnelle.

II. Soit K le milieu de la corde $BI = R$ (*fig.* 6); soit M le milieu de la demi-circonférence opposée à K; joignez MK qui, étant prolongé, va rencontrer en S l'autre demi-circonférence : la droite MS est presque égale au côté du carré équivalent à la surface du cercle.

APPLICATIONS MATHÉMATIQUES.

Dans le triangle MOK, on a

$$OM = R = 1 \quad \text{et} \quad OK = \cos 30°;$$

par conséquent

$$\frac{\tang\frac{1}{2}(K-M)}{\tang\frac{1}{2}(K+M)} = \frac{1-\cos 30°}{1+\cos 30°} = \tang^2 15° = \frac{\tang\frac{1}{2}(K-M)}{\tang 30°},$$

car

$$K + M = COH = 60°.$$

On trouve

$$\frac{1}{2}(K-M) = 2°22'25'' \quad \text{et} \quad M = 27°37'35'';$$

le rayon MO prolongé coupant la circonférence en H, l'arc HS aura pour mesure le double de l'angle M qui s'y trouve inscrit, c'est-à-dire

$$\text{arc HS} = 55°15'10''.$$

En retranchant HS de $179°59'60'' = 180°$, ou bien de la demi-circonférence, on obtient

$$\text{arc SBM} = 124°44'50'' \quad \text{et} \quad \frac{1}{2}\text{SBM} = 62°22'25''.$$

Comme il est clair que

$$MS = 2\sin\frac{1}{2}SBM,$$

on arrive à la valeur

$$MS = 1,77198,$$

au lieu de

$$\sqrt{\pi} = 1,77245:$$

la différence est

$$0,00047.$$

Elle est donc très-peu importante.

Cette construction a été présentée à l'Institut, au mois de mars 1856, par M. Willich.

III. Soit encore (*fig.* 7)

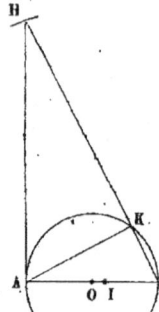
Fig. 7.

$$OI = \frac{1}{6} R,$$

O étant le centre du cercle donné. Du point I pris pour centre et d'un rayon égal au double du diamètre, décrivez un arc du cercle qui coupe en H la tangente menée au cercle au point A, extrémité la plus éloignée du point I dans le diamètre AB qui passe par OI; ensuite joignez BH, qui coupe la circonférence K, et enfin joignez AK, qui sera à peu près égal au côté du carré équivalent au cercle.

En effet,

$$OB = 1, \quad OI = \frac{1}{6}, \quad IH = 4,$$

ce qui donne

$$\overline{AH}^2 = 16 - \frac{49}{36} = \frac{527}{36}.$$

Ensuite les triangles ABK, AHK, sont semblables, puisque l'angle K est droit comme inscrit dans une demi-circonférence; donc

$$\frac{2}{AK} = \frac{AH}{HK},$$

ou bien

$$\frac{4}{\overline{AK}^2} = \frac{527}{36\left(\frac{527}{36} - \overline{AK}^2\right)} = \frac{527}{527 - 36\,\overline{AK}^2};$$

d'où l'on tire

$$\overline{AK}^2 = \frac{2108}{671}.$$

On trouvera ainsi

$$AK = 1{,}7724502\ldots,$$

au lieu de

$$1{,}7724538\ldots$$

Cette construction, due à M. Sonnet, est donc d'une approximation presque exagérée, mais elle a l'inconvénient assez grave, au point de vue pratique, d'exiger l'emploi de deux longueurs très-différentes, le sixième du rayon et le double du diamètre.

56. *Trisection approximative de l'angle.*

Soit l'angle aigu C (*fig.* 8) à diviser en trois parties égales : du

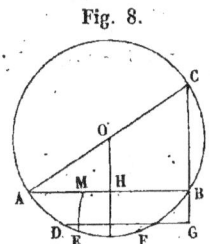

Fig. 8.

point O, pris arbitrairement sur l'un de ses côtés, décrivez avec le rayon OC une circonférence qui coupe les côtés en A et en B ; AC étant un diamètre, l'angle B sera droit. Soit OH perpendiculaire à AB ; on sait que OH divisera l'arc AB en deux parties égales, et si l'on prend encore la moitié de cette moitié, on aura le quart AD de l'arc AB ; du point D abaissons la perpendiculaire DG sur OH jusqu'à la rencontre en G de CB prolongé ; enfin, du centre G et du rayon GM (la distance AM étant le tiers de AB), décrivons une circonférence qui coupe l'arc AB en un point E, l'arc AE sera à très-peu près le tiers de AB, et l'on aura

$$AE = EF = FB,$$

sauf une très-petite erreur.

Nous répétons que cette construction n'est pas théoriquement exacte, mais seulement approximative. En effet, comme le problème de la trisection de l'angle dépend d'une équation du troisième degré, il ne pourra se résoudre par la règle et le compas, excepté dans quelques cas particuliers.

57. *Construction des polygones réguliers.*

Toutes les Géométries donnent la construction de l'hexagone et du carré, ainsi que des polygones qui en dérivent ; elles indiquent aussi celle du décagone régulier par la division du rayon en moyenne et extrême raison, mais il est plus simple d'employer la construction suivante, qui revient au même, et qui d'ailleurs est assez connue.

Menez les deux diamètres perpendiculaires AB, CF (*fig.* 9) ; du

Fig. 9.

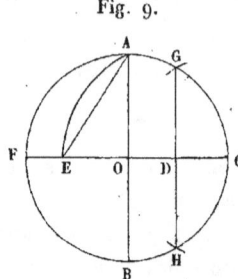

point C comme centre et d'une ouverture de compas égale au rayon OA, coupez la circonférence en G et H, joignez GH, qui coupe OC en D, et du point D, milieu de OC, pris pour centre, avec le rayon DA, décrivez une circonférence qui coupe OD en E : la distance OE sera le côté du décagone inscrit et AE celui du pentagone.

Cela suppose démontré le théorème suivant :

Le carré du côté du pentagone régulier inscrit est égal au carré du côté du décagone régulier inscrit, plus le carré du rayon; ou, ce qui revient au même, le carré du côté de l'hexagone régulier inscrit.

Cette construction est *exacte;* nous allons voir quelques constructions *approximatives.*

Pour obtenir le côté de l'heptagone régulier inscrit, *d'un point quelconque* C *de la circonférence pris pour centre* (*fig.* 9), *et d'un rayon égal à celui du cercle, prenez les deux points* G *et* H *et joignez* GH *qui coupe* OC *en* D, *la longueur* GD = HD *est presque égale au côté du polygone régulier de sept côtés.*

On voit que c'est la moitié du côté du triangle équilatéral inscrit.

En calculant par logarithmes le côté de l'heptagone régulier, on trouve 8,86775, le rayon étant 1; tandis que

$$GD = \frac{\sqrt{3}}{2} = 0,86602,$$

approximation très-suffisante.

Mais voici une construction pratique qui s'applique à *tous les polygones réguliers;* elle est due à Bion, mathématicien du dernier siècle.

Divisez le diamètre AB en autant de parties qu'on veut en avoir sur la circonférence ; des points A et B comme centres, et avec AB comme rayon, décrivez deux arcs de cercle qui se coupent en C, puis joignez le point C *à la seconde division du diamètre*, cette

APPLICATIONS MATHÉMATIQUES. 123

Fig. 10.

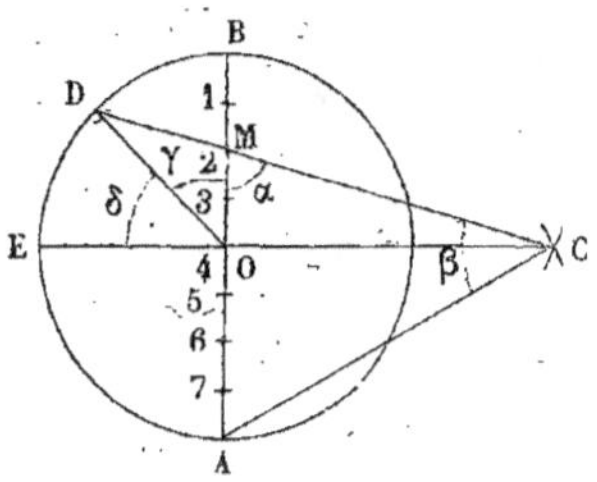

ligne prolongée ira couper la circonférence en D, et BD sera la portion demandée de la circonférence (*fig.* 10).

Dans la figure on a pris $n = 8$, ce qui donne l'octogone régulier.

Mais il est important de savoir quelle approximation donne ce procédé, et c'est ce que nous allons chercher.

Posons

$$\text{AMC} = \alpha, \quad \text{ACM} = \beta \quad \text{et} \quad \text{DOB} = \gamma.$$

Dans le triangle MCA on a la proportion

$$\frac{\sin \alpha}{\sin \beta} = \frac{2R}{2R - 2 \cdot \frac{2R}{n}} = \frac{1}{1 - \frac{2}{n}};$$

car $AC = 2R = AB$; d'ailleurs $\beta = 120 - \alpha$, puisque $A = 60°$, comme angle du triangle équilatéral ABC.

Ensuite, comme $DMO = 180 - \alpha$, le triangle DMO donne

$$\frac{\sin \alpha}{\sin(\alpha - \gamma)} = \frac{R}{R - 2 \cdot \frac{2R}{n}} = \frac{1}{1 - \frac{4}{n}}.$$

On a donc

$$\frac{\sin \alpha}{\sin(120 - \alpha)} = \frac{1}{1 - \frac{2}{n}}$$

et

$$\frac{\sin \alpha}{\sin(\alpha - \gamma)} = \frac{1}{1 - \frac{4}{n}}.$$

En divisant chaque équation par $\sin \alpha$, on a d'abord

$$\frac{1}{\sin 120 \cot \alpha - \cos 120} = \frac{1}{1 - \frac{2}{n}}.$$

124 CHAPITRE QUATRIÈME.

Or
$$\sin 120 = \frac{\sqrt{3}}{2} \quad \text{et} \quad \cos 120 = -\frac{1}{2};$$

donc
$$\frac{\sqrt{3}.\cot\alpha + 1}{2} = \frac{n-2}{n} \quad \text{et} \quad \cot\alpha = \frac{n-4}{n\sqrt{3}}.$$

Ensuite
$$\frac{1}{\cos\gamma - \sin\gamma \cot\alpha} = \frac{1}{1 - \frac{4}{n}},$$

ce qui donne
$$\cos\gamma - \frac{\sin\gamma(n-4)}{n\sqrt{3}} = \frac{n-4}{n}.$$

En réduisant, on a
$$\cos\gamma = (n-4).\frac{3n + \sqrt{n^2 + 16(n-2)}}{3n^2 + (n-4)^2}.$$

Cette formule permet de comparer les valeurs approximatives qu'elle procure avec les valeurs exactes.

DIFFÉRENCES.		
0	$n = 3$,	exact
0	$n = 4$,	exact
$-5'\ 48''$	$n = 5$, $\gamma = 71°\ 57'\ 12''$	au lieu de 72°
0	$n = 6$,	exact
5 22	$n = 7$, $\gamma = 51\ 31,\ 5$	au lieu de 51° 25' 43''
11 15	$n = 8$, $\gamma = 45\ 11\ 15$	« 45
16 40	$n = 9$, $\gamma = 40\ 16\ 40$	« 40
21 24	$n = 10$, $\gamma = 36\ 21\ 24$	» 36
25 14	$n = 11$, $\gamma = 33\ \ 8\ 52$	» 32 43 38
29 45	$n = 12$, $\gamma = 30\ 29\ 45$	» 30
31 58	$n = 13$, $\gamma = 28\ 12\ 30$	» 27 41 32
32 56	$n = 14$, $\gamma = 26\ 15\ 48$	» 25 42 52
34 30	$n = 15$, $\gamma = 24\ 34\ 30$	» 24
35 54	$n = 16$, $\gamma = 23\ \ 5\ 54$	» 22 30
36 37	$n = 17$, $\gamma = 21\ 47\ 12$	» 21 10 35

Les différences augmentent, quoique très-lentement, mais il y aura une limite où elles diminueront, car pour $n = \infty$, cette différence sera évidemment nulle. Il est remarquable que cette construction approximative donne d'une manière exacte le triangle équilatéral, le carré et l'hexagone régulier.

Le calcul a été poussé jusqu'au polygone de dix-sept côtés que l'on sait maintenant inscrire exactement; mais la construction qui résulterait des calculs de Gauss serait tellement compliquée, que cette approximation vaudrait encore mieux dans la pratique.

Pour un nombre de divisions $n > 8$, ce procédé a été modifié de la manière suivante par M. Tempier, sous-directeur des Écoles chrétiennes à Montpellier.

Divisez le diamètre AB en autant de parties égales qu'on veut en avoir sur la circonférence; des points A et B comme centres et avec AB comme rayon, décrivez deux arcs qui se coupent en C; puis, *si le nombre de divisions est égal ou supérieur à* 8, joignez le point C à la seconde division du diamètre *à partir du centre* (cela signifie que l'on prend, à partir du centre, *même si n est impair*, une longueur égale à deux divisions). Menez donc par le point C deux sécantes passant, l'une CE par le centre O, l'autre CD par cette deuxième division à partir du centre, l'arc DE $= \delta$ intercepté par ces deux sécantes est l'arc demandé, égal à peu près à la $n^{\text{ième}}$ partie de la circonférence.

La *fig*. 10 convient également aux deux constructions, car il est facile de voir que pour $n = 8$ elles reviennent au même, mais pour toute autre valeur de n elles seraient différentes.

Des calculs analogues à ceux que nous avons faits relativement au procédé de Bion, ont conduit M. Tempier à la formule suivante:

$$\sin \delta = \frac{12n + \sqrt{48n^2 - 512}}{3n^2 + 16}.$$

Voici les résultats des calculs pour diverses valeurs paires de n; mais, comme nous l'avons observé, ce procédé s'applique aussi bien quand n est impair, quoique le centre ne soit pas alors un point de division du diamètre.

				DIFFÉRENCES.
$n = 10$, $\delta = 35°56'32''$	au lieu de	$36°$		$-3'28''$
$n = 12$, $\delta = 30$	exact			»
$n = 14$, $\delta = 25\ 44\ 27$	au lieu de	$25\ 42'52''$		$+1\ 35$
$n = 16$, $\delta = 22\ 30\ 20$	»	$22\ 30$		$+2\ 20$
$n = 18$, $\delta = 20\ \ 2\ 40$	»	20		$+2\ 40$
$n = 20$, $\delta = 18\ \ 2\ 48$	»	18		$+2\ 48$
$n = 22$, $\delta = 16\ 24\ 37$	»	16		$+2\ 48$
$n = 30$, $\delta = 12\ \ 2\ \ 9$	»	12		$+2\ 29$
$n = 40$, $\delta = \ 9\ \ 2\ \ 2$	»	9		$+2\ \ 2$
$n = 50$, $\delta = \ 7\ 13\ 39$	»	$7\ 12$		$+1\ 39$
$n = 60$, $\delta = \ 6\ \ 1\ 26$	»	6		$+1\ 26$
$n = 70$, $\delta = \ 5\ \ 9\ 49$	»	$5\ \ 8\ 34$		$+1\ 15$
$n = 80$, $\delta = \ 4\ 31\ \ 6$	»	$4\ 30$		$+1\ \ 6$
$n = 90$, $\delta = \ 4\ 59$	»	4		$+\ \ 59$
$n = 100$, $\delta = \ 3\ 36\ 53$	»	$3\ 36$		$+\ \ 53$

On voit que, pour $n > 8$, ce procédé est préférable à celui de Bion, parce que les erreurs sont plus petites; elles vont même en diminuant au delà d'une certaine limite.

58. *Construction géométrique des expressions algébriques homogènes.*

On comprend combien il est important pour vérifier les calculs et concevoir nettement les questions, de construire sur le papier les résultats donnés par l'analyse. Seulement, pour qu'une expression algébrique ait une signification géométrique, il faut qu'elle soit *homogène*, c'est-à-dire que les quantités contenues, par exemple, dans le numérateur ou le dénominateur d'une fraction soient de même nature, telles que des lignes, des surfaces, des solides, ou, plus généralement, toutes ces quantités doivent être telles, que si dans chacune d'elles on fait la somme des exposants de toutes les lettres, toutes ces sommes soient égales.

On conçoit, en effet, que si l'on demandait d'ajouter une ligne à une surface ou une surface à un solide, cette question n'aurait pas de sens.

APPLICATIONS MATHÉMATIQUES.

Il faut encore que le *degré* d'un membre de l'équation, obtenu, comme nous venons de le dire, en faisant la somme de tous les exposants (ceux qui sont en dénominateur étant considérés comme négatifs), soit égal au degré de l'autre membre; car il serait évidemment impossible d'égaler une ligne à une surface, une surface à un solide, etc.

Or cette condition d'homogénéité n'est pas toujours remplie en apparence dans les expressions algébriques : c'est ce qui arrive si l'on demande de construire $x = \sin^2 \alpha$.

En effet, puisque l'on regarde le sinus comme un nombre, il en résulterait que la longueur x est égale à un nombre abstrait, ce qui est absurde; mais il faut comprendre que x représente, non pas la longueur cherchée, mais le rapport de cette longueur à l'unité, telle que le mètre.

En général, soit a cette unité; l'équation constructible devient

$$\frac{x}{a} = \sin^2 \alpha \quad \text{ou bien} \quad x = a \sin^2 \alpha,$$

équation homogène que nous construirons bientôt.

D'après cela, nous voyons que, *pour rétablir l'homogénéité dans une formule, il suffit de remplacer chaque ligne par son rapport avec l'unité de longueur.*

Tous les Traités de Géométrie enseignent à construire $x = \sqrt{a^2 + b^2}$ et $x = \sqrt{a^2 - b^2}$ par un triangle rectangle, $x = \dfrac{ab}{c}$ par les triangles semblables et $x = \sqrt{ab}$ par les triangles rectangles semblables inscrits dans la demi-circonférence (*). Ces expressions fondamentales permettent de construire les formules les plus compliquées, mais nous nous arrêterons à celles qui sont susceptibles de quelques simplifications particulières.

(*) Pour construire $x = \sqrt{ab}$ (b étant la plus petite des deux lignes), voici une nouvelle méthode, due à M. Gouzy (de Lausanne). Sur une droite indéfinie, prenez $AB = b$ et, dans le même sens, $AC = a$; dans le sens opposé, prenez $CD = a$; enfin des points C et D comme centres, et avec le rayon a, décrivez des arcs de cercle qui se coupent en O : vous aurez

$$OA = OB = \sqrt{ab}.$$

CHAPITRE QUATRIÈME.

I. *Augmenter ou diminuer une ligne c suivant les puissances du rapport $\frac{a}{b}$ de deux autres lignes.*

Il est d'abord facile de construire $c' = c \cdot \frac{a}{b}$ au moyen d'une quatrième proportionnelle.

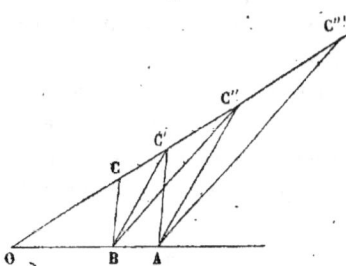
Fig. 11.

Sur l'un des côtés de l'angle quelconque O (*fig.* 11), prenez $OA = a$, $OB = b$; sur l'autre côté $OC = c$, joignez BC et menez AC' parallèle à BC jusqu'à la rencontre de OC en C', il est clair que $OC' = c'$.

Joignez C'B et menez AC'' parallèle à C'B jusqu'à la rencontre de OC en C'', on aura aussi

$$OC'' = c'' = c' \frac{a}{b} = c \left(\frac{a}{b}\right)^2 :$$

de même

$$OC''' = c''' = c'' \frac{a}{b} = c \left(\frac{a}{b}\right)^3,$$

et ainsi de suite.

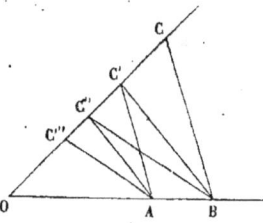
Fig. 12.

Dans cette première figure, nous avons supposé $a > b$; si l'on avait, au contraire, $a < b$ la construction serait la même, seulement les valeurs c', c'',..., diminueraient au lieu d'augmenter.

Si $b = 1$, cela revient à *chercher les puissances de a*.

II. *Augmenter ou diminuer une ligne c suivant les racines du rapport $\frac{a}{b}$ de deux autres lignes* (l'indice du radical étant une puissance de 2, sans quoi la question ne pourrait être résolue par la règle et le compas).

APPLICATIONS MATHÉMATIQUES.

Fig. 13.

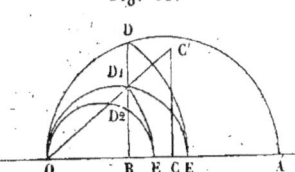

Avant de parler du rapport $c' = c \sqrt[2^n]{\dfrac{a}{b}}$, nous considérerons le rapport $b' = b \sqrt[2^n]{\dfrac{a}{b}}$ et nous supposerons d'abord $a > b$ (*fig.* 13).

Soit $OA = a$, $OB = b$; sur OA comme diamètre décrivons une demi-circonférence et élevons sur OA la perpendiculaire BD qui coupe cette circonférence en D. On voit que

$$\overline{OD}^2 = ab,$$

d'où

$$\frac{\overline{OD}^2}{b^2} = \frac{a}{b} \quad \text{et} \quad OD = b\sqrt{\frac{a}{b}}.$$

Rabattons OD en OE, sur OE faisons la même construction que sur OA, nous aurons

$$OD_1 = b\sqrt{\frac{OD}{b}}, \quad \text{ou bien} \quad OD_1 = b\sqrt[4]{\frac{a}{b}}.$$

Rabattant encore OD_1 en OE_1 et continuant la même construction, on aura

$$OD_2 = b\sqrt[8]{\frac{a}{b}},$$

et ainsi de suite.

Ensuite, pour construire

$$c' = c\sqrt[2^n]{\frac{a}{b}},$$

observons que

$$\frac{c'}{b'} = \frac{c}{b};$$

donc, en prenant $OC = c$, on aura

$$OC' = c'$$

par une quatrième proportionnelle.

Si $a < b$ (*fig.* 14), sur $OB = b$ décrivons une demi-circonférence et sur OB prenons $OA = a$; élevons sur OB la perpendicu-

9

130 CHAPITRE QUATRIÈME.

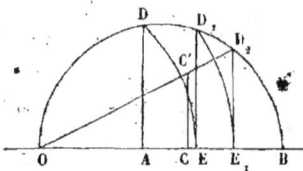

Fig. 14.

laire AD qui coupe la circonférence en D; on voit que

$$\overline{OD}^2 = ab \text{ et } \frac{\overline{OD}^2}{b^2} = \frac{a}{b},$$

ou bien

$$OD = b\sqrt{\frac{a}{b}}.$$

Rabattons OD en OE et élevons sur OB la perpendiculaire ED, jusqu'à la rencontre de *la même circonférence* ; nous aurons

$$\overline{OD_1}^2 = OE \cdot b;$$

mais $OE = OD$, donc

$$\frac{\overline{OD_1}^2}{b^2} = \frac{OD}{b} = \sqrt{\frac{a}{b}} \text{ et } OD_1 = b\sqrt[4]{\frac{a}{b}}.$$

On aura de même

$$OD_2 = b\sqrt[8]{\frac{a}{b}}, \text{ etc.} \ldots$$

Connaissant

$$b' = b\sqrt[2^n]{\frac{a}{b}},$$

on trouvera, comme ci-dessus,

$$c' = c\sqrt[2^n]{\frac{a}{b}}.$$

On voit qu'en supposant $b = 1$, la recherche de b' revient à celle des *racines de la quantité a*, pourvu que l'indice du radical soit une puissance de 2.

III. *Construire* $x = a\sin^n \alpha$.

Soit $BA = a$ (*fig.* 15); sur BA comme diamètre décrivez une demi-circonférence, faites l'angle inscrit $B = \alpha$ en prenant l'arc $AC = 2\alpha$, vous aurez la corde

$$AC = a\sin\alpha.$$

Fig. 15.

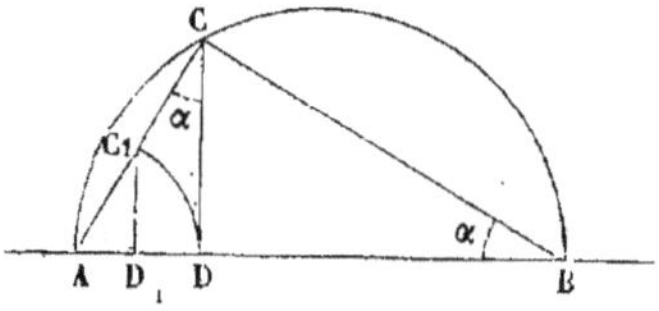

Soit ensuite CD perpendiculaire

sur AB, nous aurons aussi

$$AD = AC \sin \alpha, \quad \text{d'où l'on tire} \quad AD = a \sin^2 \alpha.$$

Relevons AD sur AC en AC_1 et abaissons $C_1 D_1$ perpendiculaire sur AB, on voit que

$$AD_1 = a \sin^3 \alpha.$$

En continuant ainsi, on trouvera les puissances successives du sinus.

Pour avoir celles du cosinus, il suffira de changer α en $90 - \alpha$.

IV. *Construire* $x = \dfrac{a}{\sin^n \alpha}$.

Soit l'angle $BOA = 90 - \alpha$ (*fig.* 16), $OA = a$ et AB perpendiculaire sur OA; on voit que

Fig. 16.

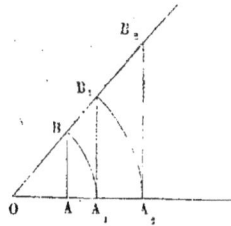

$$a = OB \cos O,$$

d'où

$$OB = \frac{a}{\sin \alpha}.$$

Ensuite, rabattons OB en OA_1 et soit encore $A_1 B_1$ perpendiculaire sur AB jusqu'à la rencontre de OB en B_1; nous aurons de même

$$OB_1 = \frac{OA_1}{\sin \alpha} = \frac{a}{\sin^2 \alpha}.$$

La figure montre comment on continuerait la même construction pour avoir

$$\frac{a}{\sin^3 \alpha}, \quad \frac{a}{\sin^4 \alpha}, \ldots$$

On trouvera de même $\dfrac{a}{\cos^n \alpha}$ en changeant α en $90 - \alpha$.

V. *Construire* $x = a \tang^n \alpha$.

Soit l'angle $BOA = \alpha$ (*fig.* 17); prenons $OA = a$, élevons AB

Fig. 17.

perpendiculaire sur OA, on sait que $AB = a \tang \alpha$; soit ensuite BC perpendiculaire sur OB jusqu'à la rencontre de OA en C, il est clair que

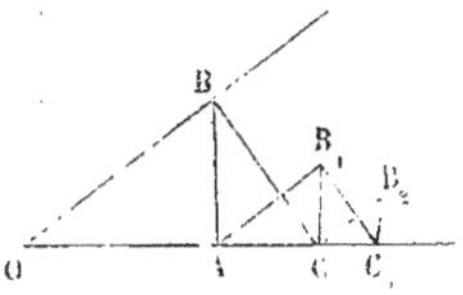

$$AC = AB \tang \alpha = a \tang^2 \alpha.$$

Menons ensuite AB_1 parallèle à AB et CB_1 perpendiculaire à OA, on trouvera

$$CB_1 = AC \tang \alpha = a \tang^3 \alpha;$$

en continuant cette construction, nous aurons

$$CC_1 = CB_1 \tang \alpha = a \tang^4 \alpha, \text{ etc.}$$

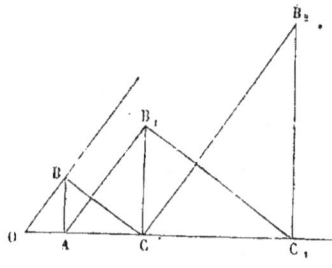

Fig. 18.

Dans la *fig.* 17, les tangentes décroissent, parce que $\alpha < 45$; dans la *fig.* 18, elles croissent, parce que $\alpha > 45$.

La similitude des triangles fait voir que B, B_1, B_2 sont en ligne droite.

On aura une construction analogue pour la cotangente en changeant α en $90 - \alpha$.

59. *Fermer un contour polygonal.*

Comme exemple de l'utilité des constructions graphiques pour réunir les données numériques de l'expérience, nous allons traiter une question qui nous ramènera à l'étude des approximations successives.

Il faut lever le plan d'un polygone quelconque, c'est-à-dire

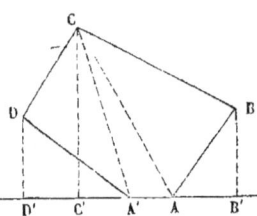

Fig. 19.

dont les angles sont rentrants ou saillants. Pour plus de simplicité, nous considérerons un quadrilatère; il sera facile d'étendre ce que nous allons dire aux polygones les plus compliqués.

Nous avons donc *sur le terrain* le quadrilatère ABCD; pour en lever le plan, nous partons d'un sommet A, en nous dirigeant vers B, et nous mesurons la distance AB; nous observons l'angle ABC, et nous cherchons aussi la distance BC : enfin, après avoir obtenu les angles BCD et CDA, ainsi que les distances CD et DA, nous revenons au point A.

Mais les mesures d'angles et de longueurs que nous avons prises sont affectées de certaines erreurs ; par conséquent, si nous transportons sur le papier les données de l'expérience, en faisant le tour du polygone, le point d'arrivée A' ne coïncidera pas *sur le plan* avec le point de départ A, comme il fait *sur le terrain*. Il faut donc corriger ces erreurs en altérant les côtés de manière à fermer le contour (*fig.* 19).

Projetons les points B, C, D en B', C', D' sur la direction A A', nous aurons évidemment

$$AB' - B'C' - C'D' + D'A' + A'A = 0,$$

et nous devons fermer le contour en altérant chaque projection par l'addition ou la soustraction d'une certaine quantité.

Posons donc

$$AB'\left(1+m\frac{AA'}{AB'}\right) - B'C'\left(1+n\frac{AA'}{B'C'}\right) - C'D'\left(1+p\frac{AA'}{C'D'}\right) + D'A'\left(1+q\frac{AA'}{D'A'}\right) = 0.$$

On voit que le contour sera fermé si les coefficients m, n, p et q sont déterminés d'une manière convenable. Pour y parvenir, ajoutons A A' aux deux termes de cette seconde équation, effectuons les multiplications qu'elle indique et simplifions d'après la première équation ; enfin supprimons A A' qui restera comme facteur commun : nous trouverons

$$m - n - p + q = 1.$$

Cette équation de condition est la seule à laquelle soient assujetties les quantités m, n, p et q ; elles peuvent d'ailleurs être positives ou négatives. On a donc une grande facilité pour répartir les erreurs sur ceux des côtés que l'on suppose soit trop grands, soit trop petits dans les mesures que l'on a prises.

Il faut voir maintenant comment on détermine la quantité A A' ainsi que les angles que fait sa direction avec les côtés du polygone. Nous avons le triangle CBA dans lequel nous connaissons l'angle B et les côtés CB, AB ; nous pouvons donc calculer le côté CA ainsi que les angles BCA, CAB. De même, le triangle CDA' donnera le côté CA' et les angles DCA', CA'D; retranchant de l'angle BCD la somme des angles BCA et DCA', on trouve l'angle ACA', ce qui permet de déterminer le triangle ACA', où l'on calcule le côté AA' et l'angle CAA': retranchant de 180 degrés la somme des angles CAA' + CAB, on trouve BAB', ce qui donne la direction de AA' par rapport à AB; on trouvera de même l'angle DA'D', ce qui achève de faire connaître les angles que font avec AA' les côtés du polygone.

Il est facile de voir que la correction d'un côté AB sera égale à m AA' divisé par le cosinus de l'angle que fait AB avec AA', puisque la correction de sa projection AB' est m AA'.

Ayant ainsi corrigé les longueurs des côtés, on s'en servira pour déterminer par le calcul les *trois* angles dont on doute le plus, en admettant que le polygone soit ramené à être convexe, ce qui est toujours possible, comme on le verra bientôt (*).

Soit, par exemple, le pentagone ABCDE dans lequel on connaît les côtés et les deux angles A, E; il s'agit de trouver les trois autres B, C et D (*fig.* 20).

Fig. 20.

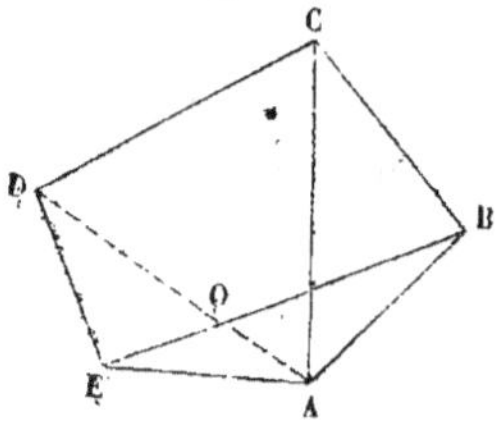

Joignez EB, AD, vous résoudrez facilement les triangles BAE, DAE et, par suite, BOA, DOE; on a donc le quadrilatère BCDO où l'on connaît les côtés et l'angle O, ce qui suffit pour le déterminer. Quel que soit le polygone convexe, on le ramènera au cas précédent, puisque tout sera connu, excepté la partie où se trouvent les trois angles consécutifs.

Cette méthode peut être utile dans les circonstances où l'on est

---

(*) Un polygone convexe de n côtés est déterminé par $2n - 3$ éléments : ici l'on donne les n côtés et $n - 3$ angles, il en reste donc trois à connaître. Ici nous les avons supposés consécutifs; mais on les trouverait encore plus facilement si ces angles inconnus étaient, par exemple, les deux consécutifs C et D et l'angle opposé A. Il suffirait de joindre AC, AD; les triangles ABC, AED ont un angle donné compris entre deux côtés aussi connus, on trouvera donc les côtés AC, AD, et comme DC est donné, on obtiendra les angles du triangle ACD, ce qui achèvera de déterminer le polygone.

obligé de prendre les directions avec la boussole, sans pouvoir, des deux extrémités d'une base, viser le même point éloigné ; c'est ce qui arrive dans les forêts et surtout dans les mines. Cependant, avant de l'employer, il faut faire une première vérification relative à la valeur des angles.

Quand le polygone est convexe, on sait que la somme des angles intérieurs est égale à autant de fois deux angles droits qu'il y a de côtés, moins deux. La même vérification s'appliquera aussi à un polygone qui présente des angles rentrants.

En effet, soit CDE (*fig.* 21) un angle rentrant, on pourra le faire disparaître en joignant CE. De cette manière on ramènera la question à considérer un polygone convexe dont la somme des angles intérieurs s'obtiendra en déterminant BCE + CEF au moyen des angles observés BCD, CDE et DEF, ce qui est facile, car

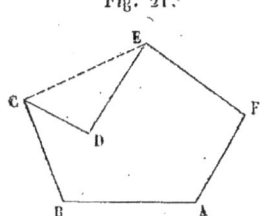

Fig. 21.

$$180 - CDE = DCE + CED,$$

et il est clair que

$$BCE + CEF = BCD + DEF + 180 - CDE.$$

Mais, en admettant que cette vérification de la somme des angles se fasse avec une exactitude suffisante, ce n'est pas une raison pour que le plan soit fermé sur le papier, et pour ne pas appliquer la méthode précédente, qui d'ailleurs ne doit être employée que si l'on réclame une grande précision, car elle peut entraîner dans des calculs assez compliqués. On conçoit, en effet, que si les côtés sont mesurés d'une manière inexacte, le polygone ne sera pas fermé, quoiqu'il n'y ait pas d'erreur sur les angles ; il suffit pour cela que le dernier côté soit pris trop grand ou trop petit, même quand tous les autres seraient bien mesurés.

Quant à l'évaluation des angles, la boussole donne une vérification particelle à l'extrémité de chaque côté AB, puisque les angles NAB, NBA que fait un même pôle N de l'aiguille aimantée, à chaque bout de la droite que l'on considère, ont une somme évidemment égale à 180 degrés, à cause du parallélisme de l'aiguille dans ces deux positions.

Cette vérification peut quelquefois ne pas se faire aux extrémités de tous les côtés, malgré le soin et l'adresse de l'expérimentateur; cela tient à la présence de masses ferrugineuses qui font un peu dévier la boussole : c'est alors aux angles qui avoisinent ces côtés que l'on doit appliquer la correction à laquelle se rapporte la *fig*. 20.

Quand ces déviations sont légères, on se contente de les corriger par la considération de la somme des angles de polygone, au moyen des directions mieux déterminées; mais, si l'on suppose encore que la nature du terrain rende la mesure des côtés difficile et incertaine, la méthode que nous venons d'exposer, et qui se rattache à la *règle de fausse position*, permet d'obtenir un plan d'une exactitude suffisante, malgré toutes ces circonstances défavorables.

60. *Réduction au centre des stations* (*).

Voici encore un exemple d'approximation qui se rapporte au levé des plans.

Dans les opérations géodésiques, il n'est pas toujours possible de se placer au sommet de l'angle que l'on veut mesurer; c'est ce qui arrive si ce sommet est, par exemple, le centre d'une tour; il faut alors mettre l'instrument le plus près possible de ce sommet. Ce n'est donc pas l'angle même du triangle que l'on a mesuré, mais un angle qui en diffère très-peu, et si l'opération doit être précise, il faut faire subir à cet angle une petite correction que l'on appelle *réduction au centre de station*.

Soient ABC (*fig*. 22) un des triangles du réseau, C l'angle que l'on veut mesurer, O le point où l'on a placé le cercle dans le voisinage du point C; l'angle mesuré est AOB et il faut chercher l'angle ACB. Désignons par α et β les deux angles très-petits OAC,

---

(*) Ce numéro est extrait des *Éléments de Géométrie*, de MM. Briot et Vacquant.

APPLICATIONS MATHÉMATIQUES.   137

Fig. 22.

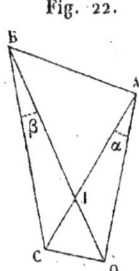

OBC, et soit I le point d'intersection des deux droites CA et OB. Dans les deux triangles CIB, OIA, les angles en I opposés par le sommet étant égaux entre eux, la somme des deux autres angles est la même ; on a donc

$$C + \beta = O + \alpha,$$

d'où

$$C = O + (\alpha - \beta).$$

Ainsi, pour avoir l'angle cherché ACB, il faut ajouter à l'angle mesuré AOB la quantité $\alpha - \beta$ que nous appellerons x.

Il s'agit maintenant de déterminer les angles α et β. Désignons par a, b, c les longueurs des côtés du triangle ABC et par r la distance très-petite OC. Dans les triangles AOC et BOC, on a

$$\frac{\sin \alpha}{r} = \frac{\sin AOC}{b}, \quad \frac{\sin \beta}{r} = \frac{\sin BOC}{a}.$$

On sait que le sinus d'un arc très-petit ne diffère de l'arc que d'une quantité très-petite relativement à l'arc lui-même ; on peut donc remplacer approximativement $\sin \alpha$ et $\sin \beta$ par les arcs qui mesurent les angles α et β dans le cercle dont le rayon est l'unité. Si donc α et β représentaient ces arcs eux-mêmes en longueur, nous aurions

$$\alpha = \frac{r \sin AOC}{b}, \quad \beta = \frac{r \sin BOC}{a}.$$

Mais, en général, les angles sont donnés, non par des longueurs d'arcs, mais en degrés, minutes et secondes, et quand il s'agit d'arcs très-petits, on prend pour unité la seconde. On a vu que l'arc d'une seconde a une longueur égale à $\frac{\pi}{648000}$, le rayon étant égal à l'unité. Comme d'ailleurs un arc aussi petit se confond sensiblement avec son sinus, on peut poser

$$\sin 1'' = \frac{\pi}{648000}.$$

Or il est clair que si un angle est évalué en secondes, on obtiendra la valeur de l'arc correspondant en multipliant ce nombre de secondes par la longueur de l'arc de $1''$, c'est-à-dire par $\sin 1''$; et que, réciproquement, si l'on divise un arc par $\sin 1''$, on obtiendra l'angle correspondant.

Nous aurons donc, pour les angles α et β évalués en secondes,

$$\alpha = \frac{r \sin \text{AOC}}{b \sin 1''}, \quad \beta = \frac{r \sin \text{BOC}}{a \sin 1''}.$$

Ainsi la correction x est donnée par la formule

$$x = \frac{r \sin \text{AOC}}{b \sin 1''} - \frac{r \sin \text{BOC}}{a \sin 1''}.$$

Les angles AOC, BOC se mesurent avec le cercle, et il suffit d'en mesurer un, parce que leur différence est égale à l'angle mesuré AOB. Cela suppose que l'on puisse établir d'une manière suffisamment précise la direction OC : malgré quelques difficultés pratiques, on y parvient sans erreur considérable, à cause de la proximité des points O et C. Nous en dirons autant pour la détermination de la distance $r = \text{OC}$.

Enfin, la valeur de x contient aussi les côtés a et b du triangle ABC. Mais nous ferons remarquer qu'il suffit, pour effectuer la correction, de connaître des valeurs approchées de ces côtés, l'erreur qui en résulte dans la valeur de x est très-petite par rapport à cette quantité elle-même, et par conséquent négligeable. Or le triangle ABC, que nous considérons, fait partie d'un réseau; le calcul des triangles antérieurs a donné la longueur de l'un au moins des côtés de ce triangle; d'autre part, deux angles au moins du triangle ont été mesurés en plaçant le cercle à une petite distance des sommets; si l'on adopte provisoirement ces angles non corrigés et si l'on résout le triangle, on en déduira des valeurs approchées des autres côtés, qui suffiront pour effectuer la correction des angles mesurés. On recommencera ensuite la résolution exacte du triangle avec les angles corrigés.

Supposons, par exemple, que le calcul des triangles antérieurs ait donné la longueur a du côté BC, on aura

$$b = \frac{a \sin B}{\sin A},$$

APPLICATIONS MATHÉMATIQUES.   139

et, transportant dans la formule précédente,

$$x = \frac{r \sin A \sin AOC}{a \sin B \sin 1''} - \frac{r \sin BOC}{a \sin 1''},$$

ou bien

$$x = \frac{r}{a \sin 1''} \left(\frac{\sin A \sin AOC}{\sin B} - \sin BOC \right).$$

On calculera donc cette valeur de x en se servant des valeurs approchées des angles du triangle.

La correction relative à l'angle B, c'est-à-dire la réduction au centre de station si le cercle n'a pas été placé exactement au sommet B, se fera de la même manière.

61. *Résolution de l'équation* $\pi \sin \lambda = 2x + \sin 2x$ (*).

Cette équation se présente dans la construction des cartes *homalographiques*, cartes dans lesquelles les surfaces des projections de deux portions quelconques prises sur le globe terrestre ont entre elles le même rapport que ces portions elles-mêmes.

Nous allons résoudre cette équation d'une manière approximative, la quantité x étant assez petite pour qu'on puisse négliger les puissances de x au delà d'un certain ordre dans le développement de $\sin 2x$.

Prenons ce développement jusqu'à la cinquième puissance, ce qui fait que nous négligeons seulement $\dfrac{(2x)^7}{1.2.3.4.5.6.7}$, nous aurons

$$\pi \sin \lambda = 4x - \frac{4.2 x^3}{1.2.3} + \frac{4.8 x^5}{1.2.3.4.5},$$

ou bien

$$\frac{\pi \sin \lambda}{4} = x - \frac{x^3}{3} + \frac{x^5}{15} = z.$$

(*) Ici λ représente la latitude d'un lieu de la terre. A l'équateur, $\lambda = 0$, et l'on voit qu'alors x est aussi nul. Aux environs du pôle, $\lambda = 90 - \delta$, et l'on peut alors poser aussi $x = 90 - \varepsilon$, les quantités δ et ε étant très-petites, car on a

$$\pi \cos \delta = \pi - 2\varepsilon + \sin 2\varepsilon,$$

équation qui devient une identité pour δ et ε très-petits.

Nous allons maintenant, par la méthode inverse des séries, développer x en fonction de $z = \dfrac{\pi \sin \lambda}{4}$: pour cela remarquons que, si x change de signe, il en est de même pour z; donc, réciproquement, le développement de x ne doit contenir que les puissances impaires de z. On posera donc

$$x = Az + Bz^3 + Cz^5,$$

en s'arrêtant encore pour z à la cinquième puissances. On voit d'ailleurs que $z = \dfrac{\pi \sin \lambda}{4}$ est toujours plus petit que l'unité.

Remplaçons x par cette valeur dans l'expression de z en fonction de x, nous aurons

$$z = Az + B \left| \begin{array}{c} z^3 + C \\ -\dfrac{A^3}{3} \end{array} \right| \begin{array}{c} z^5 + \ldots \\ +\dfrac{A^5}{15} \\ -A^2 B \end{array}$$

Négligeant les termes qui dépassent z^5, égalant les termes en z, et supprimant les autres, on obtient la suite d'égalités :

$$A = 1, \quad B = \frac{1}{3}, \quad C + \frac{1}{15} = \frac{1}{3} = \frac{5}{15} \quad \text{et} \quad C = \frac{4}{15}.$$

On a donc

$$x = z + \frac{z^3}{3} + \frac{4}{15} z^5.$$

62. *Résolution de l'équation du troisième degré par la trigonométrie.*

Soit

$$y^3 + Ay^2 + By + C = 0$$

l'équation proposée.

On fera d'abord disparaître le second terme en posant

$$y = x - \frac{A}{3},$$

ce qui donne

$$x^3 + \left(B - \frac{A^2}{3} \right) x + C + \frac{2A^3}{27} - \frac{AB}{3} = 0,$$

équation que nous représenterons par
$$x^3 + px + q = 0,$$
qu'il s'agit maintenant de résoudre.

D'un autre côté, soit
$$z = \sin\frac{\alpha}{3},$$
on démontre en trigonométrie la relation
$$z^3 - \frac{3}{4}z + \frac{\sin\alpha}{4} = 0.$$

Comme les angles $2\pi + \alpha$, $4\pi + \alpha$ ont le même sinus que α, les trois racines de cette équation sont
$$\sin\frac{\alpha}{3}, \quad \sin\frac{2\pi + \alpha}{3} \quad \text{et} \quad \sin\frac{4\pi + \alpha}{3};$$
mais
$$2\pi + \alpha = 3\pi - (\pi - \alpha),$$
et la seconde racine devient
$$\sin\frac{\pi - \alpha}{3} = \sin\left(60° - \frac{\alpha}{3}\right).$$
De même, comme
$$\frac{4\pi + \alpha}{3} = \pi + \frac{\pi + \alpha}{3},$$
la troisième racine devient
$$-\sin\frac{\pi + \alpha}{3} = -\sin\left(60° + \frac{\alpha}{3}\right).$$

Quoi qu'il en soit, ces trois racines étant réelles, on ne pourra résoudre de cette manière que les équations du troisième degré dont toutes les racines sont réelles.

I. Posons
$$z = \frac{x}{m},$$

CHAPITRE QUATRIÈME.

m étant une indéterminée, il reste

$$\frac{x^3}{m^3} - \frac{3}{4}\frac{x}{m} + \frac{\sin\alpha}{4} = 0,$$

ou bien

$$x^3 - \frac{3\,m^2 x}{4} + \frac{m^3 \sin\alpha}{4} = 0,$$

relation qu'il faut identifier avec l'équation proposée

$$x^3 + px + q = 0,$$

quand celle-ci n'a pas de racines imaginaires. Nous devons, pour cela, déterminer α et m en fonction de p et de q.

On trouve

$$p = -\frac{3m^2}{4},$$

ce qui montre d'abord que p doit être négatif; ensuite

$$q = \frac{m^3 \sin\alpha}{4},$$

d'où

$$\sin\alpha = \frac{4q}{m^3} \quad \text{et} \quad \sin^2\alpha = \frac{4^2 \cdot q^2}{m^6};$$

mais

$$m^2 = -\frac{4p}{3} \quad \text{et} \quad m^6 = -\frac{4^3 \cdot p^3}{27},$$

ce qui donne

$$\sin^2\alpha = \frac{27\,q^2}{-4p^3}.$$

On doit donc avoir, puisque $\sin^2\alpha < 1$,

$$27\,q^2 < -4p^3,$$

ou bien

$$4p^3 + 27\,q^2 < 0,$$

condition nécessaire et suffisante pour que l'équation proposée ait ses trois racines réelles.

APPLICATIONS MATHÉMATIQUES. 143

Cette condition étant remplie, les valeurs

$$m = 2\sqrt{-\frac{p}{3}}, \quad \sin \alpha = \frac{-3q}{2p\sqrt{-\frac{p}{3}}},$$

permettent de trouver l'équation en z, et par suite les trois racines de cette équation, ainsi que celles de la proposée.

Nous prendrons pour exemple l'équation

$$x^3 - 7x + 7 = 0,$$

qui est traitée dans plusieurs Algèbres, et nous déterminerons successivement les trois racines

$$z' = \sin \frac{\alpha}{3}, \quad z'' = \sin\left(60° + \frac{\alpha}{3}\right), \quad z''' = -\sin\left(60° + \frac{\alpha}{3}\right),$$

de l'équation en z.

Nous avons toujours

$$m = 2\sqrt{-\frac{p}{3}} \quad \text{et} \quad \sin \alpha = \frac{4q}{m^3}.$$

Ici

$$p = -7, \quad q = 7,$$

ce qui donne

$$L\,m = 0,4850184,$$

et l'on trouvera

$$L \sin \alpha$$

par le calcul suivant :

$$\begin{aligned}
L.4 &= 0,6020600 \\
L.q &= 0,8450980 \\
10 + L.4q &= 11,4471580 \\
3\,L.m &= 1,4550552 \\
\hline
L.\sin \alpha &= 9,9921028
\end{aligned}$$

On a donc

$$\alpha = 79° 6' 23'',7;$$

d'où l'on conclut

$$\frac{\alpha}{3} = 26° 22' 7'',9.$$

Comme
$$x = mz,$$
on trouvera x en posant

$$\text{L.}\sin\frac{\alpha}{3} = 9,6475280$$
$$\text{L.}\, m = 0,4850184$$
$$\overline{\text{L.}\, x' = 0,1325464}$$

On retranche 10 du résultat pour avoir L x', et l'on obtient
$$x' = 1,35689,$$
valeur un peu trop faible.

On trouvera aussi
$$x'' = 1,69202 \quad \text{et} \quad x''' = -3,04891,$$
valeur numériquement un peu trop faible. Du reste, on observe, comme vérification, que
$$x' + x'' + x''' = 0,$$
comme cela doit être, puisque l'équation n'a pas de terme en x^2.

II. Soit
$$4p^3 + 27q^2 > 0,$$
ce qui fait que deux racines sont imaginaires. Il peut encore se présenter deux cas, suivant le signe de p.

Nous allons supposer que p est encore négatif.

Soit
$$x = m(\tang\alpha + \cot\alpha),$$
les quantités m et α étant des indéterminées; il est facile de voir que cela revient à poser
$$x = \frac{2m}{\sin 2\alpha}.$$

Donc la racine réelle sera calculable par logarithmes, si m et α sont connus.

Mais si nous élevons au cube les deux membres de l'égalité
$$\frac{x}{m} = \tang\alpha + \cot\alpha,$$

il vient, à cause de $\tang\alpha \cos\alpha = 1$,

$$\frac{x^3}{m^3} = \tang^3\alpha + \cot^3\alpha + 3(\tang\alpha + \cot\alpha),$$

ou bien, en remplaçant $\tang\alpha + \cot\alpha$ par $\frac{x}{m}$ et réduisant,

$$x^3 - 3m^2x - m^3(\tang^3\alpha + \cot^3\alpha) = 0,$$

équation qu'il faut identifier avec la proposée.

On trouve alors

$$p = -3m^2, \quad q = -m^3(\tang^3\alpha + \cot^3\alpha);$$

ce qui montre que p doit être négatif, puisque

$$m = \sqrt{-\frac{p}{3}}.$$

Pour déterminer α, posons

$$\tang^3\alpha = \tang\beta;$$

ce qui est permis, puisqu'une tangente représente une quantité quelconque, positive ou négative. Nous avons en même temps

$$\cot^3\alpha = \cot\beta,$$

et par conséquent

$$-\frac{q}{m^3} = \tang\beta + \cot\beta = \frac{2}{\sin 2\beta};$$

ce qui détermine

$$\sin 2\beta = \frac{-2m^3}{q}.$$

On doit avoir

$$\sin^2 2\beta < 1;$$

donc

$$q^2 > 4m^6,$$

et d'ailleurs

$$m^2 = -\frac{p}{3},$$

d'où
$$m^6 = -\frac{p^3}{27},$$
ce qui donne
$$q^2 > -\frac{4p^3}{27},$$
ou bien
$$4p^3 + 27q^2 > 0,$$
condition nécessaire pour qu'il n'y ait qu'une racine réelle.

III. Soit enfin
$$p > 0,$$
et posons
$$x = m(\cot\alpha - \tang\alpha);$$
on a
$$\cot\alpha - \tang\alpha = \frac{\cos^2\alpha - \sin^2\alpha}{\sin\alpha\cos\alpha} = \frac{\cos 2\alpha}{\frac{1}{2}\sin 2\alpha} = 2\cot 2\alpha,$$
d'où
$$x = 2m\cot 2\alpha.$$
On a aussi
$$\frac{x^3}{m^3} = \cot^3\alpha - 3\cot^2\alpha\,\tang\alpha + 3\cot\alpha\,\tang^2\alpha - \tang^3\alpha$$
$$= \cot^3\alpha - \tang^3\alpha - 3(\cot\alpha - \tang\alpha),$$
à cause de
$$\tang\alpha\cot\alpha = 1,$$
par conséquent
$$x^3 + 3m^2 x - m^3(\cot^3\alpha - \tang^3\alpha) = 0;$$
équation qu'il faut identifier avec
$$x^3 + px + q = 0.$$
Nous avons donc
$$m = \sqrt{\frac{p}{3}}, \quad q = -m^3(\cot\beta - \tang\beta),$$
en posant
$$\tang^3\alpha = \tang\beta,$$

APPLICATIONS MATHÉMATIQUES.

et par suite
$$q = -2m^3 \cot 2\beta,$$
quantités calculables par logarithmes.

IV. Soit pour exemple du second cas l'équation
$$y^3 + 107y^2 + 704y + 12288 = 0;$$
si nous posons
$$y = x - \frac{107}{3},$$
l'équation transformée devient
$$x^3 - \frac{9337}{3}x + \frac{2103910}{27} = 0,$$
ce qui donne
$$p = -\frac{9337}{3} \quad \text{et} \quad q = \frac{2103910}{27}.$$

Nous ferons donc les calculs suivants :

$$L.9337 = 3{,}9702074$$
$$\tfrac{1}{2} L.9337 = 1{,}9851037$$
$$L.3 = 0{,}4771213$$
$$\overline{L.m = 1{,}5079824}$$
$$\left.\begin{array}{r} 3 L.m = 4{,}5239472 \\ L.2 = 0{,}3010300 \\ L.27 = 1{,}4313639 \end{array}\right\}$$
$$\overline{16{,}2563411}$$
$$L.2103910 = 6{,}3230272$$
$$\overline{L.\sin(2\beta - 180) = 9{,}9333139}$$

On obtient par là
$$2\beta - 180° = 59° 3' 16''{,}5,$$
et par suite
$$\beta = 119° 31' 38''{,}2 = 90 + \psi,$$
ce qui donne
$$\psi = 29° 31' 38''{,}2.$$

Prenons ici
$$\cot^3 \alpha = \cot \beta;$$
puisque $\cot \beta$ est négatif, il en sera de même pour $\cot \alpha$: ce qui permet de poser
$$\alpha = 90 + \varphi,$$
et la relation
$$\cot^3 \alpha = \cot \beta$$
devient
$$\tan^3 \varphi = \tan \psi,$$
ce qui donne
$$3 \, L \tan \varphi = 20 + L \tan \psi.$$

En effet, puisque l'on ajoute 10 à chacune des trois quantités $L \tan \varphi$, et 10 de l'autre côté à $L \tan \psi$, il faut encore ajouter 20 au second membre pour conserver l'égalité.

Nous avons ainsi
$$20 + L \cdot \tan \psi = 29{,}7531244,$$
$$L \cdot \tan \varphi = 9{,}9177081;$$
d'où l'on tire
$$\varphi = 39° \, 36' \, 14'' \quad \text{et} \quad \alpha = 90 + \varphi = 129° \, 36' \, 14'';$$
par suite
$$2\alpha - 180° = 79° \, 12' \, 28''.$$

Enfin l'on trouve
$$\begin{aligned} L \cdot 2 &= 0{,}3010300 \\ L \cdot m &= 1{,}5079824 \\ \hline &11{,}8090124 \\ L \cdot \sin(2\alpha - 180) &= 9{,}9922498 \\ \hline L \cdot (-x) &= 1{,}8167626 \end{aligned}$$

La racine est donc
$$x = -65{,}57865.$$

63. *Résolution des équations du quatrième degré par la trigonométrie.*

On sait qu'un polynôme du quatrième degré se décompose toujours en facteurs réels du second degré; nous allons voir que la détermination de ces facteurs dépend d'une équation du troisième degré.

Soit
$$x^4 + Qx^2 + Rx + S = 0$$
l'équation proposée, que nous supposerons, pour plus de simplicité, privée de son second terme; nous poserons
$$x^4 + Qx^2 + Rx + S = (x^2 + \alpha x + \beta)(x^2 + \alpha' x + \beta'),$$
ce qui donne les relations
$$\alpha + \alpha' = 0, \quad \beta + \beta' + \alpha\alpha' = Q, \quad \beta\alpha' + \beta'\alpha = R, \quad \beta\beta' = S.$$
La première montre que $\alpha' = -\alpha$; donc les deux suivantes deviennent
$$\beta + \beta' = Q + \alpha^2 \quad \text{et} \quad \beta' - \beta = \frac{R}{\alpha};$$
d'où l'on tire
$$\beta' = \frac{1}{2}(Q + \alpha^2) + \frac{R}{2\alpha} \quad \text{et} \quad \beta = \frac{1}{2}(Q + \alpha^2) - \frac{R}{2\alpha};$$
en multipliant ces deux valeurs, on trouvera, à cause de la dernière relation,
$$S = \frac{1}{4}(Q + \alpha^2)^2 - \left(\frac{R}{2\alpha}\right)^2,$$
et l'on obtient enfin l'équation
$$\alpha^6 + 2Q\alpha^4 + \alpha^2(Q^2 - 4S) - R^2 = 0,$$
qui ne sera que du troisième degré si l'on prend α^2 pour inconnue et qui aura toujours une racine positive, puisque le dernier terme est négatif; donc aussi α aura toujours au moins deux valeurs réelles, numériquement égales et de signe contraire. Comme d'ailleurs on a trouvé β et β' en fonction de α que nous pouvons maintenant supposer déterminé, on connaît les facteurs qui sont
$$x^2 + \alpha x + \frac{1}{2}(Q + \alpha^2) - \frac{R}{2\alpha}$$
et
$$x^2 - \alpha x + \frac{1}{2}(Q + \alpha^2) + \frac{R}{2\alpha}.$$

CHAPITRE QUATRIÈME.

Ces formules seraient en défaut si l'on avait

$$R = 0,$$

auquel cas l'équation en α donnerait aussi

$$\alpha = 0.$$

Mais, pour lever cette indétermination, remarquons que nous avons trouvé en général

$$\frac{R}{2\alpha} = \pm \sqrt{\frac{1}{4}(Q + \alpha^2) - S};$$

donc, pour

$$\alpha = 0,$$

les expressions des facteurs deviennent

$$x^2 + \frac{Q}{2} \pm \sqrt{\frac{Q^2}{4} - S};$$

c'est d'ailleurs ce que l'on voit directement, puisque l'équation proposée se réduit à

$$x^4 + Qx^2 + S = 0, \quad \text{pour} \quad R = 0.$$

Si deux ou trois valeurs de α^2 sont positives, et qu'une d'elles soit commensurable et par suite entière, puisque le coefficient de α^6 est l'unité, il faudra la préférer : de plus, si ces deux ou trois valeurs sont entières et positives, et que parmi elles se trouve un carré parfait, il faudra l'employer de préférence aux autres, parce que α étant alors entier, les facteurs seront commensurables.

Nous prendrons pour exemple l'équation

$$x^4 - 7x^2 - 18x - 8 = 0,$$

laquelle donne

$$\alpha^6 - 14\alpha^4 + 81\alpha^2 - 324 = 0;$$

on trouve donc

$$\alpha^2 = 9 \quad \text{et} \quad \alpha = \pm 3,$$

c'est-à-dire

$$\alpha = 3 \quad \text{et} \quad \alpha' = -3.$$

Alors

$$\beta = \frac{1}{2}(9 - 7) + \frac{18}{6} = 4$$

et
$$\beta' = \frac{1}{2}(9-7) - \frac{18}{6} = -2,$$
ce qui donne
$$x^4 - 7x^2 - 18x - 8 = (x^2 + 3x + 4)(x^2 - 3x - 2).$$

Soit encore l'équation
$$x^4 - 12x^2 + 4x + 23 = 0,$$
qui conduit à l'équation en α,
$$\alpha^6 - 24\alpha^4 + 52\alpha^2 - 16 = 0;$$
on en conclut
$$\alpha^2 = 2,$$
et l'on obtient la décomposition suivante :
$$x^4 - 12x^2 + 4x + 23$$
$$= (x^2 + x\sqrt{2} - 5 - \sqrt{2})(x^2 - x\sqrt{2} - 5 + \sqrt{2}).$$

64. *Intersections des sections coniques.*

I. On peut encore ramener à la résolution d'une équation du troisième degré le calcul de l'intersection de deux coniques. Le plus simple est de chercher les équations des droites qui réunissent les points communs aux courbes pris deux à deux ; mais, avant d'exposer cette méthode, nous devons faire remarquer qu'une sécante réelle peut correspondre à des points imaginaires.

Soient
$$A y^2 + B xy + C x^2 + D y + E x + F = 0$$
et
$$A' y^2 + B' xy + C' x^2 + D' y + E' x + F' = 0$$
les équations des courbes données; multiplions la première par A', la seconde par A, et retranchons, il viendra
$$xy(A'B - AB') + x^2(A'C - AC')$$
$$+ y(A'D - AD') + x(A'E - AE') + A'F - AF' = 0 :$$
de là on peut tirer la valeur de y que l'on substituera dans l'équation de l'une des coniques, ce qui donnera une équation du quatrième degré en x.

CHAPITRE QUATRIÈME.

Le polynôme qui en forme le premier membre peut toujours, comme on le sait, se décomposer en deux facteurs réels du second degré dont chacun donne, quand on l'égale à zéro, deux racines réelles ou imaginaires. Si ces racines x', x'' sont réelles, il est clair qu'elles donnent aussi des quantités réelles pour y' et y'', quand on les substitue dans l'équation précédemment écrite, où y n'entre qu'au premier degré; mais si elles sont imaginaires, y' et y'' seront aussi imaginaires.

Cependant, il faut observer que, même dans cette circonstance, la droite qui passera par ces deux points imaginaires conjugués sera une sécante réelle. En effet, on sait que la valeur imaginaire x' sera de la forme

$$x' = \alpha + \beta \sqrt{-1},$$

et que l'expression correspondante y' sera aussi représentée par

$$y' = \gamma + \delta \sqrt{-1}.$$

Or, comme on passe de x' à x'' en changeant le signe du radical, ce qui donne

$$x'' = \alpha - \beta \sqrt{-1},$$

on obtiendra y'' au moyen de y' en faisant le même changement, ce qui donne

$$y'' = \gamma - \delta \sqrt{-1}.$$

Cela posé, l'équation de la droite qui passe par les deux points en question, étant

$$y - y' = \frac{y' - y''}{x' - x''}(x - x'),$$

ou bien

$$y = \frac{(y' - y'')x + y''x' - y'x''}{x' - x''},$$

on trouvera

$$x' - x'' = 2\beta\sqrt{-1}, \quad y' - y'' = 2\delta\sqrt{-1},$$
$$y''x' - y'x'' = 2(\beta\gamma - \alpha\delta)\sqrt{-1},$$

ce qui donnera l'équation réelle de la droite
$$y = \frac{\delta x + \beta \gamma - \alpha \delta}{\beta}.$$

Voici donc les trois cas généraux qui peuvent se présenter :

1°. Les deux coniques n'ont aucun point commun; cependant les points imaginaires conjugués deux à deux donnent deux sécantes communes réelles;

2°. Les coniques ont deux points communs; c'est ce qui arrive quand l'un des facteurs du second degré qui composent l'équation du quatrième degré dont nous avons parlé, donne deux racines réelles, tandis que l'autre donne encore deux racines imaginaires : alors une sécante passe par les points réels, et une autre sécante réelle passe encore par les deux points imaginaires;

3°. Enfin les coniques ont quatre points communs : dans ce cas, chacun des facteurs du second degré se décompose en deux facteurs réels du premier degré, ce qui donne quatre points réels que l'on peut grouper deux à deux de six manières différentes; on obtient donc trois couples de sécantes communes. Ainsi, soient M, N, P et Q les quatre points communs, on aura les couples de sécantes

$$\begin{array}{cc} MN & et \quad PQ, \\ MP & et \quad NQ, \\ MQ & et \quad NP. \end{array}$$

II. Nous allons voir comment on trouve, dans tous les cas, les couples de sécantes communes.

Soient

(1) $\quad M = Ay^2 + Bxy + Cx^2 + Dy + Ex + F = 0$

et

(2) $\quad M' = A'y^2 + B'xy + C'x^2 + D'y + E'x + F' = 0$

les équations des coniques dont on demande l'intersection.

En représentant par λ un coefficient arbitraire, l'équation

(3) $\quad\quad\quad\quad M + \lambda M' = 0$

sera l'équation générale de toutes les coniques qui passent par les

points communs aux deux courbes données, puisqu'elle sera toujours satisfaite, quel que soit λ, par les valeurs qui donnent à la fois
$$M = 0, \quad M' = 0.$$

On cherchera donc à disposer de λ en sorte que l'équation (3) devienne celle d'un couple de droites passant par les points communs.

Or, si nous posons
$$a = A + \lambda A', \quad b = B + \lambda B', \quad c = C + \lambda C',$$
$$d = D + \lambda D', \quad e = E + \lambda E', \quad f = F + \lambda F',$$
il est clair que l'équation (3) deviendra
$$ay^2 + bxy + cx^2 + dy + ex + f = 0,$$
et comme elle doit se ramener à deux facteurs du premier degré, il faut poser
$$ay^2 + bxy + cx^2 + dy + ex + f = (mx + ny + p)(m'x + n'y + p'),$$
les équations $mx + ny + p = 0$, $m'x + n'y + p' = 0$ étant celles des deux droites qu'il faut déterminer.

Développant les calculs indiqués, nous trouverons les équations de condition
$$a = nn' \;(4), \quad b = mn' + m'n \;(6), \quad d = np' + n'p \;(8),$$
$$c = mm' \;(5), \quad f = pp' \;(7), \quad e = mp' + m'p \;(9).$$

Les équations (8) et (9) donnent

(10) $$dm - cn = p(mn' - m'n)$$

et

(11) $$dm' - en' = p'(m'n - mn').$$

Multipliant (10) et (11), on trouve, en ayant égard aux relations (4), (5) et (6) qui donnent

(12) $$(mn' - m'n)^2 = b^2 - 4ac,$$

l'équation de condition

(13) $$cd^2 + ae^2 - bde + f(b^2 - 4ac) = 0,$$

qui déterminera λ.

D'après les valeurs de a, b, c, ..., il est clair que l'équation

(13) sera du troisième degré en λ, et nous allons même faire voir que cette équation ne peut jamais s'abaisser à un degré inférieur, à moins que l'une des coniques ne se décompose elle-même en un système de deux droites. En effet, dans cette équation (13), remplaçons a par $A + \lambda A'$ et les autres coefficients par leurs valeurs analogues, on verra facilement que le coefficient de λ^3 sera

$$C'D'^2 + A'E'^2 - B'D'E' + F'(B'^2 - 4A'C');$$

de même le terme indépendant de λ sera

$$CD^2 + AE^2 - BDE + F(B^2 - 4AC):$$

or, si l'un de ces coefficients était nul, la conique correspondante vérifierait l'équation (13) et se décomposerait en deux droites.

L'équation (13) étant donc toujours du troisième degré en λ, pourra avoir une ou trois racines réelles. Dans le premier cas, cette racine unique fera toujours trouver, comme nous l'avons vu, un couple de sécantes réelles dont l'une, au moins, ne donnera que des points imaginaires; l'autre pouvant correspondre, suivant l'occasion, à deux autres points imaginaires, ou à deux points réels, communs aux courbes proposées.

En général, pour reconnaître si une sécante réelle donne des points réels ou imaginaires, il faudra combiner son équation avec celle de l'une des coniques et voir si la droite et la courbe se rencontrent.

Dans le second cas, où λ a trois valeurs réelles, il peut arriver, comme on l'a dit, que l'on obtienne trois couples de sécantes réelles et, par suite, quatre points communs aux deux courbes. S'il en est ainsi, on n'aura pas besoin de combiner les droites avec les coniques; les points d'intersection d'un couple de droites avec un autre couple seront les points communs aux courbes proposées.

Mais il ne faut pas croire que la réalité des trois racines de l'équation en λ entraîne nécessairement la réalité des trois couples de sécantes. Nous savons, à la vérité, que l'un, au moins, de ces trois couples, doit être réel, mais il peut ne pas en être de même pour les deux autres, car nous verrons bientôt qu'une valeur réelle de λ peut quelquefois donner un couple de droites imaginaires.

Nous savons que, s'il n'y a pas trois couples de sécantes réelles, il y en a un seul. Donc celle des trois valeurs réelles de λ qui correspond à ce couple unique donne lieu à la même discussion que nous avons déjà faite pour une seule valeur réelle de λ, c'est-à-dire que les coniques ne rencontreront que l'une des sécantes et pourront même n'en rencontrer aucune.

III. Voici maintenant comment on peut, après avoir déterminé λ en résolvant l'équation (13), trouver celles des couples de sécantes.

Posons, pour simplifier,
$$R^2 = b^2 - 4ac,$$
l'équation (12) deviendra

(14) $\qquad mn' - m'n = \pm R;$

en ajoutant (14) avec (6), on obtient
$$2mn' = b \pm R,$$
et divisant par (4), il vient
$$\frac{m}{n} = \frac{b \pm R}{2a}.$$

En combinant (10) et (14), on trouve

(15) $\qquad d.\dfrac{m}{p} - e\dfrac{n}{p} = \pm R.$

Mais on voit que
$$\frac{m}{p} = \frac{m}{n} \cdot \frac{n}{p} = \frac{n}{p} \cdot \frac{b \pm R}{2a};$$
remplaçant $\dfrac{m}{p}$ par cette valeur dans (15), on obtient
$$\frac{n}{p}\left[\frac{d(b \pm R)}{2a} - e\right] = \pm R;$$
d'où l'on tire
$$\frac{p}{n} = \frac{bd - 2ae \pm Rd}{\pm 2aR} = \frac{d}{2a} \pm \frac{1}{2a} \cdot \frac{bd - 2ae}{R}.$$

Comme l'équation de la sécante commune peut se mettre sous

la forme
$$y + \frac{m}{n}x + \frac{p}{n} = 0,$$

cette équation devient

(16) $\quad 2ay + bx + d \pm \left(x\sqrt{b^2 - 4ac} + \dfrac{bd - 2ae}{\sqrt{b^2 - 4ac}} \right) = 0,$

en chassant le dénominateur $2a$ et remplaçant R par sa valeur. Ce système de droites serait imaginaire pour une valeur de λ, même réelle, qui donnerait
$$b^2 - 4ac < 0.$$

La quantité $\dfrac{bd - 2ae}{\sqrt{b^2 - 4ac}}$ est susceptible d'être simplifiée. Dans l'équation (13), on remarque que les deux termes $ae^2 - bde$ font partie, sauf un facteur commun, du carré de $bd - 2ae$; nous aurons en effet
$$(bd - 2ae)^2 = b^2 d^2 - 4abde + 4a^2 e^2,$$
et, par suite,
$$ae^2 - bde = \frac{(bd - 2ae)^2 - b^2 d^2}{4a}.$$

Donc
$$cd^2 + ae^2 - bde = \frac{(bd - 2ae)^2 + 4acd^2 - b^2 d^2}{4a},$$
et enfin l'équation (13) devient

(17) $\quad \dfrac{(bd - 2ae)^2 + (b^2 - 4ac)(4af - d^2)}{4a} = 0;$

on en conclut
$$\frac{bd - 2ae}{\sqrt{b^2 - 4ac}} = \sqrt{d^2 - 4af},$$

et l'équation (16) du couple de sécantes devient aussi

(18) $\quad 2ay + bx + d \pm (x\sqrt{b^2 - 4ac} + \sqrt{d^2 - 4af}) = 0.$

IV. Si les coniques sont concentriques, leurs points d'intersec-

tion sont les sommets d'un parallélogramme ; donc $\dfrac{m}{n}$ doit être le même pour les deux droites de chacun des couples qui en forment les côtés opposés. Par conséquent deux des trois valeurs de λ doivent donner
$$b^2 - 4ac = 0,$$
et cette quantité, qui est du second degré en λ, devant alors diviser le premier membre de l'équation (13), considéré comme polynôme du troisième degré en λ, le quotient du premier degré que l'on obtiendra ainsi sera évidemment, ainsi que le dividende
$$cd^2 + ae^2 - bde + f(b^2 - 4ac)$$
et le diviseur
$$b^2 - 4ac,$$
une fonction commensurable des coefficients A, B, C,..., A', B', C',..., des équations données; il donnera donc pour λ une valeur commensurable qui correspondra au système de sécantes non parallèles, c'est-à-dire aux diagonales du parallélogramme.

Quant aux couples de droites parallèles, l'équation de chacun d'eux sera de la forme
$$(19) \quad 2ay + bx + d \pm \sqrt{d^2 - 4af} = 0,$$
puisque $b^2 - 4ac = 0$. Si les courbes sont concentriques, il vaut mieux déterminer λ par la forme d'équation (17) que par la forme (13). En effet, la relation
$$\frac{(bd - 2ae)^2}{b^2 - 4ac} = d^2 - 4af,$$
qui est vraie pour les trois racines de l'équation en λ, fait voir que les deux valeurs de λ qui annulent le dénominateur $b^2 - 4ac$, donnent aussi
$$bd - 2ae = 0;$$
comme ces deux expressions sont du même degré en λ, elles ne doivent différer que par un facteur constant K. Soit donc
$$bd - 2ae = K(b^2 - 4ac),$$

nous aurons
$$\frac{(bd - 2ae)^2}{b^2 - 4ac} = K^2(b^2 - 4ac),$$

de sorte que l'équation (17) prendra la forme
$$\frac{K^2(b^2 - 4ac) + 4af - d^2}{4a} = 0,$$

après qu'on aura divisé le numérateur par $b^2 - 4ac$.

Il faut bien observer que, dans le cas des courbes concentriques, le numérateur de l'expression précédente doit être divisible par $a = A + \lambda A'$: en effet, nous avons vu que, le polynôme $cd^2 + ae^2 - bde + f(b^2 - 4ac)$ étant divisé par $b^2 - 4ac$, donnait un quotient du premier degré en λ; or ce quotient, qui est représenté par $\dfrac{K^2(b^2 - 4ac) + 4af - d^2}{4a}$, ne peut être du premier degré que si a divise le numérateur.

Comme exemple de ce cas particulier, nous prendrons les équations
$$3y^2 - 14xy + 8x^2 + 2y - 8x + 3 = 0,$$
$$7y^2 - 26xy + 17x^2 + 6y - 14x + 3 = 0,$$

qui sont traitées dans l'ouvrage de MM. Delisle et Gerono.

Nous aurons, dans cette circonstance,
$$a = 3 + 7\lambda, \quad b = -2(7 + 13\lambda), \quad c = 8 + 17\lambda,$$
$$d = 2(1 + 3\lambda), \quad e = -2(4 + 7\lambda), \quad f = 3(1 + \lambda),$$

ce qui donnera
$$bd - 2ae = 20(2\lambda^2 + 3\lambda + 1)$$
et
$$b^2 - 4ac = 100(2\lambda^2 + 3\lambda + 1),$$

d'où l'on tire
$$\frac{(bd - 2ae)^2}{b^2 - 4ac} = K^2(b^2 - 4ac) = 4(2\lambda^2 + 3\lambda + 1).$$

(Ici l'on aurait $K = \dfrac{1}{5}$, mais il vaut mieux calculer ce quotient directement.)

On a aussi
$$4af - d^2 = 16(3\lambda^2 + 6\lambda + 2)\,(*).$$

Le quotient cherché sera donc
$$\frac{4(2\lambda^2+3\lambda+1)+16(3\lambda^2+6\lambda+2)}{4(3+7\lambda)} = \frac{14\lambda^2+27\lambda+9}{3+7\lambda} = 2\lambda+3.$$

Tel est ce quotient du premier degré qui correspond aux diagonales du parallélogramme, et qui donne
$$\lambda = -\frac{3}{2},$$

quantité commensurable, comme elle doit l'être.

Du reste, les autres valeurs de λ seront aussi commensurables dans cette circonstance. Elles seront données par l'équation
$$b^2 - 4ac = 0,$$
ou bien
$$2\lambda^2 + 3\lambda + 1 = 0,$$
qui a pour racines
$$\lambda = -1 \quad \text{et} \quad \lambda = -\frac{1}{2}.$$

Pour la première de ces valeurs, on trouve
$$\sqrt{d^2 - 4af} = \pm 4,$$

(*) Il s'agit ici de trouver l'expression de $4af - d^2$ pour une valeur quelconque de λ, car la relation
$$\frac{(bd - 2ac)^2}{b^2 - 4ac} = d^2 - 4af$$
n'est généralement vraie que pour les valeurs de λ qui résolvent les équations (13) ou (17).

On a vu que ces deux équations n'en faisaient qu'une : la seconde forme présente un numérateur du quatrième degré, mais elle a l'avantage de mettre en évidence les facteurs qui peuvent exister entre $bd - 2ac$ et les quantités $4af - d^2$ ou $b^2 - 4ac$. Si l'on découvre ainsi un facteur commun dans le numérateur, il donnera une racine de l'équation en λ, à moins qu'il ne se réduise à $a = A + \lambda A'$, auquel cas il supprimerait seulement le dénominateur. Si pourtant, après cette suppression, le même facteur a se présentait encore, il donnerait cette fois une racine de l'équation en λ.

et l'équation (19) devient
$$-8y + 12x - 4 \pm 4 = 0,$$
ce qui donne
$$y = \frac{3x - 1 \pm 1}{2}.$$

Pour l'autre valeur $\lambda = -\frac{1}{2}$, on trouve
$$\sqrt{d^2 - 4af} = \pm 2 \quad \text{et} \quad y = -x - 1 \pm 2.$$

En combinant ces couples de sécantes, on trouve les points communs qui ont pour cordonnées :

$$x_1 = \frac{2}{5}, \quad y_1 = \frac{3}{5},$$
$$x_2 = -\frac{6}{5}, \quad y_2 = -\frac{9}{5},$$
$$x_3 = \frac{4}{5}, \quad y_3 = \frac{1}{5},$$
$$x_4 = -\frac{4}{5}, \quad y_4 = -\frac{11}{5}.$$

Le premier et le quatrième, le second et le troisième sont les sommets opposés du parallélogramme.

V. Nous indiquerons encore l'exemple suivant qui se rapporte au cas général où les courbes ont deux points communs :

(1) $\quad M = 4y^2 - 12xy + 17x^2 + 8y - 28x - 20 = 0,$
(2) $\quad M' = x^2 - 3y - 5x + 4 = 0,$
(3) $\quad 9\lambda^3 + 321\lambda^2 + 704\lambda + 4096 = 0,$

$L = 3\lambda, \quad L^3 + 107 L^2 + 704 L + 12288 = 0,$

$L = t - \dfrac{107}{3}, \quad t^3 - \dfrac{9337}{3} t + \dfrac{2103910}{27} = 0,$

on trouve une seule racine réelle ; les calculs trigonométriques donnent, comme on l'a vu à la fin du n° **62**,
$$t = -65,57865,$$
et, par suite,
$$L = -101,24531, \quad \lambda = -33,74844.$$

L'équation (18) devient alors

$$8y - 12x + 109,2453 = \pm(20,28x - 120,162).$$

En combinant ces équations avec l'équation (2) qui est ici la plus simple, on reconnaît que le signe — donne une intersection réelle ; donc il est inutile d'essayer le signe + qui ne donnerait que des points imaginaires, puisque λ n'a qu'une valeur réelle : l'équation de la corde commune est donc

$$8y = -8,28x + 10,9167.$$

La combinaison avec l'équation (2) donne pour coordonnées des points cherchés

$$x' = 1,94, \quad y' = -0,6459 \quad \text{et} \quad x'' = -0,05, \quad y'' = 1,4137^5.$$

65. *Usage des Tables.* — Les questions précédentes nous montrent que l'on emploie souvent les logarithmes même dans des questions qui paraissent d'abord ne pas en dépendre : nous croyons donc pouvoir donner sur l'usage des Tables quelques avis qui peut-être sembleront puérils, mais dont l'application et, par suite, l'utilité se présentent à chaque instant.

I. Quand on cherche le logarithme d'un nombre composé de plusieurs chiffres, on sait que les Tables de Callet donnent immédiatement ce logarithme pour les cinq premiers chiffres, et même pour les six premiers, quand ces chiffres sont compris entre 100000 et 108000 : on sait aussi que l'augmentation du logarithme, due à un chiffre de plus, se trouve dans la dernière colonne, qui est celle des différences. Mais on peut souvent obtenir l'accroissement dû encore à un autre chiffre ou même à deux autres chiffres.

Soit, par exemple, à chercher le logarithme de 185,02769 : la caractéristique sera 2, puisqu'il y a trois chiffres entiers ; ensuite, les cinq premiers chiffres 18502 donnent 2,2672187. La différence la plus rapprochée est 235, qui donne, pour le chiffre suivant 7, l'accroissement 165. Maintenant, pour calculer l'augmentation due au 6 qui vient après, nous remarquerons qu'elle sera dix fois moindre que si ce chiffre exprimait des unités de l'ordre immédiatement supérieur, auquel cas cette augmentation serait 141 dont le dixième est 14,1 ; nous ajouterons donc 14 pour tenir compte du 6. Enfin le 9 donnera un accroissement cent fois moindre que s'il exprimait des unités cent fois plus grandes ; nous prendrons donc le centième de 212, ou bien 2,12, et nous ajouterons 2 pour tenir compte de 9. Les autres chiffres, s'il y en avait encore, ne pourraient influer sur le logarithme ; voici donc le tableau du calcul :

$$2,2672187$$
$$165$$
$$14$$
$$2$$
$$\overline{}$$
$$L\ 185,02769 = 2,2672368$$

Soit encore à chercher le logarithme de 10128,3647 ; comme les premiers chiffres sont compris entre 100000 et 108000, on aura ce logarithme avec huit décimales. Le logarithme de 10128,3 étant 4,00553656, on obtiendra, comme ci-dessus, le tableau suivant :

$$4,00553656$$
$$257\ \text{pour}\ 6$$
$$17\ \text{pour}\ 4$$
$$3\ \text{pour}\ 7$$
$$\overline{}$$
$$L\ 10128,3647 = 4,00553933$$

II. Il faut maintenant résoudre le problème inverse, c'est-à-dire : *Étant donné un logarithme, trouver le nombre correspondant avec le plus de chiffres possible.*

Soit 2,2672368 le logarithme proposé ; la partie décimale qui s'approche le plus *en moins* de 2672368 est 2672187 qui donne le nombre 18502, et la différence est 181, comprise entre les nombres 165 et 188, dont le premier donne 7 et l'autre 8 : mais nous prendrons le chiffre 7 et nous retrancherons 165 de 181, le reste est 16. Cherchons parmi les nombres de trois chiffres écrits aux différences, celui dont les deux premiers s'approchent le plus *en moins* de 16 ; nous aurons ainsi le nombre 14 pour les premiers chiffres de 141, ce qui donne le chiffre 6. Enfin, retranchons 14 de 16, il reste 2 : cherchons parmi les différences de trois chiffres celle qui commence par 2 ; nous trouverons 9 pour dernier chiffre du nombre. Voici le tableau du calcul :

$$
\begin{array}{r}
2,2672368 \\
187 \\ \hline
181 \\
165 \\ \hline
16 \\
14 \\ \hline
2
\end{array}
$$

Ainsi le nombre qui a pour logarithme 2,2672368 est 185,02769.

Soit encore le logarithme 3,6748395 ; celui des Tables qui s'en approche le plus en moins est 6748336 qui correspond à 47297. La différence est 59 qui donne le chiffre 6 pour 55 : retranchons 55 de 59, il reste 4, compris entre 3,7 et 4,6 ; le premier de ces deux nombres donne le chiffre 4, et le second le chiffre 5. Donc, d'après le tableau suivant,

$$
\begin{array}{r}
3,6748395 \\
36 \\ \hline
59 \\
55 \\ \hline
4
\end{array}
$$

le nombre correspondant au logarithme cherché est 4729,764. Ici les différences n'ayant que deux chiffres ne peuvent donner au nombre que deux chiffres nouveaux.

III. Les logarithmes des nombres plus petits que l'unité sont négatifs, mais on évite toujours l'emploi des logarithmes entièrement négatifs, et l'on cherche à faire en sorte que leur caractéristique seule soit négative et que la partie décimale soit positive : cela tient à ce que l'on ne trouve dans les Tables que les parties décimales positives des logarithmes.

Ainsi, cherchons le logarithme de $\frac{2}{3}$; nous devons retrancher le logarithme de 3 de celui de 2 : mais comme le résultat serait négatif, *nous ajouterons au logarithme du numérateur assez d'unités pour que la soustraction puisse se faire*; ensuite nous mettrons ce nombre d'unités en caractéristique négative.

Dans l'exemple actuel, il suffira d'ajouter 1, ce qui donne

$$1 + L\,2 = 1,3010300$$
$$L\,3 = 0,4771213$$
$$L\,\frac{2}{3} = \overline{1},8239087$$

IV. L'extraction des racines présente quelque difficulté, quand la caractéristique négative n'est pas divisible par l'indice de la racine. Ainsi supposons que l'on demande $\sqrt{\frac{2}{3}}$; il faudra prendre la moitié du logarithme de $\frac{2}{3}$, ce qui sera embarrassant, puisque -1 n'est pas divisible par 2. Il faut alors *ajouter assez d'unités pour que la caractéristique soit divisible par l'indice du radical*; puis, par compensation, on ajoutera positivement autant d'unités qu'on en a introduit négativement; ainsi l'on posera, en ajoutant et retranchant 1 :

$$L\,\frac{2}{3} = -2 + 1,8239087,$$
$$\frac{1}{2}L\,\frac{2}{3} = \overline{1},9119543 = L\sqrt{\frac{2}{3}}$$
$$\text{et } \sqrt{\frac{2}{3}} = 0,816496.$$

V. Le complément logarithmique d'un nombre, c'est-à-dire le reste que l'on obtient en retranchant de 10 le logarithme de ce nombre, est facile à obtenir, car *tous les chiffres de ce complément s'obtiennent en retranchant de 9 le chiffre correspondant du logarithme*, excepté le dernier à droite que l'on retranche de 10. Les compléments sont employés pour changer en additions les soustractions de logarithmes que l'on peut avoir à faire; seulement il faudra retrancher de la somme autant de fois 10 que l'on a pris de compléments : c'est ce que l'on fait, par exemple, dans la formule qui donne

$$L \tang \frac{1}{2} A$$

en fonction des côtés du triangle.

VI. Pour écrire promptement les logarithmes sans les copier chiffre par chiffre, il est bon d'observer la manière dont ils sont disposés dans la Table : un logarithme de sept chiffres est divisé en deux groupes, le premier de trois chiffres, le second de quatre, qu'il faut énoncer séparément et écrire successivement. Ainsi le logarithme de 36412 est égal (sauf la caractéristique) à 5612445 : les trois premiers chiffres 561, communs à plusieurs autres logarithmes, se trouvent au moyen des quatre premiers chiffres du nombre, et les quatre derniers 2445 se trouvent par le chiffre 2 écrit en haut et en bas de la page. On énoncera donc le logarithme de la manière suivante : *cinq cent soixante et un, deux mille quatre cent quarante-cinq;* de cette façon deux lectures suffiront pour transcrire le logarithme.

Pour les lignes trigonométriques, les chiffres sont groupés d'une manière un peu différente. Si l'on cherche, par exemple, le logarithme — sinus de 16° 42′ 20″, remarquant que la caractéristique 9 est généralement connue d'avance, nous ne nous occuperons que de la partie décimale que la Table présente disposée ainsi qu'il suit : 45814.63, et nous l'écrirons facilement au moyen d'une seule lecture, en énonçant : *quarante-cinq mille huit cent quatorze, soixante-trois.*

VII. Relativement aux lignes trigonométriques, nous rappellerons encore un principe bien connu, mais qu'on est porté quelquefois à négliger par distraction : c'est que les corrections pour les lignes *inverses*, le cosinus et la cotangente, doivent se faire *par soustraction*, et non par addition, comme pour les lignes directes, le sinus et le cosinus.

VIII. Enfin, nous remarquerons que la Table donne les logarithmes de seconde en seconde pour les sinus et les tangentes de 0 à 5 degrés, et pour les cosinus et les cotangentes de 85 à 90 degrés, ce qui est nécessaire pour les arcs rapprochés des extrémités du quadrant, quand on a besoin d'une grande précision.

On n'a pas mis dans la Table les logarithmes des tangentes de 85 à 90 degrés, parce qu'il est facile de les obtenir au moyen des cotangentes; en effet, la relation

$$\tang \alpha \cot \alpha = 1$$

donne

$$L \tang \alpha = 20 - L \cot \alpha;$$

tout se réduit donc à prendre un complément.

Si l'on demande le logarithme de la tangente de $86°35'44''$, on cherchera le logarithme de sa cotangente, qui est égal à $8,7754285$, et on le retranchera de 20, ce qui donnera

$$11,2245715.$$

On n'aura même pas besoin d'écrire $8,7754285$, on se contentera de lire ce logarithme dans la Table et de prendre le complément de chaque chiffre.

On trouvera de même les logarithmes des cotangentes des angles de 0 à 5 degrés au moyen des logarithmes de leurs tangentes.

Quant aux logarithmes de seconde en seconde pour les cosinus de 0 à 5 degrés et pour les sinus de 85 à 90 degrés, on ne les trouve pas dans la Table; mais il aurait été inutile de les mettre, parce que les différences qui leur correspondent sont très-petites et que les variations de ces quantités sont peu sensibles, même dans les Tables ordinaires de 10 en 10 secondes. Aussi la proportion ne peut-elle donner les angles correspondants avec la précision que l'on obtiendrait si ces différences étaient plus considérables: les Tables de 10 en 10 secondes suffisent parfaitement dans ces circonstances.

C'est pour cela que nous avons déjà fait observer au n° 32, que l'usage des sinus était plus avantageux que celui des cosinus pour les arcs très-petits, et celui des cosinus pour les arcs très-près de 90 degrés.

IX. Voici quelques corrections à faire aux Tables de Callet; les fautes que nous signalons ici, d'après les *Nouvelles Annales de Mathématiques* (Mars 1857), sont dans l'édition de 1827 et les suivantes, quoiqu'elles ne se trouvent pas dans celle de 1795 :

	LISEZ :	AU LIEU DE :
L sin 1°47′54″	8,49667 63	8,49697 63
L sin 4.38. 1	8,90732 35	8,90732 45
L cot 13.30.50	0,61918 27	9,61918 27
L cot 42.25. 0	0,03921 58	0,03922 58

66. *Règle de Guldin.*

Nous terminerons les applications mathématiques par l'énoncé de cette règle, qui consiste dans l'ensemble de deux théorèmes que l'on trouve démontrés dans la plupart des ouvrages de Mécanique ou de Statique, et qui permettent souvent de calculer avec une grande facilité les surfaces ou les solides de révolution.

Une surface de révolution a pour mesure le produit de la ligne génératrice par la circonférence que décrit le centre de gravité de cette ligne.

Un solide de révolution a pour mesure le produit de la surface génératrice par la circonférence que décrit le centre de gravité de cette surface.

Considérons, comme application très-simple, l'anneau engendré par le cercle de rayon $AC = R$ (*fig.* 23) et tournant autour de l'axe $A'B'$ situé à la distance $CC' = d$. La surface de cet anneau sera

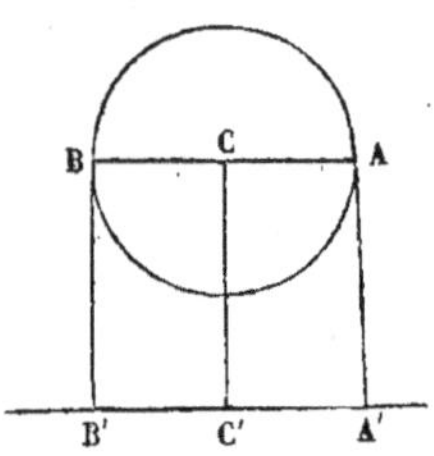

$$S = 2\pi R \cdot 2\pi d \quad \text{ou bien} \quad S = 4\pi^2 R d,$$

et le volume sera

$$V = \pi R^2 \cdot 2\pi d \quad \text{ou bien} \quad V = 2\pi^2 R^2 d.$$

Fig. 23.

Quand un contour a un centre, il est clair que c'est à la fois le centre de gravité de ce contour, curviligne ou rectiligne, et aussi celui de la surface terminée par ce contour. Mais le centre de gravité d'un contour quelconque n'est pas toujours celui de la surface qui s'y trouve terminée ; par exemple, le centre de gravité de la surface du triangle est au point de concours des médianes et au tiers de chacune d'elles, à partir de la base ; tandis que le centre de gravité du contour d'un triangle est le centre du cercle inscrit au triangle que l'on obtient en joignant les milieux des côtés du triangle donné.

Nous nous arrêterons sur une difficulté qui se présente dans la mesure des surfaces de révolution quand l'axe de rotation est un des côtés du contour.

Considérons, par exemple, un hexagone régulier (*fig.* 24)

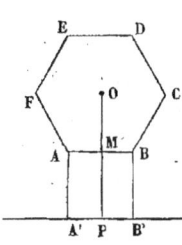

tournant autour d'un de ses côtés AB, et cherchons la surface engendrée par le reste du contour BCDEFA, car AB ne tournant pas n'engendre aucune surface. On pourrait l'évaluer en cherchant le centre de gravité de ce reste de contour et y appliquant la règle de Guldin; mais je dis qu'il suffit de prendre le centre de gravité O du contour total, la distance de ce point à l'axe AB étant
OM $= \dfrac{c\sqrt{3}}{2}$, si nous représentons par c le côté de l'hexagone régulier, et de multiplier le contour total $6\,c$ par OM, de sorte que
$$S = 6\pi c^2 \sqrt{3}.$$

Pour le démontrer, imaginons que le contour tourne autour d'un axe A'B' parallèle à AB, à une distance MP $= d$. La surface engendrée par le contour total sera, d'après la règle,
$$6c \cdot 2\pi \left(\dfrac{c\sqrt{3}}{2} + d \right);$$
mais si nous retranchons la surface engendrée par le côté AB, c'est-à-dire le cylindre $c \cdot 2\pi d$, la surface cherchée sera
$$6c \cdot 2\pi \left(\dfrac{c\sqrt{3}}{2} + d \right) - 2\pi cd.$$

Alors, si l'on suppose $d = 0$, pour revenir au cas que l'on considère, il reste
$$S = 6\pi c^2 \sqrt{3},$$
comme ci-dessus.

Il faut donc compter le côté qui est sur l'axe, comme faisant partie du contour.

CHAPITRE V.

APPLICATIONS PHYSIQUES.

DILATATIONS.

67. La dilatation des corps par la chaleur nous présente, ainsi que nous l'avons annoncé au commencement de cet ouvrage, une des applications les plus utiles et les plus fréquentes des principes que nous avons posés, et surtout de la formule approximative

$$\frac{1}{1+\varepsilon} = 1 - \varepsilon,$$

que nous avons reproduite de diverses manières.

I. On sait que beaucoup de corps, tels que les métaux, le verre, etc., ont une dilatation proportionnelle, du moins entre certaines limites de température, aux degrés du thermomètre ordinaire à mercure, ou même à ceux du thermomètre à air dont les variations, quand elles sont corrigées des variations de la pression atmosphérique, paraissent tenir seulement à la quantité de chaleur et être indépendantes, à très-peu de chose près, de la nature du gaz dilaté.

Si l'on élève d'un degré la température de l'unité de longueur d'un corps, la quantité k dont s'allonge cette unité s'appelle le *coefficient de dilatation linéaire* de ce corps; cette définition suppose, comme nous l'avons indiqué, que cet accroissement ne varie pas entre certaines limites, c'est-à-dire qu'il est le même de 0 à 1 degré, de 1 à 2 degrés, de 10 à 11 degrés, etc.

Comme l'accroissement est évidemment proportionnel à la longueur initiale à zéro, que nous appellerons a, cet accroissement sera ak pour une élévation d'un degré de température; d'après la supposition que nous avons faite, il sera aussi proportionnel au nombre de degrés, en sorte que de 0 à t degrés il sera akt. Donc, enfin, la nouvelle longueur A à t degrés sera

$$a + akt \quad \text{ou bien} \quad A = a(1 + kt).$$

On en conclut
$$k = \frac{A - a}{at};$$

ainsi, *le coefficient de dilatation linéaire se mesure en divisant l'accroissement de la longueur par le produit de la longueur initiale et de l'accroissement de la température.*

Une autre température t' donnera
$$A' = a(1 + kt'),$$
d'où
$$\frac{A'}{A} = \frac{1 + kt'}{1 + kt}.$$

Mais ici appliquons les principes du premier chapitre, nous poserons
$$\frac{1}{1 + kt} = 1 - kt,$$

car le coefficient k est toujours une quantité très-petite; de plus, dans le produit
$$(1 + kt')(1 - kt),$$
négligeons encore le carré de k, et ce produit deviendra
$$1 + k(t' - t);$$
d'où enfin
$$A' = A[1 + k(t' - t)].$$
On en conclura
$$k = \frac{A' - A}{A(t' - t)},$$

ce qui rentre dans la définition précédente.

II. De même, soit c le *coefficient de dilatation cubique* d'un corps, c'est-à-dire l'accroissement que prend l'unité de volume de ce corps quand la température s'élève d'un degré, soient v le volume à 0 degré, V le volume à t degrés; nous aurons

$$V = v(1 + ct).$$

Soit encore V' le volume à t' degrés; nous aurons aussi

$$\frac{V'}{V} = \frac{1 + ct'}{1 + ct},$$

ou, par approximation,

$$V' = V[1 + c(t' - t)].$$

Nous remarquerons même qu'aucune de ces deux formules n'étant physiquement exacte, il n'y a pas lieu de considérer l'une plutôt que l'autre comme rigoureuse ou comme approximative.

Cette dernière formule, qui donne

$$c = \frac{V' - V}{V(t' - t)},$$

permet de dire que *le coefficient de dilatation cubique a pour mesure l'accroissement de volume divisé par le produit du volume initial et de l'accroissement de température.*

Considérés à ce point de vue, les coefficients de dilatation ne sont autre chose que des nombres abstraits qui représentent la fraction dont s'accroît le volume ou une dimension d'un certain corps quand la température s'élève d'un degré. Mais il est surtout important de voir que, pour un même corps, *le coefficient de dilatation cubique est triple du coefficient de dilatation linéaire.*

Pour le démontrer, considérons un cube formé d'une substance homogène, ou du moins se dilatant également de toutes parts, ce qui n'arrive point, en général, pour les corps cristallisés, qui n'ont pas la même densité dans toutes les directions de molécules; élevons ce cube de 0 à 1 degré; son côté, qui était égal à l'unité, deviendra $1 + k$: ainsi la fraction k, considérée comme nombre abstrait, représentera le coefficient de dilatation linéaire.

Quant au coefficient de dilatation cubique, il s'exprimera, comme nous venons de le voir, par

$$c = \frac{(1 + k)^3 - 1^3}{1^3},$$

nombre abstrait qui s'exprimera par

$$(1 + k)^3 - 1 = 3k + 3k^2 + k^3,$$

mais, k étant très-petit, on négligera k^2 et k^3, ce qui donne
$$c = 3k.$$

On verrait de même que le coefficient de dilatation superficielle, dont on fait peu d'usage, est double du coefficient de dilatation linéaire.

III. Relativement à l'augmentation de volume d'un liquide, il faut considérer la dilatation apparente et la dilatation absolue.

Comme un liquide est nécessairement contenu dans un vase de forme quelconque, et qui se dilate aussi par la chaleur, il est clair que l'on observe seulement la dilatation *apparente* de ce liquide, c'est-à-dire l'excès de sa dilatation réelle sur celle de l'enveloppe, de telle sorte que, si toutes deux étaient égales, il semblerait que le liquide ne se dilate point. Pour observer la dilatation *absolue* du liquide, il faudrait un vase incapable de se dilater; cependant Dulong et Petit sont parvenus à la mesurer, d'après ce principe, que les hauteurs d'un même liquide dans deux vases communiquants sont indépendantes du diamètre de ces vases, et tiennent seulement aux températures où l'on maintient chacun d'eux, à cause des variations de densité.

Il semble évident que la dilatation absolue est égale à la dilatation apparente, plus celle de l'enveloppe, et c'est ainsi, en effet, que l'on pose la relation entre ces quantités; mais il faut bien voir que ce n'est qu'une égalité approximative, et que l'on est conduit d'abord à une équation un peu plus compliquée.

En effet, soit 1 le volume initial du liquide à t degrés, et soit c sa dilatation apparente de t degrés à t' degrés, cette augmentation de volume sera mesurée au moyen des divisions du vase, auquel nous supposerons la forme d'un tube thermométrique; mais le volume de chacune de ces divisions se sera accru dans la proportion de
$$1 \quad \text{à} \quad 1 + c'(t' - t);$$
donc le volume absolu du liquide sera augmenté dans le rapport de
$$1 \quad \text{à} \quad (1+c)(1+c'\overline{t'-t}) = 1 + c + c'(t'-t) + cc'(t'-t).$$
Soit donc C la dilatation absolue; nous aurons
$$C = c + c'(t'-t),$$

mais il faut pour cela négliger le produit cc', d'après le principe du n° 2.

Ici c' est le coefficient de dilatation de l'enveloppe, mais c et C ne représentent que les dilatations apparente et absolue du liquide dans l'intervalle de t degrés à t' degrés. En effet, il existe peu de liquides qui partagent avec le mercure la propriété de donner, dans une échelle thermométrique assez étendue, des indications proportionnelles à celles du thermomètre à air. On sait même que l'eau présente le phénomène bizarre d'un maximum de densité; ainsi les liquides n'ont point, en général, de coefficient de dilatation.

On a cru longtemps que la dilatation de tous les gaz était non-seulement proportionnelle, mais encore égale à celle de l'air. M. Regnault a vu qu'il n'en était pas tout à fait ainsi; mais la différence est si petite, que l'on peut, sans erreur sensible, prendre pour tous les gaz et toutes les vapeurs le même coefficient de dilatation cubique

$$\alpha = 0,00366\ldots$$

On a donc, de 0 à 100 degrés, la dilatation

$$100\alpha = 0,3666\ldots = \frac{11}{30},$$

puisqu'il s'agit d'une fraction périodique.

IV. Cherchons, d'après cela, à calculer une hauteur barométrique, en tenant compte de la dilatation du mercure et de celle de la règle sur laquelle sont tracées les divisions. Soient h la hauteur observée et c le coefficient de dilatation cubique absolue du mercure; afin de réduire la hauteur à ce qu'elle serait pour la température zéro, observons que h est trop grand à la température actuelle $t > 0$, puisque la densité du mercure est plus faible qu'à zéro, et comme la hauteur varie en raison inverse de la densité et directe du volume, il faut diviser h par $1 + ct$. Du reste, nous prenons la dilatation absolue, parce que le diamètre du tube ne fait rien à la hauteur.

Mais soit k le coefficient de dilatation linéaire de la règle, il est clair que les divisions lues à t degrés, étant plus grandes qu'à

APPLICATIONS PHYSIQUES. 175

zéro, valent un plus grand nombre de ces divisions à zéro; il faut donc multiplier par $1 + kt$, ce qui donne pour la véritable hauteur

$$h' = h \frac{1 + kt}{1 + ct}$$

ou plutôt

$$h' = h[1 - (c - k)t].$$

On trouve dans les Traités de Physique

$$c = 0,00018024$$

de 0 à 50 degrés, et

$$k = 0,00018782,$$

en admettant que la règle soit en laiton; alors

$$c - k = 0,000161458.$$

Supposons que l'observation ait donné

$$h = 76^{cm},3 \quad \text{et} \quad t = 18°,7,$$

nous trouvons que la correction est égale à $-0,23$, ce qui donne

$$h' = 76^{cm},07.$$

MESURE DES HAUTEURS PAR LE BAROMÈTRE.

68. Soient D la différence de hauteur, c'est-à-dire la distance verticale de deux endroits de la terre, T et t les températures à ces deux stations, H et h les hauteurs barométriques correspondantes, ramenées, comme nous venons de le faire, à zéro; on trouve, par des considérations qui ne peuvent trouver ici leur place, la formule

$$D = 18393^m \cdot \left[1 + \frac{2(T+t)}{1000} \right] (L.H - L.h).$$

Ici, $L.H$ et $L.h$ indiquent, comme d'habitude, les logarithmes ordinaires de H et de h.

Il faudrait tenir compte des latitudes des stations, mais le facteur qui en dépend est très-près de l'unité et se néglige d'ordinaire.

D'après les principes établis dans le second chapitre, nous avons simplifié cette formule de manière à éviter l'emploi d'une Table de logarithmes.

Soit M le module connu égal à $0,43429\ldots$; nous savons que
$$L.H - L.h = L\frac{H}{h} = M.l\frac{H}{h},$$
le signe l indiquant, comme on l'a vu, les logarithmes hyperboliques.

Posons
$$H + h = s, \quad H - h = d,$$
nous en concluons
$$H = \frac{s+d}{2}, \quad h = \frac{s-d}{2} \quad \text{et} \quad l\frac{H}{h} = l\frac{s+d}{s-d},$$
ou encore
$$l\frac{H}{h} = l\frac{1 + \frac{d}{s}}{1 - \frac{d}{s}} = l\left(1 + \frac{d}{s}\right) - l\left(1 - \frac{d}{s}\right).$$

Prenons maintenant les formules approchées du n° **23**; elles nous donneront, dans la circonstance actuelle,
$$l\left(1 + \frac{d}{s}\right) = \frac{d}{s}, \quad l\left(1 - \frac{d}{s}\right) = -\frac{d}{s},$$
et enfin
$$l\frac{1 + \frac{d}{s}}{1 - \frac{d}{s}} = 2\frac{d}{s},$$
pourvu que $\frac{d}{s}$ soit suffisamment petit.

Nous pouvons donc poser
$$L.H - L.h = 2M \cdot \frac{H - h}{H + h},$$
ce qui donne
$$D = 18393.2M \cdot \left(\frac{H - h}{H + h}\right)\left[1 + \frac{2(T + t)}{1000}\right];$$
on trouve $18393.2M$ égal, à peu près, à 15976, que nous remplacerons par le nombre rond 16000, et nous aurons enfin la for-

mule simplifiée
$$D = 16000^m \left[1 + \frac{2(T+t)}{1000}\right] \cdot \left(\frac{H-h}{H+h}\right).$$

On peut surtout se fier à cette formule pour les hauteurs inférieures à 1000 mètres, à cause de la petitesse de $H - h$. Si, d'ailleurs, nous avons pris le coefficient par excès en changeant 15976 en 16000, c'était pour augmenter la valeur de D, que nous avions diminuée en ne conservant que le premier terme de la série complète

$$l\frac{1+\dfrac{d}{s}}{1-\dfrac{d}{s}} = 2\left[\frac{d}{s} + \frac{1}{3}\left(\frac{d}{s}\right)^3 + \frac{1}{5}\left(\frac{d}{s}\right)^5 + \ldots\right].$$

Pour vérifier notre formule simplifiée par sa comparaison avec la formule ordinaire, nous prendrons l'exemple suivant :

$$T = 18°, \quad t = 12°, \quad H = 0^m,76, \quad h = 0^m,70,$$

qui donnera, par la formule ordinaire,
$$D = 696^m,33,$$

et, par la formule simplifiée,
$$D = 697^m$$

un peu en excès. L'accord est donc bien suffisant.

Quelle que soit la formule employée, l'expérience est trop délicate par elle-même pour donner les hauteurs à un mètre près.

CORRECTION DE LA DENSITÉ DES CORPS PAR LA DENSITÉ DE L'AIR.

69. Pour connaître la densité d'un corps, on cherche son poids et le poids d'un même volume d'eau, lequel sera égal, d'après le principe d'Archimède, au poids du corps dans l'air ou plutôt dans le vide, moins le poids du corps dans l'eau. Ces deux éléments étant obtenus par un procédé quelconque, la densité est le quotient du premier poids par le second ; mais il faut corriger ce résultat du poids de l'air déplacé.

Soient P le poids du corps dans l'air, P' son poids dans l'eau, et $D = \dfrac{P}{P - P'}$; soient encore p le poids réel du corps, supposé pesé dans le vide, d sa densité véritable et α celle de l'air par rapport à l'eau : nous avons

$$P = p - \frac{p}{d}\alpha,$$

car $\dfrac{p}{d}$ représente le volume du corps et $\dfrac{p}{d}\alpha$ le poids de l'air déplacé. Nous pouvons donc poser encore

$$P = \frac{p}{d}(d - \alpha).$$

De même, $P - P'$ sera la différence du poids réel de l'eau, $\dfrac{p}{d}$, et du poids d'un égal volume d'air, $\dfrac{p}{d}\alpha$; nous avons donc

$$P - P' = \frac{p}{d}(1 - \alpha),$$

et, par conséquent,

$$D = \frac{d - \alpha}{1 - \alpha}.$$

On en conclut

$$D(1 - \alpha) = d - \alpha$$

et

$$d = D(1 - \alpha) + \alpha = D - \alpha(D - 1) \quad (^*).$$

On voit donc que la correction qu'il faut apporter à la densité du corps pour tenir compte de celle de l'air est égale à

$$-\alpha(D - 1).$$

L'expérience a donné à peu près

$$\alpha = 0,0013.$$

Cette valeur

$$d = D - \alpha(D - 1)$$

a donc été obtenue sans rien négliger; mais supposons qu'on ait voulu appliquer à la formule

$$D = \frac{d - \alpha}{1 - \alpha}$$

(*) C'est la densité du corps *à la température commune des deux pesées*.

les principes du premier chapitre, on aurait décomposé de la manière suivante :
$$D = \frac{d}{1-\alpha} - \frac{\alpha}{1-\alpha}.$$

Mais, α étant très-petit,
$$\frac{d}{1-\alpha} = d(1+\alpha) \quad \text{et} \quad \frac{\alpha}{1-\alpha} = \alpha(1+\alpha) = \alpha;$$

donc
$$D = d(1+\alpha) - \alpha$$

et, par suite,
$$d = \frac{D+\alpha}{1+\alpha} = \frac{D}{1+\alpha} + \frac{\alpha}{1+\alpha}.$$

Or
$$\frac{D}{1+\alpha} = D(1-\alpha) \quad \text{et} \quad \frac{\alpha}{1+\alpha} = \alpha(1-\alpha) = \alpha;$$

d'où enfin
$$d = D(1-\alpha) + \alpha = D - \alpha(D-1).$$

Ainsi le résultat obtenu par deux approximations successives est celui qui avait été déjà trouvé d'une manière rigoureuse.

Nous avons indiqué ce calcul comme un fait curieux, que l'on aurait pu prévoir dans la circonstance actuelle, mais qui montre que les erreurs se compensent quelquefois de manière à donner un résultat exact; cependant on ne doit pas espérer qu'il en soit de même dans tous les calculs d'approximation.

On peut aussi demander le poids réel p. Il est clair que le poids réel de l'eau déplacée sera la différence entre le poids du corps dans le vide et son poids dans l'eau; il sera donc égal à $p - P'$; donc
$$(p - P')\alpha$$

sera le poids d'un égal volume d'air, ce qui donne
$$p = P + (p - P')\alpha,$$

d'où
$$p(1-\alpha) = P - P'\alpha \quad \text{et} \quad p = \frac{P - P'\alpha}{1-\alpha}.$$

On peut simplifier ce résultat par l'approximation, en posant

$$p = \frac{P}{1-\alpha} - \frac{P'\alpha}{1-\alpha},$$

ou, à peu près,

$$p = P(1+\alpha) - P'\alpha$$

et enfin

$$p = P + (P - P')\alpha.$$

Ainsi la correction est égale à

$$(P - P')\alpha.$$

PROBLÈMES SUR LES ATTRACTIONS.

70. I. Nous allons chercher la diminution que la lune peut apporter à la pesanteur d'un corps situé à la surface de la terre, dans les circonstances les plus favorables pour cette diminution, c'est-à-dire quand la lune L est au zénith de ce point M de la terre (*fig.* 25).

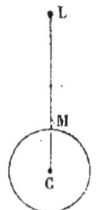

Fig. 25.

Soient C le centre de la terre, d la distance LC des deux centres, et représentons par L l'attraction de la masse de la lune sur la molécule M, à l'unité de distance : l'attraction à la distance $LM = d - r$ sera, en représentant par r le rayon de la terre,

$$\frac{L}{(d-r)^2};$$

mais la diminution de la pesanteur due à cette attraction ne sera que

$$L\left[\frac{1}{(d-r)^2} - \frac{1}{d^2}\right].$$

En effet, si le point M était en C, l'attraction de la lune ne l'écarterait pas du centre de la terre, puisque les actions qui s'exercent en C tendent à entraîner la masse entière de la terre.

Cette diminution s'exprime encore par

$$\delta = \frac{L}{d^2}\left[\frac{1}{\left(1-\frac{r}{d}\right)^2} - 1\right].$$

Mais, comme $\dfrac{r}{d}$ est très-petit, posons
$$\dfrac{1}{1-\dfrac{r}{d}} = 1 + \dfrac{r}{d},$$
ce qui donne
$$\dfrac{1}{\left(1-\dfrac{r}{d}\right)^2} = 1 + \dfrac{2r}{d}$$
en négligeant $\left(\dfrac{r}{d}\right)$.

Donc
$$\delta = \dfrac{L}{d^2} \cdot \dfrac{2r}{d} \quad \text{ou} \quad \delta = \dfrac{2rL}{d^3}.$$

Comparons ce résultat avec l'attraction $\dfrac{T}{r^2}$ qu'exerce la terre sur cette même molécule, afin de voir dans quelle proportion le poids d'un corps sera diminué, T étant de même l'attraction de la terre sur la molécule à l'unité de distance.

Le rapport sera
$$\dfrac{2rL}{d^3} \cdot \dfrac{r^2}{T} = 2 \cdot \dfrac{L}{T} \cdot \dfrac{r^3}{d^3}.$$
Or
$$\dfrac{L}{T} = \dfrac{1}{84} \ (^*), \quad \dfrac{r}{d} = \dfrac{1}{60},$$
en prenant pour r le rayon maximum de la terre, c'est-à-dire le rayon équatorial. Le rapport est donc
$$\dfrac{1}{42} \cdot \dfrac{1}{216000} = \dfrac{1}{9072000}.$$

Ainsi le poids d'un homme, que l'on peut supposer de 90720 grammes, sera diminué de
$$\dfrac{90720^g}{9072000} = 0,01,$$
ou bien d'un centigramme; c'est à peu près *le poids d'un grain de blé.*

(*) C'est le nombre le plus récemment adopté pour exprimer le rapport de la masse de la lune à celle de la terre.

II. Considérons maintenant *l'attraction d'un pôle magnétique* B *sur un aimant très-petit ab* (fig. 26).

Ce petit aimant, supposé mobile, se mettra en ligne droite avec l'aimant B, de manière que son pôle austral *a* soit tourné vers le pôle boréal B. Dans cette position, les forces agissant dans la direction commune des aimants se retranchent l'une de l'autre, et la résultante est égale à la différence entre l'attraction de B et de *a*, et la répulsion de B et de *b*.

Fig. 26.

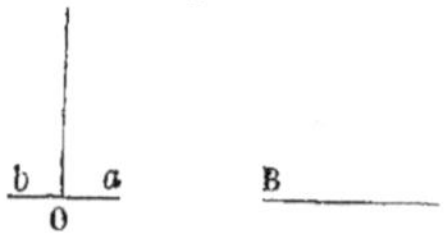

Soit f l'attraction de B et de *a*, à l'unité de distance; soient $OB = d$ et $Oa = Ob = l$, quantité très-petite par rapport à d: l'attraction de B et de *a*, à la distance $Ba = d - l$, sera

$$\frac{f}{(d-l)^2}.$$

De même la répulsion de B et de *b*, à la distance $Bb = d + l$, sera

$$\frac{f}{(d+l)^2},$$

parce que les deux pôles *a* et *b* ont la même force magnétique. La résultante sera donc

$$F = f\left[\frac{1}{(d-l)^2} - \frac{1}{(d+l)^2}\right] = \frac{f}{d^2}\left[\frac{1}{\left(1-\frac{l}{d}\right)^2} - \frac{1}{\left(1+\frac{l}{d}\right)^2}\right].$$

Nous aurons encore

$$\frac{1}{\left(1-\frac{l}{d}\right)^2} = \left(1+\frac{l}{d}\right)^2 = 1 + \frac{2l}{d}$$

d'après les principes d'approximation; de même

$$\frac{1}{\left(1+\frac{l}{d}\right)^2} = 1 - \frac{2l}{d}.$$

Il reste donc

$$F = \frac{f}{d^2} \cdot \frac{4l}{d} \quad \text{ou bien} \quad F = \frac{4fl}{d^3}.$$

APPLICATIONS PHYSIQUES. 183

III. Cherchons ensuite *l'action mutuelle de deux aimants très-petits* (fig. 27).

Ces deux aimants, supposés mobiles, s'arrangeront naturellement dans une position telle, que deux pôles de noms contraires se regardent et que les aiguilles soient sur une même ligne droite (nous admettrons, comme dans le problème précédent, que les deux aimants sont situés dans le même plan, qu'on peut supposer horizontal).

Soit donc $OO' = d$ (*fig.* 27) la distance des milieux de ces aiguilles, et soient $ab = 2l$, $a'b' = 2l'$ leurs longueurs respectives, qui sont très-petites relativement à d; soit encore f l'action répulsive ou attractive d'un pôle de ab et d'un pôle de $a'b'$, à l'unité de distance; nous indiquerons par F l'attraction résultante, car il est évident que cette résultante sera attractive, puisque les pôles a et b' qui se regardent sont de noms contraires.

Cela posé, les actions dues à b' seront

$$\frac{f}{(d-l-l')^2} - \frac{f}{(d-l'+l)^2},$$

et celles de a'

$$\frac{f}{(d+l+l')^2} - \frac{f}{(d+l'-l)^2},$$

ce qui donne

$$\frac{Fd^2}{f} = \frac{1}{\left[1-\frac{(l+l')}{d}\right]^2} - \frac{1}{\left[1-\frac{(l'-l)}{d}\right]^2}$$
$$+ \frac{1}{\left[1+\frac{(l+l')}{d}\right]^2} - \frac{1}{\left[1+\frac{(l'-l)}{d}\right]^2}.$$

Pour calculer F, on est porté à remplacer, comme on l'a fait tout à l'heure, une quantité telle que

$$\frac{1}{\left(1+\frac{l+l'}{d}\right)^2} \qquad \text{par} \qquad 1+\frac{2(l'+l)}{d};$$

mais il serait facile de voir, et d'ailleurs nous le vérifierons bientôt, que si l'on opérait de cette manière, tout ce qui a rapport à l et à l' disparaîtrait. Cela tient à ce que, dans le développement rigoureux de toutes ces quantités, les termes de première puissance en l et l' se détruiraient, et qu'il faut alors, ainsi qu'on l'a vu dans le n° **1**, recourir aux termes de seconde puissance.

Nous poserons donc, par la méthode des coefficients indéterminés,

$$\frac{1}{(1+\varepsilon)^2} = A + B\varepsilon + C\varepsilon^2,$$

ce qui donne

$$1 = (1 + 2\varepsilon + \varepsilon^2)(A + B\varepsilon + C\varepsilon^2)$$

ou bien

$$1 = A + \begin{vmatrix} B \\ +2A \end{vmatrix} \varepsilon + \begin{vmatrix} C \\ +2B \\ +A \end{vmatrix} \varepsilon^2 + \ldots$$

On trouve donc

$$A = 1, \quad B = -2, \quad C - 4 + 1 = 0 \quad \text{et} \quad C = 3,$$

d'où enfin

$$\frac{1}{(1+\varepsilon)^2} = 1 - 2\varepsilon + 3\varepsilon^2.$$

Si donc l'on pose successivement

$$\varepsilon = \pm \frac{l+l'}{d} \quad \text{et} \quad \varepsilon = \pm \frac{l'-l}{d},$$

on aura

$$\frac{F d^2}{f} = 1 + \frac{2(l'+l)}{d} + \frac{3(l'+l)^2}{d^2},$$
$$- 1 - \frac{2(l'-l)}{d} - \frac{3(l'-l)^2}{d^2},$$
$$+ 1 - \frac{2(l'+l)}{d} + \frac{3(l'+l)^2}{d^2},$$
$$- 1 + \frac{2(l'-l)}{d} - \frac{3(l'-l)^2}{d^2}.$$

On voit que les termes du premier degré se détruisent, comme

APPLICATIONS PHYSIQUES. 185

nous l'avions annoncé, et qu'il reste, par une première réduction,

$$\frac{F d^2}{f} = 6\left[\frac{(l'+l)^2 - (l'-l)^2}{d^2}\right] = \frac{6}{d^2} \cdot 4ll'$$

et enfin

$$F = \frac{24 f \cdot ll'}{d^4}.$$

MOUVEMENT DU PENDULE.

71. Soit un pendule simple suspendu en O (*fig.* 28), et que

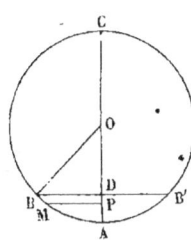

Fig. 28.

l'on écarte en OB de la verticale OA pour le laisser ensuite osciller librement ; soient l le rayon OA de l'arc qu'il décrit, g la gravité au lieu de la terre où l'on se trouve ; enfin soit AD = h la portion de la verticale interceptée par la perpendiculaire BD sur OA. Les Traités de Mécanique donnent la formule suivante pour déterminer le temps T d'une oscillation, c'est-à-dire l'espace de temps que met le pendule à tomber du point B pour se relever de l'autre côté en B' à une hauteur AB' = AB :

$$T = \pi \sqrt{\frac{l}{g}} \left[1 + \left(\frac{1}{2}\right) \cdot \frac{h}{2l} + \left(\frac{1 \cdot 3}{2 \cdot 4}\right)^2 \cdot \left(\frac{h}{2l}\right)^2 + \left(\frac{1 \cdot 3 \cdot 5}{2 \cdot 4 \cdot 6}\right)^2 \cdot \left(\frac{h}{2l}\right)^3 + \ldots \right].$$

Mais si l'arc AB est très-petit, la distance verticale h est elle-même très-petite par rapport à $2l$; on néglige non-seulement ses puissances supérieures, mais aussi le rapport $\frac{h}{2l}$ lui-même. Alors le temps de l'oscillation est sensiblement indépendant de l'arc AB, pourvu que cet arc ne dépasse point 3 ou 4 degrés, et il reste la formule généralement connue

$$T = \pi \sqrt{\frac{l}{g}}.$$

Pour donner un exemple de démonstration approximative,

nous rappellerons le raisonnement par lequel on arrive à ce résultat si important.

Soit E l'écart total, c'est-à-dire la longueur de l'arc AB, il est facile de voir que

$$AD = \frac{E^2}{2l};$$

l'arc AB pouvant être confondu avec sa corde : cela tient à ce que, si l'on joint le point B à l'extrémité C du diamètre vertical, le triangle CBA est rectangle en B. Soit l'arc AM $= e < E$; on aura, à plus forte raison,

$$AP = \frac{e^2}{2l},$$

si MP est perpendiculaire sur OA.

Or, quand un mobile tombe sur un plan incliné, hypoténuse d'un triangle ABC rectangle en A (nous n'avons point figuré ce triangle qu'il est facile de se représenter), ce mobile possède, après être arrivé de C en B à l'extrémité de l'hypoténuse a, la même vitesse que s'il était tombé le long du côté vertical CA $= b$; en effet, on sait, par le parallélogramme des forces, que l'accélération g' dans le mouvement sur l'hypoténuse est diminuée dans le rapport de ce côté vertical b avec a, c'est-à-dire que l'on a

$$g' = g \cdot \frac{b}{a}.$$

Mais, quand le mobile arrive suivant CA, sa vitesse en A est

$$v = \sqrt{2gb};$$

quand il arrive suivant CB, sa vitesse en B est

$$v' = \sqrt{2g'a},$$

ce qui montre que

$$v' = v.$$

Cela posé, comme l'arc BA et, en général, une ligne quelconque peut être considérée comme une suite de plans inclinés, on voit que la vitesse du mobile tombant de B en A sera la même que s'il était tombé de D en A.

APPLICATIONS PHYSIQUES.   187

Donc la vitesse de B au point A, c'est-à-dire la vitesse maximum, sera

$$\sqrt{2g \cdot \frac{E^2}{2l}} = E\sqrt{\frac{g}{l}};$$

de même la vitesse de M en A sera

$$c\sqrt{\frac{g}{l}},$$

et celle de B en M sera

$$\sqrt{\frac{g(E^2 - c^2)}{l}}.$$

Cherchons à comparer cette vitesse variable à une vitesse constante.

Soit un cercle de rayon AB = E (*fig.* 29); le mouvement oscillatoire du pendule pourra être remplacé par une oscillation de B en B' sur le diamètre du nouveau cercle : or je dis que ce mouvement correspondra à un mouvement uniforme sur la demi-circonférence BDB', avec la vitesse constante $E\sqrt{\frac{g}{l}}$.

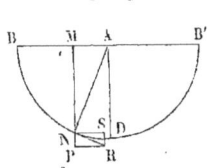

Fig. 29.

En effet, soit pris sur la tangente en un point quelconque N, une vitesse mesurée par la distance

$$NR = E\sqrt{\frac{g}{l}},$$

sa projection NS sur AB se trouvera de la manière suivante; soit AM = c, M étant le pied de la perpendiculaire abaissée du point N sur AB : nous aurons

$$\frac{NS}{NR} = \frac{MN}{AN},$$

ce qui revient à

$$\frac{NS}{E\sqrt{\frac{g}{l}}} = \frac{\sqrt{E^2 - c^2}}{E},$$

d'où l'on tire

$$NS = \sqrt{\frac{g\,(E^2 - e^2)}{l}};$$

c'est la vitesse trouvée au point M de la *fig.* 28.

Par conséquent, le temps T d'une oscillation sera celui que mettra un point mobile à parcourir la demi-circonférence

$$BDB' = \pi E$$

avec la vitesse uniforme $E\sqrt{\frac{g}{l}}$, ce qui donnera

$$T = \frac{\pi E}{E\sqrt{\frac{g}{l}}}$$

et enfin

$$T = \pi \sqrt{\frac{l}{g}}.$$

MIROIRS SPHÉRIQUES.

72. La réflexion de la lumière sur les surfaces courbes, et en particulier sur les surfaces sphériques, donne encore lieu à beaucoup d'applications des formules approximatives. Nous allons en examiner quelques-unes des plus simples et des plus importantes, en joignant au calcul la construction géométrique des images, qui est indispensable pour avoir une idée nette de leur position.

I. Considérons d'abord un faisceau de rayons parallèles tombant sur une portion AM de miroir sphérique concave (*fig.* 30). Soit OA celui de ces rayons qui passe par le centre O de la sphère; menons arbitrairement par OA le plan de la figure, et soit dans ce plan un rayon SM qui rencontre l'arc de grand cercle AM en un point M très-rapproché de A. La normale, c'est-à-dire le rayon OM, faisant avec SM et avec OA l'angle i d'incidence, on sait que l'angle de réflexion OMF, compris aussi dans le plan de la figure, sera encore égal à i.

APPLICATIONS PHYSIQUES. 189

Mais cet angle i étant très-petit, puisque M est très-rapproché de A, je dis que le point F où MF rencontre OA est sensiblement le milieu de ce rayon OA de la sphère.

En effet, soit FP perpendiculaire sur OM : nous remarquerons que le triangle OMF est isocèle, puisqu'il a deux angles égaux ; donc
$$OP = a,$$
$2a$ étant le rayon OM; par conséquent,
$$a = OF \cos i :$$
mais l'angle i étant très-petit, son cosinus est presque égal à l'unité, et il reste
$$OF = a.$$

Aussi le milieu du rayon de la sphère parallèle à la direction commune des rayons lumineux s'appelle *foyer*, parce que c'est là que se concentrent, pour les rayons voisins, la chaleur et la lumière émanées du soleil dont chaque point nous envoie des faisceaux parallèles, à cause du grand éloignement où nous en sommes.

II. Cherchons maintenant l'image d'un point lumineux quelconque P (*fig.* 31). Joignons PO, qui rencontre le miroir en A, le rayon OA de la sphère étant toujours égal à $2a$. Soit PM un rayon incident qui rencontre le miroir en M de telle façon que, dans le plan MPA de la figure, l'arc AM soit très-petit.

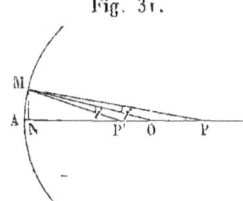

Fig. 31.

Ce rayon incident et le rayon réfléchi MP' font avec la normale OM le même angle i, et comme MP' est dans le plan de la figure, cette ligne coupera l'arc POA en un point P' ; il faut prouver que les rayons incidents qui s'écartent peu de l'axe ont des rayons réfléchis qui passent sensiblement en P'.

Nous avons l'angle
$$O = i + P \quad \text{et aussi} \quad P' = i + O,$$
donc
$$P' - O = O - P.$$

Comme tous ces arcs sont très-petits, nous pouvons les remplacer par leurs tangentes : la figure nous donne

$$\tang P = \frac{MN}{NP}, \quad \tang O = \frac{MN}{NO}, \quad \tang P' = \frac{MN}{NP'},$$

en appelant MN la perpendiculaire abaissée de M en N sur l'axe PA. Mais remarquons que nous pouvons aussi négliger la quantité AN par rapport aux distances NP, NO, NP', qui sont beaucoup plus grandes; nous pourrons donc remplacer, dans les dénominateurs des expressions précédentes, NP par $AP = p$, NO par $AO = 2a$ et NP' par $AP' = p'$; nous remarquerons même que ce changement diminue la valeur des tangentes en augmentant leurs dénominateurs, et donne, par conséquent, une erreur en sens inverse de celle que l'on commet en prenant les tangentes à la place des arcs, puisque les tangentes sont plus grandes que les arcs.

Nous aurons donc, en supprimant le facteur commun MN, la relation

$$\frac{1}{p'} - \frac{1}{2a} = \frac{1}{2a} - \frac{1}{p} \quad \text{ou bien} \quad \frac{1}{p} + \frac{1}{p'} = \frac{1}{a}.$$

Nous aurions pu trouver directement, par un raisonnement analogue, la position du *foyer principal* F; mais on la retrouve comme cas particulier de la formule précédente, en supposant p infini : il reste alors

$$\frac{1}{p'} = \frac{1}{a}.$$

Les points P et P' s'appellent *foyers conjugués*, parce que l'un d'eux est l'image de l'autre. En effet, la figure montre que, si P' était un point lumineux, réciproquement son image se trouverait en P; la formule indique la même symétrie entre p et p'.

On peut observer que ces foyers conjugués divisent *harmoniquement* la droite AO, c'est-à-dire que l'on a

$$AP \cdot OP' = OP \cdot AP'.$$

En effet, cette équation revient à

$$p \cdot (2a - p') = (p - 2a) p'$$

APPLICATIONS PHYSIQUES.   191

ou bien
$$ap + ap' = pp',$$
ce qui n'est autre chose que la relation déjà trouvée
$$\frac{1}{p} + \frac{1}{p'} = \frac{1}{a}.$$

III. Cherchons maintenant l'image, non plus d'un point, mais d'un objet, tel que la flèche SP (*fig.* 32).

Pour cela, nous commencerons par démontrer que l'image d'une droite est une droite parallèle à l'objet quand l'angle ω, sous lequel, du centre de la sphère, on verrait cet objet, est suffisamment petit; nous supposerons aussi que le plan, mené par le centre de la sphère perpendiculairement à la droite, coupe cette droite sur l'objet lui-même en un point P; alors l'axe sera POA, et soit S le sommet de la flèche, nous aurons l'angle

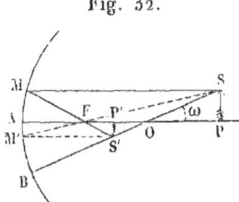

Fig. 32.

$$SOP = \omega,$$

sous lequel nous verrons l'objet ou du moins la portion d'objet SP.

Nous avons vu comment on déterminait sur l'axe l'image du point P, au moyen de la formule
$$\frac{1}{p} + \frac{1}{p'} = \frac{1}{a}.$$

Nous pouvons aussi chercher directement l'image de S, en joignant SO, prolongé jusqu'au miroir en B, et divisant harmoniquement le rayon OB, relativement au point S, ce qui se fera par la formule
$$\frac{1}{s} + \frac{1}{s'} = \frac{1}{a},$$
dans laquelle
$$BS = s \quad \text{et} \quad BS' = s'.$$

Maintenant du point S' abaissons sur l'axe la perpendiculaire S'P', il faut prouver que le pied P' de cette perpendiculaire est l'image du point P.

Le triangle SOP donne
$$OP = OS \cos\omega,$$
ou bien, puisque ω est très-petit,
$$OP = OS,$$
c'est-à-dire
$$p - 2a = s - 2a \quad \text{ou encore} \quad p = s.$$
De même le triangle OP′S′ donnera
$$OP' = OS',$$
ce qui revient à
$$AP' = s'.$$
Par conséquent, la formule
$$\frac{1}{s} + \frac{1}{s'} = \frac{1}{a}$$
devient
$$\frac{1}{p} + \frac{1}{AP'} = \frac{1}{a},$$
ce qui, par comparaison avec
$$\frac{1}{p} + \frac{1}{p'} = \frac{1}{a},$$
donne
$$AP' = p'.$$
Ainsi *l'image de la droite* SP *est une droite parallèle* S′P′.

On peut aussi comparer la grandeur de l'image à celle de l'objet. Soient
$$SP = h, \quad S'P' = h';$$
les triangles semblables SOP, S′OP′ donnent la proportion
$$\frac{h}{-h'} = \frac{p - 2a}{2a - p'},$$
car h et h' sont ici de signes contraires, et la figure donne
$$OP = p - 2a, \quad OP' = 2a - p':$$
or la formule
$$\frac{1}{p} + \frac{1}{p'} = \frac{1}{a}$$

nous donne aussi
$$\frac{1}{p'} = \frac{1}{a} - \frac{1}{p} = \frac{p-a}{ap} \quad \text{et} \quad p' = \frac{ap}{p-a},$$
d'où
$$2a - p' = 2a - \frac{ap}{p-a} = \frac{ap - 2a^2}{p-a} = \frac{a(p-2a)}{p-a};$$
par conséquent,
$$\frac{h}{-h'} = \frac{p-a}{a} = \frac{p}{a} - 1.$$

Si donc $p > 2a$, on trouve
$$\frac{h}{-h'} > 1;$$
ainsi, *quand l'objet est au delà du centre, l'image est plus petite que l'objet.*

Dans le même cas, nous remarquerons que l'image est toujours comprise entre le centre O et le foyer F. D'abord, P' ne peut être contenu entre le miroir et le foyer, car il en résulterait
$$p' < a \quad \text{et positif},$$
ce qui donnerait
$$\frac{1}{p'} > \frac{1}{a};$$
on aurait donc, par la formule connue,
$$\frac{1}{p} < 0 \quad \text{ou} \quad p < 0,$$
ce qui est contre l'hypothèse, puisque nous comptons les quantités positives de A vers O. Ensuite
$$p' < 2a;$$
en effet, la formule
$$\frac{1}{p'} = \frac{1}{a} - \frac{1}{p},$$
dans laquelle nous supposons
$$p > 2a \quad \text{et, par suite,} \quad \frac{1}{p} < \frac{1}{2a};$$

nous donne

$$\frac{1}{p'} > \frac{1}{a} - \frac{1}{2a}$$

ou bien

$$\frac{1}{p'} > \frac{1}{2a} \quad \text{et} \quad p' < 2a.$$

Si l'objet passe en S'P', l'image revient en SP ; ainsi, réciproquement, *quand l'objet est en deçà du centre, l'image est plus grande que l'objet.*

Enfin, si nous supposons $p < a$, nous avons p' négatif et h' positif, c'est-à-dire que l'image est droite au lieu d'être renversée, et *virtuelle* ou située de l'autre côté du miroir. Alors ce ne sont que les directions des rayons lumineux et non ces rayons eux-mêmes qui concourent sur cette image.

IV. Il nous reste maintenant à indiquer comment on peut construire, d'une manière très-simple, les images réelles et virtuelles.

Pour construire l'image du point S (*fig.* 32), il suffit de connaître la direction de deux rayons réfléchis : nous choisirons d'abord le rayon SB qui passe par le centre O et qui est réfléchi suivant lui-même, et ensuite le rayon SM, parallèle à l'axe et qui donne, comme nous l'avons vu, un rayon réfléchi passant par le foyer principal F. Le point S', image de S, sera donc placé à la rencontre des droites SO et MF; enfin on abaissera S'P' perpendiculaire sur l'axe.

Nous avons vu que, réciproquement, si S'P' est l'objet, SP sera l'image : donc, en appliquant la construction précédente, si nous menons S'M' parallèle à l'axe, et si nous joignons M'F, cette droite devra passer au point S; nous obtenons ainsi une vérification pour reconnaître si ω est trop grand.

Fig. 33.

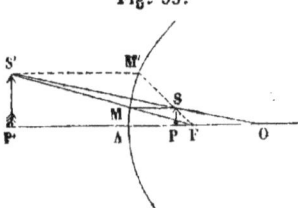

Si l'objet est entre le foyer et le miroir, on obtient par la même construction (*fig.* 33) une image virtuelle S'P', droite et plus grande que l'objet, comme le prouve la comparaison des triangles OSP, OS'P'.

APPLICATIONS PHYSIQUES. 195

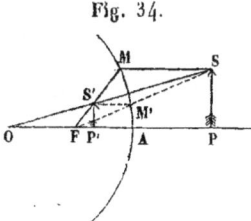

Fig. 34.

Enfin, dans un miroir concave (*fig.* 34), le foyer F est virtuel, et l'on n'aura jamais d'image réelle. La construction nous fait donc trouver l'image S'P' droite, virtuelle et plus petite que l'objet, comme l'indiquent les triangles OSP, OS'P'.

MILIEUX RÉFRINGENTS ET LENTILLES.

73. Nous allons indiquer maintenant les solutions analogues pour les problèmes relatifs à la réfraction; mais nous aurons soin de compter toujours les quantités positives dans un même sens et les quantités négatives dans l'autre sens, à partir du changement de milieu : c'est une attention que l'on néglige d'ordinaire dans cette circonstance.

I. Considérons la surface sphérique AM (*fig.* 35) dont le centre

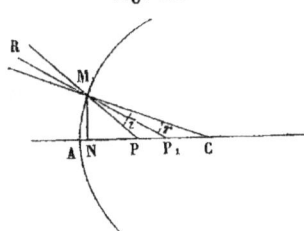

Fig. 35.

est C, et qui sépare deux milieux différents. Le moins réfringent, l'air par exemple, dans lequel se trouve le point lumineux P, est du même côté que le centre, c'est-à-dire du côté de la *concavité*. Nous admettrons, pour fixer les idées, que l'autre milieu soit le verre.

Menons le rayon CP, qui rencontre la sphère en A, et représentons le rayon CA par R ; du point P imaginons un rayon lumineux quelconque PM, pourvu cependant que l'arc AM soit suffisamment petit; ce rayon se réfractera suivant MR, en se rapprochant de la normale MC, et la direction prolongée du rayon réfracté viendra couper l'axe en P_1; nous poserons

$$AP = p, \quad AP_1 = p_1,$$

et les données que nous avons prises ont l'avantage de rendre R, p et p_1 tous trois positifs.

L'angle d'incidence est

$$i = CMP$$

13.

et l'angle de réfraction
$$r = CMP_1;$$
mais comme ces angles sont très-petits, au lieu de la formule connue
$$\sin i = n \sin r,$$
nous pouvons écrire
$$i = nr.$$
Nous avons, du reste,
$$P = C + i \quad \text{et} \quad P_1 = C + r.$$
La première égalité devient
$$P = C + nr = C + n(P_1 - C) = nP_1 - (n-1)C,$$
d'où l'on tire
$$nP_1 - P = (n-1)C.$$

Si le point lumineux P avait été placé au delà du centre, P_1 aurait toujours été compris entre C et P; cependant la figure aurait été un peu différente, mais le résultat eût été le même, comme il serait facile de s'en assurer directement.

En remplaçant les arcs très-petits P_1, P et C par leurs tangentes, comme on a fait pour les miroirs, la formule
$$nP_1 - P = (n-1)C$$
devient
$$\frac{n}{p_1} - \frac{1}{p} = \frac{n-1}{R}.$$

II. Cette formule servira généralement à passer d'un milieu à un autre, et elle sera facile à modifier suivant les circonstances. Si la surface sphérique de séparation tourne sa convexité vers le point P, changez le signe de R, puisque C et P seront alors de côtés opposés du point A. Si le rayon lumineux passe du verre dans l'air, au lieu de passer de l'air dans le verre, changez n en $\frac{1}{n}$; quant au signe de p_1, il sera déterminé par la formule elle-même.

Supposons que l'image virtuelle trouvée en P_1^* serve elle-même

APPLICATIONS PHYSIQUES.

d'objet, le rayon réfracté MR sortant du verre pour rentrer dans l'air par une nouvelle surface sphérique de séparation convexe vers P_1; il faudra faire à la fois les deux changements que nous venons d'indiquer, ce qui donnera

$$\frac{1}{np'} - \frac{1}{p_1} = \frac{\frac{1}{n} - 1}{-R'}.$$

Ici R' est le rayon de la nouvelle sphère; le point P_1, qui tout à l'heure était l'image, doit être maintenant regardé comme l'objet, et la seconde image sera en P' (*fig.* 36).

On voit qu'il s'agit de chercher le point P' où la ligne des deux centres C et C' est coupée par la direction prolongée du rayon émergent $M'E$ à travers une lentille biconcave. Seulement, afin

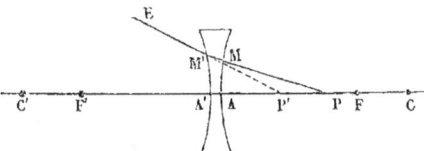

Fig. 36.

que les deux formules puissent coexister, il faut admettre, ainsi que pour les autres lentilles, que le point lumineux P est placé sur CC', et aussi que l'on peut négliger l'épaisseur de la lentille, puisque la réunion des formules suppose que A et A' sont confondus en un seul point.

La seconde formule devient

$$\frac{1}{np'} - \frac{1}{p_1} = \frac{n-1}{nR'},$$

ou bien

$$\frac{1}{p'} - \frac{n}{p_1} = \frac{n-1}{R'}.$$

Ajoutons la première formule

$$\frac{n}{p_1} - \frac{1}{p} = \frac{n-1}{R},$$

afin d'éliminer p_1, il reste

$$\frac{1}{p'} - \frac{1}{p} = (n-1)\left(\frac{1}{R} + \frac{1}{R'}\right).$$

On en conclut

$$\frac{1}{p'} = (n-1)\left(\frac{1}{R} + \frac{1}{R'}\right) + \frac{1}{p};$$

donc p' est toujours positif, c'est-à-dire compté de A en C. Ainsi, *dans une lentille biconcave, l'image est toujours virtuelle.*

Le maximum de p' aura lieu pour $p = \infty$. Soit alors

$$\text{AF} = a$$

ce maximum de p', on trouve

$$\frac{1}{a} = (n-1)\left(\frac{1}{R} + \frac{1}{R'}\right),$$

et la formule devient

$$\frac{1}{p'} - \frac{1}{p} = \frac{1}{a}.$$

Comme les rayons lumineux peuvent venir du côté de C' aussi bien que du côté de C, on conçoit qu'il existe un point analogue F' vers C', et comme les distances AF et A'F' sont égales, puisqu'elles sont données par la formule

$$\frac{1}{a} = (n-1)\left(\frac{1}{R} + \frac{1}{R'}\right),$$

il en résulte que *les deux foyers sont à égale distance de la lentille, même quand* R *et* R' *sont différents.*

Ici la lentille biconcave étant divergente, ces deux foyers principaux sont eux-mêmes virtuels.

III. Pour passer à la lentille biconvexe, il suffit de changer les signes de R et de R' et la formule devient

$$\frac{1}{p} - \frac{1}{p'} = \frac{1}{a},$$

en posant toujours

$$\frac{1}{a} = (n-1)\left(\frac{1}{R} + \frac{1}{R'}\right) \; (^*).$$

(*) Dans la plupart des Traités de Physique, on écrit la formule de la

Ici $p = \infty$ donne
$$p' = -a,$$
foyer principal réel, où se réunissent la chaleur et la lumière du soleil.

Cette formule
$$\frac{1}{p} - \frac{1}{p'} = \frac{1}{a}$$
donne
$$\frac{1}{p'} = \frac{1}{p} - \frac{1}{a} \quad \text{et} \quad p' = \frac{ap}{a-p}.$$

On voit que p' est négatif et réel si $a < p$, mais positif et virtuel si $a > p$. Enfin, si $a = p$, on trouve
$$p' = \infty;$$
résultat inverse de celui qui donne
$$p' = a \quad \text{pour} \quad p = \infty.$$
En effet, les quantités p et $-p'$ sont réciproques, c'est-à-dire que l'objet et l'image échangent leur position, comme pour les miroirs.

Si les deux centres des faces de la lentille étaient du même côté que le point lumineux, on aurait
$$\frac{1}{p'} - \frac{1}{p} = (n-1)\left(\frac{1}{R} - \frac{1}{R'}\right).$$
La lentille serait divergente si $R' > R$, et convergente si $R' < R$. On sait, en général, qu'une lentille est divergente quand elle est plus épaisse aux bords qu'au milieu, et convergente dans le cas contraire.

---

lentille biconvexe de la manière suivante :
$$\frac{1}{p} + \frac{1}{p'} = \frac{1}{a};$$
mais alors il faut regarder p et p' comme tous deux positifs, quand ils sont comptés de côtés opposés de la lentille. Du reste, p et $-p'$ sont toujours symétriques dans notre formule.

Pour trouver la formule dans le cas où les deux centres sont du côté opposé au point lumineux, il suffit de changer les signes des rayons R et R', ce qui donne

$$\frac{1}{p} - \frac{1}{p'} = (n-1)\left(\frac{1}{R} - \frac{1}{R'}\right).$$

Dans la première formule, R représente le rayon de la circonférence la plus rapprochée du point lumineux. C'est le contraire dans la seconde.

Si l'une des faces était plane, le rayon correspondant, R' par exemple, serait infini, et l'on aurait

$$\frac{1}{R'} = 0.$$

IV. Nous allons maintenant faire voir que, si l'axe de la lentille passe par l'objet, et si d'ailleurs cet objet est une ligne droite suffisamment petite et peu inclinée sur l'axe, l'image est une droite parallèle à l'objet.

Pour démontrer ce résultat, il n'est pas nécessaire de considérer la lentille elle-même, mais seulement le passage d'un milieu à un autre; car la proposition étant établie pour un indice de réfraction quelconque, sera vraie pour le passage de l'air au verre, puis du verre à l'air, et se trouvera démontrée pour la lentille.

Du centre C de la surface sphérique qui sépare les milieux (*fig.* 37), menez un plan perpendiculaire à l'objet SP, et qui coupe cet objet lui-même en P, parce que SP étant peu incliné sur l'axe de la lentille et rencontrant cet axe, les plans menés perpendiculairement à la direction de SP par les différents points de de l'axe, tel que C, rencontrent SP, ou du moins en passent à une distance très-petite.

Fig. 37.

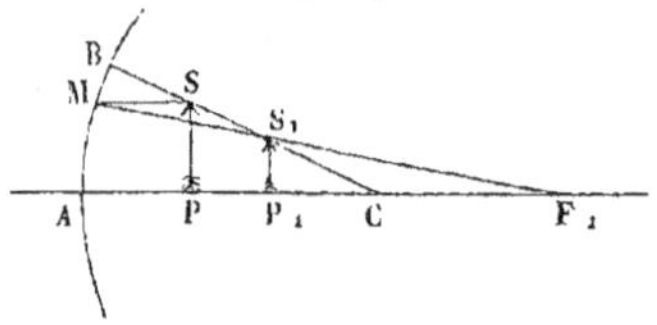

Soit donc SP l'objet ou la portion d'objet perpendiculaire au rayon $CA = R$, soit $AP = p$; nous avons trouvé l'image du

point P par la formule
$$\frac{n}{p_1} - \frac{1}{p} = \frac{n-1}{R},$$

dans laquelle $AP = p$, et n est l'indice de réfraction en passant de l'air, où est le point lumineux P, dans le verre terminé à la surface AM. Nous pouvons aussi chercher directement l'image de S en joignant SC prolongé jusqu'à la surface en B, et écrivant la formule
$$\frac{n}{s_1} - \frac{1}{s} = \frac{n-1}{R},$$

dans laquelle
$$BS = s \quad \text{et} \quad BS_1 = s_1.$$

Maintenant du point S_1 abaissons sur CA la perpendiculaire $S_1 P_1$, il faut prouver que le pied P_1 de cette perpendiculaire est l'image du point P.

L'angle C des triangles CSP, $CS_1 P_1$ étant très-petit, on en conclura, comme dans le passage correspondant de la théorie des miroirs,
$$CS = CP, \quad \text{d'où} \quad s = p,$$
de même
$$CS_1 = CP_1, \quad \text{d'où} \quad AP_1 = s_1 ;$$

donc la formule
$$\frac{n}{s_1} - \frac{1}{s} = \frac{n-1}{R}$$

devient
$$\frac{n}{AP_1} - \frac{1}{p} = \frac{n-1}{R},$$

ce qui, par comparaison avec
$$\frac{n}{p_1} - \frac{1}{p} = \frac{n-1}{R},$$
donne
$$AP_1 = p_1.$$

Ainsi, *l'image de la droite* SP *est une droite parallèle* $S_1 P$. D'après ce que nous avons vu au commencement de cet article, cette

CHAPITRE CINQUIÈME.

proposition est vraie, non-seulement pour le passage d'un milieu à un autre, mais pour l'image due à la lentille elle-même.

V. Pour reconnaître si l'image obtenue à travers une lentille est droite ou renversée, et si elle est plus grande ou plus petite que l'objet, il suffit généralement de considérer la construction géométrique de cette image telle que nous la ferons bientôt. Cependant nous allons établir ce rapport d'une manière générale.

Voyons d'abord ce qui arrive au passage d'un milieu à l'autre (*fig.* 37). Les triangles semblables CSP, CS$_1$P$_1$ donnent

$$\frac{h}{h_1} = \frac{CP}{CP_1} = \frac{R-p}{R-p_1},$$

en posant

$$SP = h, \quad SP_1 = h_1.$$

De plus, la formule

$$\frac{n}{p_1} - \frac{1}{p} = \frac{n-1}{R}$$

donne

$$\frac{n}{p_1} = \frac{n-1}{R} + \frac{1}{p} = \frac{R + (n-1)p}{Rp},$$

et, par conséquent,

$$p_1 = \frac{Rnp}{R + (n-1)p};$$

donc

$$R - p_1 = \frac{R^2 - pR}{R + (n-1)p},$$

et l'on trouve

$$\frac{h}{h_1} = \frac{R + (n-1)p}{R} = 1 + \frac{p}{R}(n-1).$$

Prenons toujours, comme nous l'avons fait jusqu'ici, l'exemple de la lentille biconcave; l'image définitive sera h', et h_1 deviendra l'objet. Nous prendrons p_1, $-R'$ et $\frac{1}{n}$ à la place de p, R et n. La dernière formule devient donc

$$\frac{h_1}{h'} = 1 - \frac{p_1}{R'}\left(\frac{1}{n} - 1\right) = 1 + \frac{p_1(n-1)}{nR'}.$$

Mais nous avons
$$\frac{p_1}{n} = \frac{R\,p}{R + (n-1)p},$$
ce qui donne
$$\frac{h_1}{h'} = 1 + \frac{R\,p(n-1)}{[R + (n-1)p]\,R'} = \frac{RR' + (n-1)p(R + R')}{R'[R + (n-1)p]},$$
et enfin, puisque
$$\frac{h}{h_1} = \frac{R + (n-1)p}{R},$$
on trouve
$$\frac{h}{h'} = \frac{RR' + (n-1)p(R + R')}{RR'},$$
ou bien
$$\frac{h}{h'} = 1 + (n-1)p\,\frac{(R + R')}{RR'},$$
ce qui revient à
$$\frac{h}{h'} = 1 + \frac{p}{a}.$$

Cette formule fait voir que, pour la lentille biconcave, l'image sera toujours virtuelle, puisque le rapport $\frac{h}{h'}$ étant positif, cette image sera toujours du même côté que l'objet. De plus $\frac{h}{h'} > 1$, c'est-à-dire $h > h'$, ce qui prouve que l'image est toujours plus petite que l'objet.

En changeant convenablement le signe de R ou celui de R', on aura les résultats analogues pour les lentilles convexo-concaves et concavo-convexes. Enfin, si on les change tous deux, on a la formule
$$\frac{h}{h'} = 1 - (n-1)p\,\frac{(R + R')}{RR'},$$
ou bien
$$\frac{h}{h'} = 1 - \frac{p}{a},$$
relative à la lentille biconvexe, et que nous discuterons bientôt.

CHAPITRE CINQUIÈME.

VI. Nous devons encore nous occuper d'un point très-important dans la théorie des lentilles, et que l'on appelle le *centre optique*.

Lorsqu'un rayon lumineux tombe sur un milieu à faces parallèles, il se dévie entre ces deux faces; mais l'on sait que le rayon émergent est parallèle au rayon incident. Or il existe dans une lentille de forme quelconque un point tel, que tout rayon réfracté qui y passe correspond à deux rayons, l'un incident, l'autre émergent, qui sont parallèles entre eux.

Pour trouver ce point, menons les rayons parallèles CM,

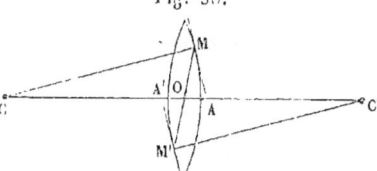

Fig. 38.

C'M' (*fig.* 38) et joignons MM', qui coupe CC' en O; nous aurons

$$\frac{CO}{C'O} = \frac{R}{R'},$$

ce qui, joint à la relation

$$CO + C'O = CC',$$

détermine le point O.

On voit que ce point est le *centre optique* indiqué, car la direction MOM' est arbitraire, et les plans tangents en M et M' aux surfaces sphériques étant parallèles, la lentille jouera le rôle d'un milieu à faces parallèles, pour un rayon incident qui se réfractera suivant MOM' et qui émergera, par conséquent, dans une direction parallèle à celle de l'incidence.

La direction du rayon incident ne sera donc point changée par son passage à travers la lentille, mais l'on admet encore qu'il ne sera point dévié parallèlement à lui-même, parce que l'on néglige l'épaisseur de cette lentille. Ainsi, *les rayons qui passent en O suivent leur chemin en ligne droite*.

Si les deux rayons de courbures sont égaux dans une lentille biconcave ou biconvexe, le centre optique est évidemment au milieu de AA'; mais il n'en est pas de même si ces rayons sont inégaux : ce point O peut même être en dehors de la lentille pour certaines formes de lentilles.

APPLICATIONS PHYSIQUES.

VII.- Nous pouvons maintenant construire géométriquement les images obtenues par les lentilles.

Fig. 39.

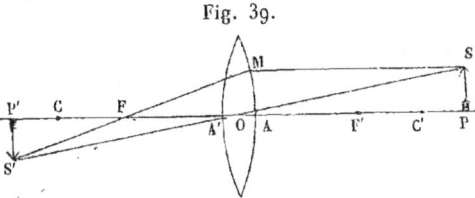

Soit SP (*fig.* 39) l'image perpendiculaire à l'axe CC'; soient O le centre optique, et F, F' les foyers principaux déterminés de part et d'autre de la lentille. On sait que

$$OF = OF',$$

même quand les rayons des deux sphères sont inégaux; mais on voit que le foyer F, relatif aux rayons lumineux venant dans le sens PO, est de l'autre côté de la lentille convergente.

D'après la propriété du centre optique, le rayon lumineux SO ne sera point dévié; donc l'image S' de S sera sur cette direction. Ensuite menons SM parallèle à l'axe et joignons MF (en négligeant toujours l'épaisseur de la lentille); nous savons que MF sera la direction du rayon émergent correspondant à SM : donc S' sera aussi sur MF et, par conséquent, se trouvera au point de rencontre de SO et de MF. De ce point S' abaissons S'P' perpendiculaire sur l'axe; nous savons que P' sera l'image de P, et que S'P' sera l'image de SP en grandeur et en direction.

La construction précédente est parfaitement générale et s'étend à toutes les lentilles divergentes ou convergentes, et à toutes les positions relatives du point lumineux et de l'image. Cette fois, nous avons figuré la lentille biconvexe pour laquelle nous avons trouvé les formules

$$\frac{1}{p'} = \frac{1}{p} - \frac{1}{a} \quad \text{et} \quad \frac{h}{h'} = 1 - \frac{p}{a},$$

ce qui donne

$$\frac{p}{p'} = \frac{h}{h'};$$

résultat auquel on parviendrait d'ailleurs avec les autres lentilles, et qui se démontre, indépendamment du calcul, par la comparaison des triangles semblables OSP, OS'P'.

Mais dans l'exemple que nous avons choisi (*fig.* 39), il est clair que $p = \infty$ donne

$$p' = -a \quad \text{et} \quad h' = 0;$$

c'est-à-dire que les rayons parallèles à CC' et tombant sur la face MA forment leur image réelle en F, de l'autre côté de la lentille, à la distance $FO = a$.

Quand SP s'approche vers le point F', l'image est toujours réelle et renversée dans cet intervalle, mais elle est d'abord plus petite, et ensuite plus grande que l'objet : pour saisir l'instant où s'opère ce changement, cherchons dans quelle position l'image sera égale à l'objet ; il faudra que l'on ait alors

$$\frac{h}{h'} = -1,$$

puisque les directions de h et de h' sont opposées. Alors

$$1 - \frac{p}{a} = -1 \quad \text{et} \quad \frac{p}{a} = 2,$$

ou bien

$$p = 2a,$$

et l'on trouve aussi

$$p' = -2a.$$

La *fig.* 39 représente cette position limite.

VIII. Quand l'objet, après être arrivé en F', continue à se rapprocher de la lentille, $p < a$ et $\frac{h}{h'}$ est positif, ce qui prouve que l'image est droite ; mais aussi $\frac{h}{h'} < 1$, donc l'image est plus grande que l'objet : enfin la relation

$$\frac{1}{p'} = \frac{1}{p} - \frac{1}{a}$$

donne

$$p' > 0,$$

et l'image est virtuelle (*fig.* 40). On a d'ailleurs

$$p' > p,$$

puisque

$$h' > h.$$

Une lentille de convergence, considérée sous ce point de vue de verre grossissant, s'appelle quelquefois *loupe*, ou *microscope simple*. C'est ainsi que sont faites les lunettes des presbytes; l'œil qui

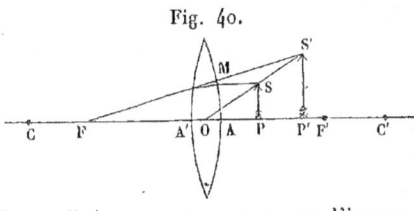

Fig. 40.

est placé vers A' voit l'objet SP en S'P', c'est-à-dire éloigné et ramené à la distance de la vision distincte. Cependant on n'a pas toujours conscience de cet éloignement, parce que l'image est plus grande que l'objet, et que l'on est habitué à croire qu'un objet se rapproche quand ses dimensions augmentent.

On peut faire une observation analogue relativement aux lentilles de divergence qui servent pour les myopes à rapprocher les

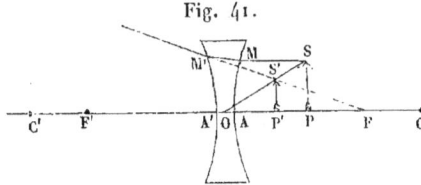

Fig. 41.

images à la distance de la vision distincte. La *fig.* 41 montre comment un objet SP est vu en S'P' par un œil placé du côté opposé de la lentille; comme l'image est plus petite que l'objet, on ne s'aperçoit pas qu'elle est rapprochée.

On sait que M et M' se confondent quand on néglige l'épaisseur de la lentille.

CAUSTIQUES.

74. On appelle *caustique* par réflexion ou par réfraction le lieu géométrique des points où se coupent les rayons réfléchis ou réfractés consécutifs. Ce lieu est une surface; mais quand le milieu réfringent ou le corps réflecteur sont terminés par des surfaces de révolution, et que le point lumineux est situé sur l'axe de révolution, il est clair que la caustique sera elle-même une surface de révolution engendrée par la ligne caustique que détermine un méridien quelconque passant par l'axe; il suffira donc d'étudier cette caustique linéaire.

Chaque point de la caustique recevant au moins deux rayons

lumineux, est plus brillant que l'espace environnant, et le foyer où la caustique passe évidemment est encore plus lumineux; ce point est le foyer conjugué, c'est-à-dire l'image du point lumineux, et c'est le foyer principal si les rayons incidents sont parallèles. Du reste les caustiques, de même que les foyers, peuvent être réelles ou virtuelles.

I. Nous considérerons seulement la caustique d'un point lumineux relativement à un miroir sphérique, parce que ce cas particulier donne lieu à une construction très-ingénieuse, due à Petit.

Soient PA et PB (*fig.* 42) deux rayons lumineux consécutifs

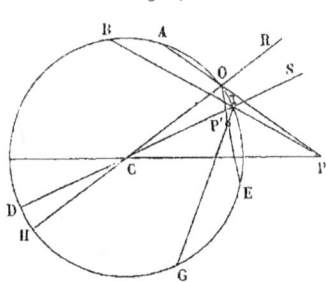

Fig. 42.

émanés du point P, et P' l'intersection des rayons réfléchis correspondants; ce point P' sera un des points de la ligne cherchée, qui par sa révolution autour de l'axe PC passant par le centre C du miroir, engendre la surface caustique. Soit δ la variation commune de l'angle d'incidence et de l'angle de réflexion quand le point d'incidence passe de O en I. Les angles d'incidence POR, PIS ont pour mesure $\frac{1}{2}$AH et $\frac{1}{2}$BD, ce qui donne

$$\delta = \frac{1}{2}\text{AH} - \frac{1}{2}\text{BD} = \frac{1}{2}(\text{AB} + \text{DH}).$$

Les angles de réflexion EOH, GID ont respectivement pour mesure $\frac{1}{2}$EH et $\frac{1}{2}$GD, ce qui donne

$$\delta = \frac{1}{2}\text{EH} - \frac{1}{2}\text{GD} = \frac{1}{2}(\text{EG} - \text{DH}),$$

et, par suite,
$$\text{AB} + \text{DH} = \text{EG} - \text{DH},$$
ou bien
$$2\,\text{DH} = \text{EG} - \text{AB}.$$

APPLICATIONS PHYSIQUES.

Nous remarquerons ensuite que les triangles PIO, PAB sont semblables, car il est clair que les tangentes en I et en B font le même angle avec la droite PIB; de même, les triangles P′IO, P′EG seront semblables, les arcs AB, IO, EG étant assez petits pour qu'on les considère comme des éléments rectilignes.

Cela posé, désignons par p la distance PI du point lumineux au point d'incidence, par p' la distance correspondante IP′ de ce point d'incidence au point de la caustique, et par $4a$ la longueur IB ou IG; nous aurons les proportions

$$\frac{AB}{OI} = \frac{4a+p}{p} \quad \text{et} \quad \frac{EG}{OI} = \frac{4a-p'}{p'}.$$

De sorte que l'équation

$$2\,DH = EG - AB$$

devient

$$2\,DH = OI \cdot \frac{4a-p'}{p'} - OI \cdot \frac{4a+p}{p}.$$

Mais

$$DH = OI;$$

donc

$$2 = \frac{4a-p'}{p'} - \frac{4a+p}{p},$$

ou bien

$$2pp' = 4ap - 2pp' - 4ap',$$

et encore

$$pp' = ap - ap';$$

ce qui donne enfin

$$\frac{1}{p'} - \frac{1}{p} = \frac{1}{a}.$$

Le miroir représenté dans la figure étant convexe, la caustique est virtuelle. Si le point P était à l'intérieur, on obtiendrait

$$\frac{1}{p} + \frac{1}{p'} = \frac{1}{a},$$

et la caustique serait réelle.

II. Ce système de coordonnées permet donc de construire la caustique pour une position quelconque du point lumineux. Si

$p = \infty$, c'est-à-dire si les rayons incidents sont parallèles, il reste

$$p' = a.$$

Mais, sans avoir recours à ce résultat du calcul, nous démontrerons encore le théorème suivant :

Si des rayons lumineux parallèles à une droite AP (*fig.* 43) *tombent sur un miroir sphérique concave dont* MPN *est un grand cercle, la ligne caustique correspondante à* MNP *est l'épicycloïde intérieure engendrée par un cercle dont le rayon est le quart du rayon de la sphère.*

L'épicycloïde, courbe que nous étudierons plus tard, est engendrée par le mouvement d'un point pris sur une circonférence quand cette circonférence roule sur une autre circonférence. Comme cette rotation peut avoir lieu à l'intérieur ou à l'extérieur de la circonférence fixe, il y a des épicycloïdes intérieures et extérieures.

Considérons un rayon quelconque EB qui se réfléchit en BG', de manière que l'angle EBA = ABG'; soit F le milieu du rayon AP de la sphère. Du centre A et du rayon AF décrivons un cercle qui coupe AB en D; du milieu C de BD comme centre et du rayon CD = CB, décrivons le cercle mobile indiqué par le théorème, et soit G le point où il est coupé par le point lumineux EB : l'angle DGB sera droit, puisque DB est un diamètre; par conséquent, DG est parallèle à AE ; donc soit la corde de ce cercle DG' = DG, le rayon réfléchi sera B'G, perpendiculaire à DG', puisque l'angle G'BD = GBD.

Fig. 43.

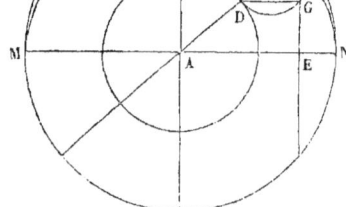

Cela posé, le point G' sera sur l'épicycloïde indiquée, la circonférence mobile de centre C partant du point F que la rotation porte en G'. En effet, l'angle G'BD = DBG est complément de l'angle DAE, et, par suite, égal à l'angle FAD. Or, G'BD a pour mesure, comme angle inscrit, la moitié de l'arc G'D, et l'angle au centre FAD a pour mesure l'arc FD; donc l'arc G'D est égal en longueur à l'arc FD dont le rayon est double, ce qui prouve, en effet, que le point G' parti de F décrit l'épicycloïde indiquée. On peut aussi regarder cette épicycloïde comme engendrée extérieurement par la révolution du cercle C autour du cercle AD.

Pour achever de faire voir que cette courbe est le lieu géométrique des intersections consécutives des rayons réfléchis, il faut encore prouver que la droite BG' est tangente en B' à l'épicycloïde : pour cela, il suffit d'observer que le cercle C roulant *sans glisser* sur le cercle AD, la ligne DG' peut être considérée comme le rayon d'un cercle de centre D et avec lequel est décrit l'élément G' de la courbe; donc DG' est une normale, et, par suite, BG' une tangente à cette courbe.

On voit d'ailleurs que F est le foyer principal du miroir.

MESURE DE LA PROFONDEUR D'UN PUITS.

75. Nous terminerons ce chapitre par une nouvelle application de nos principes d'approximation à un problème relatif à la fois à la pesanteur et à l'acoustique, et dont voici l'énoncé.

On a laissé tomber une pierre au fond d'un puits; au bout de n secondes on entend le bruit de la chute : on demande la profondeur du puits.

La vitesse de propagation du son dans l'air est

$$p = 333^m \sqrt{1 + \alpha t},$$

α étant le coefficient de dilatation de l'air que nous avons déjà exprimé par $\frac{11}{300}$; ainsi, cette vitesse sera 333 mètres à 0 degré, et à peu près 339 mètres à 10 degrés. La pression atmosphérique ne figure point dans cette formule, parce que, d'après la loi de Mariotte, elle fait varier la densité de l'air dans la même proportion que son élasticité.

La formule

$$e = \frac{g T^2}{2}$$

donne
$$T = \sqrt{\frac{2e}{g}}$$

pour le temps de la chute. D'ailleurs le son parcourant 1 mètre en une fraction de seconde $\frac{1}{p}$, parcourra e en $\frac{e}{p}$; donc

$$n = \frac{e}{p} + \sqrt{\frac{2e}{g}},$$

ce qui donne
$$\frac{2e}{g} = \left(n - \frac{e}{p}\right)^2,$$

et l'on obtient l'équation

$$e^2 - 2ep\left(n + \frac{p}{g}\right) + n^2 p^2 = 0.$$

Comme $n^2 p^2 > 0$, on voit que les deux racines sont de même signe et, par conséquent, positives; cependant, de ces deux racines qui se présentent sous la forme

$$e = p\left(n + \frac{p}{g}\right) \pm p\sqrt{\frac{p^2}{g^2} + 2n\frac{p}{g}},$$

il est clair qu'une seule convient à la question, et je dis que c'est celle dans laquelle le radical est pris négativement. En effet, si l'on prenait le signe positif, on trouverait $e > pn$: or, si l'on avait seulement $e = pn$, il en résulterait, d'après l'équation

$$n = \frac{e}{p} + \sqrt{\frac{2e}{g}},$$

que le temps $\sqrt{\frac{2e}{g}}$ de la chute du corps devrait être nul; donc, à plus forte raison, l'on ne peut avoir $e > pn$, et la valeur cherchée est

$$e = p\left(n + \frac{p}{g}\right) - p\sqrt{\left(\frac{p}{g}\right)^2 + 2n\frac{p}{g}}.$$

D'après la formule que nous avons posée pour la vitesse de propagation du son, il est facile de voir que, dans les circonstances

ordinaires de température, on peut prendre, sans erreur sensible,
$$p = 340 \text{ mètres.}$$

Ensuite on sait que $g = 9^m,8088$ à Paris; on peut donc prendre, à une unité près,
$$\frac{p}{g} = 34,$$
et la formule devient
$$c = 340 \left[n + 34 - \sqrt{(34)^2 + 34 \cdot 2n} \right].$$

Maintenant nous allons la simplifier par les méthodes connues d'approximation.

Nous avons trouvé (**27**) le développement, par le binôme de Newton, de la quantité $(1 + \varepsilon)^{\frac{1}{2}}$, où ε est supposé suffisamment petit: calculons les trois premières puissances de ε, et même la quatrième, afin d'avoir une évaluation de l'erreur; nous trouverons

$$\sqrt{1+\varepsilon} = 1 + \frac{1}{2} \cdot \frac{\varepsilon}{1} + \frac{1}{2}\left(\frac{1}{2}-1\right)\frac{\varepsilon^2}{1.2} + \frac{1}{2}\left(\frac{1}{2}-1\right)\left(\frac{1}{2}-2\right)\frac{\varepsilon^3}{1.2.3}$$
$$+ \frac{1}{2}\left(\frac{1}{2}-1\right)\left(\frac{1}{2}-2\right)\left(\frac{1}{2}-3\right)\frac{\varepsilon^4}{1.2.3.4},$$

ce qui donne
$$\sqrt{1+\varepsilon} = 1 + \frac{\varepsilon}{2} - \frac{\varepsilon^2}{8} + \frac{\varepsilon^3}{16} - \frac{5\varepsilon^4}{128}.$$

Nous pouvons transformer le radical de la manière suivante:
$$\sqrt{(34)^2 + 34 \cdot 2n} = 34\sqrt{1 + \frac{2n}{34}} = 34\sqrt{1+\varepsilon},$$
en posant
$$\varepsilon = \frac{n}{17}.$$

Remplaçant donc ε par cette valeur, nous avons
$$34\sqrt{1+\varepsilon} = 34 + n - \frac{n^2}{2 \cdot 34} + \frac{n^3}{2 \cdot (34)^2} - \frac{5n^4}{8 \cdot (34)^3}.$$

Effaçant donc les termes qui se détruisent, on trouve

$$e = 340\left(\frac{n^2}{2.34} - \frac{n^3}{2.(34)^2} + \frac{5\,n^4}{8.(34)^3}\right).$$

Si nous négligeons le dernier terme, il reste

$$e = 5\,n^2 - \frac{5\,n^3}{34},$$

et nous nous arrêterons à cette formule approximative, très-facile à calculer, car il suffit, pour avoir la correction $-\dfrac{5\,n^3}{34}$, de multiplier $5\,n^2$ par $\dfrac{n}{34}$.

Ainsi $n = 3$ donne
$$e = 41 \text{ mètres};$$
$n = 5$ donne
$$e = 107 \text{ mètres}.$$

Ces résultats s'approchent, à 1 mètre près, de ceux qui seraient donnés par la formule rigoureuse

$$e = p\left[n + \frac{p}{g} - \sqrt{\frac{p}{g}\left(\frac{p}{g} + 2n\right)}\right].$$

C'est une approximation plus grande qu'on ne pourrait l'attendre du dernier terme négligé

$$340 \cdot \frac{5\,n^4}{8\,(34)^3} = \frac{50\,n^4}{8.(34)^2};$$

cela tient à ce que l'erreur commise en supprimant ce terme est opposée à celle que l'on fait quand on pose

$$\frac{p}{g} = 34.$$

On comprend du reste que la formule rigoureuse elle-même ne peut donner qu'une appréciation grossière, à cause de la difficulté d'évaluer p, mais surtout parce qu'il est impossible de mesurer le temps d'une manière suffisamment exacte pour connaître avec précision la profondeur cherchée.

CHAPITRE VI.

INTERPOLATIONS.

76. Si l'on donne $n+1$ valeurs $x_0, x_1, x_2, \ldots, x_n$ d'une variable x, et les valeurs correspondantes $y_0, y_1, y_2, \ldots, y_n$ d'une fonction y de cette variable, on appelle *interpolation* toute méthode capable de faire connaître les valeurs de y qui correspondent à d'autres valeurs de x, comprises entre x_0 et x_n. On conçoit, en effet, que ces $n+1$ données seraient insuffisantes pour déterminer y au delà ou en deçà de cet intervalle, surtout si l'on ignorait la forme analytique de la fonction, comme cela arrive dans beaucoup de questions pratiques : ainsi nous ne connaissons point la nature de la relation qui existe entre la température et la force élastique de la vapeur.

Cependant quand on ne sait point déterminer analytiquement y au moyen de x, on peut généralement représenter cette fonction par une équation empirique. On a recours d'ordinaire à la méthode des coefficients indéterminés, c'est-à-dire que l'on pose

$$y = a + bx + cx^2 + \ldots$$

Les coefficients $a, b, c, \ldots$ peuvent être en nombre $n+1$, et se trouveront au moyen des $n+1$ valeurs connues de y; mais cette méthode ne sera véritablement avantageuse que si l'on peut se contenter d'un petit nombre de termes. C'est ce que l'on reconnaît quand les coefficients décroissent rapidement, et quand on arrive promptement à un coefficient assez petit pour que l'on puisse négliger les termes suivants.

77. Nous choisirons, comme exemple très-simple, le calcul de la longueur de l'année.

La longueur m de l'année moyenne se présentera en l'an 2360, c'est-à-dire 23,6 siècles après J.-C., mais nous prendrons cette époque pour point de départ.

L'année maximum, de longueur $m + 38''$, a eu lieu en 3040 avant J.-C., ce qui fait 54 siècles avant l'origine.

L'année minimum, de longueur $m - 38''$, aura lieu en l'an 7600, ou bien 52,4 siècles après l'origine.

Donc, depuis les temps historiques, l'année est $m + y$, c'est-à-dire qu'elle a un excès y sur l'année moyenne, mais cet excès va toujours en diminuant.

Pour l'époque d'Hipparque, qui vivait en 140 avant J.-C., ou bien 25 siècles avant l'origine, on trouve à peu près

$$y = 18''.$$

Pour l'an 1800, ce qui fait 5,6 siècles avant l'origine, on a trouvé

$$y = 4''.$$

D'après cela, on demande le développement de y suivant les puissances de x, nombre de siècles.

Nous verrons bientôt que l'on peut se contenter de deux coefficients, ce qui permet de poser

$$y = A x + B x^2,$$

car il est clair que

$$x = 0 \quad \text{donne} \quad y = 0,$$

puisque la variation y est nulle à l'origine; mais, pour déterminer A et B, nous prendrons les deux limites extrêmes, afin d'embrasser toute l'étendue de la série.

Substituant donc, dans l'équation

$$y = A x + B x^2,$$

les valeurs

$$x_0 = -54, \quad y_0 = 38 \quad \text{et} \quad x_n = 52,4, \quad y_n = -38,$$

nous aurons deux équations de condition qui nous donneront

$$A = -0,71461, \quad B = -0,000202.$$

La petitesse de ce dernier coefficient nous dispense d'en calculer d'autres, et nous avons

$$y = -0,71461 \cdot x - 0,000202 \cdot x^2.$$

D'ailleurs nous pouvons vérifier les deux observations intermédiaires dont nous n'avons point fait usage : ainsi

$$x = -5,6 \quad \text{donne} \quad y = 3,99 \quad \text{au lieu de } 4,$$

et

$$x = -25 \quad \text{donne} \quad y = 17,639 \quad \text{au lieu de } 18.$$

Cherchons ce qui aura lieu en 1900 : pour cette année,

$$x = -4,6$$

puisqu'il se sera écoulé un siècle depuis 1800, nous trouvons alors

$$y = 3'',283,$$

ou simplement

$$y = 3'',3.$$

78. Cherchons maintenant, par un développement d'une nature un peu différente, la variation du rayon de la terre suivant les diverses latitudes.

Soit R le rayon équatorial qui est maximum, comme on le sait, et soit r le rayon de la terre à une latitude quelconque λ, je dis que l'on peut, pour une première approximation, poser

$$r = R\left(1 - \frac{1}{300}\sin^2\lambda\right),$$

formule empirique déterminée d'après l'aplatissement connu de la terre, qui est égal à $\frac{1}{300}$ au pôle, pour lequel $\lambda = 90°$: on prend le carré du sinus, parce que cet aplatissement est le même pour $\pm 90°$, puisque la terre est une surface de révolution.

Mais cette formule serait insuffisante, et il faut ajouter au coefficient de R (ou en retrancher, s'il y a lieu) une quantité dépendant d'une observation faite, pour plus de sûreté, à égale distance entre 0 et 90 degrés, c'est-à-dire à 45 degrés. Je dis que nous pourrons tenir compte de l'observation faite en ce point, si nous introduisons dans la formule qui est jusqu'à présent

$$r = R\left(1 - \varepsilon \sin^2 \lambda\right)$$

$\left(\text{ici } \varepsilon = \dfrac{1}{300}\right)$, un terme de la forme $\varepsilon' \sin^2 2\lambda$, car $\sin 2\lambda$ sera évidemment nul pour $\lambda = 0$ et pour $\lambda = 90°$, circonstances dans lesquelles ce nouveau terme ne doit pas influer. Nous aurons donc

$$r = R\left(1 - \varepsilon \sin^2 \lambda + \varepsilon' \sin^2 2\lambda\right).$$

Pour obtenir une troisième approximation, nous prendrons encore, à des distances égales entre 0 et 45 degrés, entre 45 et 90 degrés, les arcs de $22°\frac{1}{2}$ et de $67°\frac{1}{2}$, ce qui nous conduirait à ajouter un terme de la forme $\varepsilon'' \sin^2 4\lambda$ qui serait nul pour 0, 90 et 45 degrés. Mais il y aurait cet inconvénient, que ce terme donnerait la même correction pour $22°\frac{1}{2}$ que pour $67°\frac{1}{2}$: soit ε''' la correction donnée par l'expérience pour $22°\frac{1}{2}$; soit ε^{IV} la correction analogue pour $67°\frac{1}{2}$: nous trouverons diverses manières d'avoir égard à la différence de ε''' et de ε^{IV}.

Nous pourrons ajouter un terme de la forme

$$\sin^2 4\lambda \cdot \varepsilon''' \left[1 + K \sin^2\left(\lambda - 22°\tfrac{1}{2}\right)\right],$$

K étant un facteur tel, que pour

$$\lambda = 67°\tfrac{1}{2}$$

le coefficient

$$\varepsilon'''\left[1 + K \sin^2\left(\lambda - 22°\tfrac{1}{2}\right)\right]$$

soit égal à ε^{IV}. Nous devons donc poser

$$\varepsilon^{IV} = K \varepsilon''' \sin^2\left(\lambda - 22°\tfrac{1}{2}\right) + \varepsilon''':$$

alors, puisque

$$\lambda = 67°\tfrac{1}{2},$$

il reste

$$\lambda - 22°\tfrac{1}{2} = 45° \quad \text{et} \quad \sin^2 45° = \dfrac{1}{2},$$

d'où l'on tire

$$\varepsilon^{IV} = K \dfrac{\varepsilon'''}{2} + \varepsilon''' \quad \text{et} \quad K = \dfrac{2(\varepsilon^{IV} - \varepsilon''')}{\varepsilon'''},$$

INTERPOLATIONS. 219

ce qui donne enfin

$$r = R\left\{1 - \varepsilon \sin^2\lambda + \varepsilon' \sin^2 2\lambda + \varepsilon''' \sin^2 4\lambda\left[1 + \frac{2(\varepsilon^{IV} - \varepsilon''')}{\varepsilon'''}\sin^2(\lambda - 22°\tfrac{1}{2})\right]\right\}.$$

On peut encore prendre une moyenne entre ε''' et ε^{IV}, en la regardant, sauf correction, comme la valeur ε'' dont nous avons parlé. Cherchons donc à ajouter à cette moyenne $\frac{1}{2}(\varepsilon''' + \varepsilon^{IV})$ une quantité qui soit égale et de signe contraire pour $22°\tfrac{1}{2}$ et $67°\tfrac{1}{2}$. On y parviendra en ajoutant une quantité $\varphi \cos 2\lambda$, parce que $\lambda = 22°\tfrac{1}{2}$ donnera

$$\cos 2\lambda = \cos 45° = \frac{1}{\sqrt{2}};$$

au contraire, si $\lambda = 67°\tfrac{1}{2}$,

$$\cos 2\lambda = -\frac{1}{\sqrt{2}}.$$

Maintenant il faut déterminer le facteur φ, de manière que la quantité

$$\frac{1}{2}(\varepsilon''' + \varepsilon^{IV}) + \varphi \cos 2\lambda$$

se réduise à ε''' pour

$$\lambda = 22°\tfrac{1}{2},$$

et à ε^{IV} pour

$$\lambda = 67°\tfrac{1}{2}.$$

Nous devons donc poser

$$\frac{1}{2}(\varepsilon''' + \varepsilon^{IV}) + \frac{\varphi}{\sqrt{2}} = \varepsilon''',$$

ce qui donne

$$\frac{\varphi}{\sqrt{2}} = \varepsilon''' - \frac{1}{2}(\varepsilon''' + \varepsilon^{IV}) = \frac{1}{2}(\varepsilon''' - \varepsilon^{IV})$$

ou bien

$$\varphi = \frac{\varepsilon''' - \varepsilon^{IV}}{\sqrt{2}}.$$

Il est facile de voir que cette valeur remplit, en effet, l'autre condition indiquée.

Nous aurons donc

$$r = R\left\{1 - \varepsilon \sin^2\lambda + \varepsilon' \sin^2 2\lambda + \sin^2 4\lambda \left[\frac{1}{2}(\varepsilon''' + \varepsilon^{IV}) + \cos 2\lambda \frac{(\varepsilon''' - \varepsilon^{IV})}{\sqrt{2}}\right]\right\};$$

quelle que soit la formule que l'on choisisse on se contente généralement de ces trois corrections.

On déterminerait par des formules analogues les variations de la pesanteur du pôle à l'équateur.

79. Le méridien terrestre n'est pas précisément une ellipse, mais la différence est peu considérable.

Voici un problème accessoire qui peut nous éclairer sur sa forme. Cherchons en quel point M de ce méridien, supposé ellip-

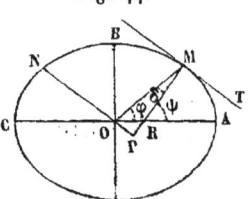

Fig. 44.

tique, l'angle δ du rayon central et de la normale sera maximum. Soient MT la tangente en M (*fig.* 44), et ON parallèle à cette tangente; on sait que OM et ON forment un système de diamètres conjugués et le triangle MOP est rectangle. Donc le maximum de δ correspond au minimum de MOP, c'est-à-dire au maximum de l'angle obtus MON de deux diamètres conjugués, ce qui a lieu quand ces diamètres sont égaux.

Puisque le problème est résolu par les diamètres égaux, ces diamètres sont également inclinés sur le grand axe; par conséquent, l'angle

$$\varphi = \text{NOC} = \text{ROP},$$

ce qui donne

$$\varphi + \psi = 90°,$$

ψ étant l'angle du grand axe et de la normale. Alors

$$\delta = \psi - \varphi = 90° - 2\varphi,$$

ou bien

$$\delta + 2\psi = 90°.$$

Mais on sait que, pour les diamètres conjugués égaux,

$$\tan\varphi = \frac{b}{a},$$

rapport du petit axe au grand axe de l'ellipse, et comme le méridien elliptique de la terre donne

$$\frac{b}{a} = 1 - \frac{1}{300} = \frac{299}{300},$$

on trouve

$$\varphi = 44°54'15'' \quad \text{et} \quad \delta = 11'30''.$$

De plus, la figure montre que δ est complément de MOP $= 2\varphi$; or

$$\tang 2\varphi = \frac{\dfrac{2b}{a}}{1 - \dfrac{b^2}{a^2}} = \frac{2ab}{c^2},$$

ce qui donne

$$\tang \delta = \frac{c^2}{2ab},$$

valeur qui peut servir à vérifier la précédente (*).

80. La question que nous avons résolue relativement à la forme du méridien de la terre nous fait voir de quelle extension est susceptible la méthode des coefficients indéterminés. On ne se borne pas toujours à développer une fonction suivant les puissances successives d'une variable, on introduit souvent des lignes trigonométriques ; quelquefois même les quantités indéterminées sont des exposants. Par exemple, le méridien terrestre ne pouvant se représenter exactement par une ellipse dont l'équation serait

$$\frac{x^2}{a^2} + \frac{y^2}{b^2} = 1,$$

on altère légèrement l'un des exposants et l'équation

$$\frac{x^{2+\frac{1}{500}}}{a^2} + \frac{y^2}{b^2} = 1$$

(*) Il serait facile d'arriver au même résultat par le calcul, mais nous avons préféré cette démonstration géométrique, qui nous a été communiquée par M. G. Fourcade-Prunet.

peut représenter suffisamment le méridien quand on détermine a et b d'une manière convenable.

Mais surtout on fait un usage fréquent des sinus et cosinus des arcs multiples, ainsi qu'on vient de le voir. Supposons, pour fixer les idées, que l'on demande de représenter par une courbe empirique la marche des températures pendant une journée. Les abscisses représenteront le temps, c'est-à-dire les heures de la journée depuis le moment le plus froid (entre trois et quatre heures du matin) jusqu'à la même heure du lendemain, et les ordonnées perpendiculaires seront l'excès de la température sur cette température minimum. D'après cela, il est facile de voir que la courbe se composera d'une suite d'arceaux dont chacun aura pour base, sur l'axe des abscisses, un intervalle représentant vingt-quatre heures.

Nous sommes donc portés à chercher, pour représenter la loi des températures, une courbe formée aussi d'une série d'arceaux consécutifs et tous égaux entre eux : telle est la sinusoïde dont l'équation est

$$y = \sin x;$$

maintenant il faut voir comment on pourra modifier cette équation pour qu'elle s'accorde avec l'expérience (*).

D'abord le maximum de la température ne correspondrait pas exactement, avec des coordonnées perpendiculaires, au milieu de l'intervalle compris entre les extrémités d'un arceau, mais à 2 heures du soir à peu près; on aura égard à cette irrégularité en convenant que, dans l'équation

$$y = \sin x,$$

les ordonnées ne seront point perpendiculaires aux abscisses,

---

(*) La base qui indique 24 heures correspond à l'arc $x = \pi$, dans l'équation $y = \sin x$: soit donc t le nombre d'heures; la valeur correspondante de x sera donnée par la proportion

$$\frac{t}{24} = \frac{x}{\pi},$$

d'où l'on tire

$$x = \frac{\pi t}{24}.$$

mais inclinées convenablement pour satisfaire à la condition énoncée (*). De plus, on donnera au second membre un coefficient indéterminé m, et l'on posera
$$y = m \sin x;$$
ici $m = \dfrac{\sin \alpha}{\sin(\theta - \alpha)}$, en appelant θ l'angle des nouvelles ordonnées avec les abscisses, et α l'angle de la tangente à l'origine. Si cela ne suffit point pour rendre compte des phénomènes, on ajoutera des termes contenant les sinus des arcs multiples, affectés d'autres coefficients, en prenant, par exemple, des multiples doubles les uns des autres, c'est-à-dire $m' \sin 2x$, $m'' \sin 4x$,.... Enfin, l'on peut aussi, comme on l'a fait relativement à la forme de la terre, employer les carrés de ces mêmes sinus : en un mot, on cherchera, dans toutes les questions, à traduire les phénomènes physiques le plus exactement possible par la formule la plus simple possible.

81. Si le problème est purement graphique, c'est-à-dire si l'on donne sur le papier un certain nombre de points qu'il faut réunir par une courbe continue, on y parviendra au moyen d'une série de circonférences convenablement tracées.

Imaginons quatre points d'une courbe O, A, B, C, il faut tracer cette courbe dans l'intervalle compris entre ces quatre points; le problème aura quelque chose d'indéterminé comme toutes les questions d'interpolation, mais il pourra néanmoins se résoudre avec une approximation suffisante, si les points donnés ne sont pas trop écartés les uns des autres (on s'est dispensé de tracer la

---

(*) Il suffira de prendre l'axe des y parallèle à la droite qui joint le milieu de la base avec le sommet de l'arceau, où la tangente est parallèle à la base. Pour cela, on se guidera sur le tracé empirique de la courbe, que l'on connaît d'avance, car nous cherchons seulement une équation qui puisse reproduire cette courbe. On se rappellera cependant que les abscisses qui représentent les heures ou les arcs correspondants se rapportent aux ordonnées perpendiculaires qui servent à construire la courbe : cette courbe étant construite donne la valeur des ordonnées obliques qui servent à établir l'équation
$$y = m \sin x.$$

figure qui n'est point nécessaire pour l'intelligence de la construction).

Faisons passer par les trois premiers points O, A, B une circonférence dont le centre est en H ; de même, par les points A, B et C, nous ferons passer une autre circonférence de centre H'. Alors nous pourrons déterminer la portion de courbe comprise entre les points A et B, communs à ces deux circonférences; en effet, soit ON une abscisse qui correspond à cet intervalle, soient NM, NM' les ordonnées correspondantes dans les cercles de centre H et H', nous prendrons pour ordonnée de la courbe la moyenne

$$y = \frac{1}{2}(NM + NM').$$

On déterminera de même les points compris entre O et A en comparant au cercle de centre H une autre circonférence passant par O, A et C. Enfin, on trouvera la portion de courbe comprise entre B et C, en comparant au cercle de centre H' une autre circonférence passant par O, B et C.

82. Mais d'ordinaire la question est posée analytiquement, et l'on donne les points O, A, B, C, etc., par les valeurs numériques de leurs abscisses et de leurs ordonnées.

Alors il s'agit de faire passer par ces points une courbe qui remplace la courbe cherchée, du moins dans cet intervalle.

La nature de cette courbe approximative est essentiellement indéterminée ; cependant on doit la choisir avec discernement, mais il faut surtout que son équation présente assez de coefficients indéterminés pour que l'on puisse satisfaire à toutes les conditions exigées. Aussi cette courbe a d'ordinaire une équation *parabolique*, c'est-à-dire de la forme suivante :

$$y = a + bx + cx^2 + \ldots$$

Le nombre des coefficients indéterminés $a, b, c, \ldots$ est égal au nombre des points donnés, et, par conséquent, des équations de condition. Cela nous ramène à ce que nous avons vu dans les n[os] **76** et **77**, mais nous nous proposons maintenant de donner une méthode simple et facile pour déterminer ces inconnues, quel qu'en soit le nombre. Nous y parviendrons en résolvant d'une manière générale les équations du premier degré à un nombre quelconque d'inconnues, par la théorie des *déterminants* (*).

85. I. Une fonction de plusieurs lettres est *symétrique* quand elle garde sa valeur si l'on change une de ces lettres en une autre, et réciproquement, comme, par exemple, a en b et b en a, sans toucher aux autres lettres.

Si cette fonction présente plusieurs fois la même lettre avec des accents ou des indices différents, pour indiquer des quantités distinctes, mais analogues, comme a, a', a'',..., et b, b', b'',..., il faut comprendre que toutes les lettres a se changent dans les lettres correspondantes b, et réciproquement, en gardant leurs accents ou leurs indices.

Par exemple,
$$ab' + a'b$$
est une fonction symétrique, parce que, si l'on fait le changement indiqué, elle devient
$$ba' + b'a,$$
et, par conséquent, n'est pas altérée.

II. Si le changement que nous venons d'indiquer laissait à la fonction sa valeur numérique, mais changeait son signe, on dirait que la fonction est *alternée*.

Par exemple
$$ab' - a'b$$
est une fonction alternée, car elle devient, par cette transformation,
$$ba' - b'a;$$
elle garde donc sa valeur numérique, mais elle change de signe.

III. Parmi les fonctions alternées, nous considérerons les *déterminants*, dont nous allons montrer la formation.

Prenons le produit de n lettres, a, b, c,..., dans lequel cha-

---

(*) On trouvera dans le *Programme* de MM. Gerono et Roguet des notions plus étendues sur les déterminants; mais pour approfondir cette importante théorie, il faut consulter l'ouvrage spécial de M. Brioschi.

cune de ces lettres ait un indice différent, ce qui donnera le produit $ab'c''\ldots$, où la dernière lettre aura l'indice $n-1$: dans ce produit, faisons *alterner* deux lettres seulement, telles que b et c; c'est-à-dire changeons b en c, et réciproquement c en b, et en même temps changeons le signe de ce terme, ce qui donne

$$- ac'b''\ldots$$

Ensuite, faisons dans le terme que nous venons d'obtenir la même opération entre deux autres lettres, en changeant encore son signe, ce qui le fera redevenir positif, de négatif qu'on l'avait rendu précédemment ; en continuant ainsi jusqu'à ce que l'on retombe nécessairement sur un terme déjà obtenu, on trouve le *déterminant* de n lettres.

Il est facile de voir que cela revient, sauf les changements de signe, à faire une *permutation tournante* entre ces n lettres. On dit qu'il y a permutation tournante entre plusieurs lettres quand on change la première dans la seconde, la seconde dans la troisième, etc., et enfin la dernière dans la première, en faisant aussi les changements réciproques.

IV. Pour conduire l'opération avec ordre et être sûr de ne négliger aucun terme, voici la méthode que l'on peut suivre. Prenons une lettre quelconque a, et considérons d'abord les termes où elle figure sans accent; on les obtiendra en mettant a comme facteur d'une suite de termes où figureront les $n-1$ autres lettres alternées deux à deux suivant la loi précédente, ce qui donnera précisément, d'après la définition précédente, le déterminant de ces $n-1$ lettres. Seulement, comme le facteur a n'a pas d'accent, il faut qu'il y ait des accents à toutes les lettres de ce déterminant : nous l'indiquerons par la lettre A, qui montre que a n'y entre pas, et qui, n'ayant pas d'accent, fait voir aussi qu'il y en a sur toutes les lettres qui s'y trouvent.

Nous écrirons ensuite un terme ayant a' pour coefficient du déterminant A' des $n-1$ mêmes lettres, seulement ce sera ici l'accent *prime* qui ne s'y trouvera point. On aura de même le terme $a''A'',\ldots$, et enfin le déterminant de n lettres sera

$$D = aA + a'A' + a''A'' + \ldots + a^{(n-1)}A^{(n-1)}.$$

Mais il est clair qu'on pourrait tout aussi bien poser

$$D = bB + b'B' + b''B'' + \ldots,$$
$$D = cC + c'C' + c''C'' + \ldots,$$
$$\ldots\ldots\ldots\ldots\ldots\ldots\ldots\ldots\ldots,$$

en désignant par $B, B', B'', \ldots$, et $C, C', C'', \ldots$, des quantités analogues à $A, A', A'', \ldots$.

Cependant, il faut faire une observation très-importante sur la formation des quantités $A, A', A'', \ldots$, relativement aux signes des termes qui les composent. On peut écrire la première A en prenant à volonté le signe de son premier terme, d'où l'on sait conclure celui de tous les autres, mais il faut en tirer aussi les signes des termes de $A', A'', \ldots$. Pour avoir, par exemple, ceux de A', prenons un terme quelconque de aA et faisons dans ce terme la permutation alternée entre a et celle des lettres qui porte l'accent *prime*, en changeant le signe, comme il faut toujours le faire; nous aurons ainsi un terme de $a'A'$ avec son signe, ce qui donnera celui de tous les autres. On en fera autant pour $a''A''$, et ainsi de suite.

V. Les déterminants jouissent d'une propriété dont nous verrons bientôt une application très-utile : c'est que, si l'on change une première lettre dans une seconde sans faire la réciproque, c'est-à-dire sans changer aussi cette seconde lettre dans la première, le déterminant deviendra nul. En effet, considérons, par exemple, les deux lettres b et c; on sait qu'en les faisant alterner dans un terme quelconque, tel que $a\,b'\,c''$, on obtient

$$- ac'\,b'' :$$

mais si l'on change b en c sans faire la réciproque, on obtiendra

$$ac'\,c'' - ac'\,c'',$$

ce qui se réduira à zéro; il en sera de même, d'après la formation du déterminant, pour les autres termes considérés deux à deux (*).

VI. Comme exemple de la formation des déterminants, nous

(*) Le déterminant serait encore nul si l'on changeait, par exemple, les accents *prime* en accents *seconde*, sans faire la réciproque.

allons chercher celui de trois lettres, et nous prendrons $ab'c''$ pour premier terme; il est clair que
$$A = b'c'' - c'b'',$$
ce qui conduit à poser
$$A' = cb'' - bc'' \quad \text{et} \quad A'' = bc' - cb':$$
la règle que nous avons posée revient à observer qu'une même lettre avec un même accent, telle que b'', après avoir été placée dans un terme négatif, doit ensuite se trouver dans un terme positif. Le déterminant cherché sera donc
$$D = a(b'c'' - c'b'') + a'(cb'' - bc'') + a''(bc' - cb')$$
ou bien
$$D = ab'c'' - ac'b'' + a'cb'' - a'bc'' + a''bc' - a''cb',$$
valeur alternée en a, b et c.

VII. Il nous reste à voir comment cette théorie s'applique à la résolution des équations du premier degré à plusieurs inconnues. Soient
$$\begin{aligned} ax &+ by + cz + \ldots = h, \\ a'x &+ b'y + c'z + \ldots = h', \\ a''x &+ b''y + c''z + \ldots = h'', \\ &\cdots\cdots\cdots\cdots\cdots\cdots\cdots\cdots\cdots\cdots \\ a^{(n-1)}x &+ b^{(n-1)}y + c^{(n-1)}z + \ldots = h^{(n-1)}, \end{aligned}$$
n équations du premier degré à n inconnues.

Formons le déterminant D des n coefficients des inconnues (on voit que h, h', $h''\ldots h^{(n-1)}$ n'y entrent point) (*). Ensuite, multiplions la première équation, où les lettres n'ont pas d'accent, par le déterminant A des $n-1$ lettres $b, c\ldots$ formé comme nous l'avons vu : de même nous multiplierons la seconde équation par

---

(*) Ce déterminant serait le même si les premiers membres des équations étaient
$$\begin{aligned} ax &+ a'y + a''z + \ldots, \\ bx &+ b'y + b''z + \ldots, \\ cx &+ c'y + c''z + \ldots, \\ &\cdots\cdots\cdots\cdots\cdots\cdots \end{aligned}$$

INTERPOLATIONS.   229

A′, la troisième par A″,..., et enfin la dernière par $A^{(n-1)}$; nous savons comment se forment toutes ces quantités.

Cela posé, faisons la somme de tous les produits précédents : le coefficient de x dans l'équation ainsi obtenue sera justement

$$D = aA + a'A' + a''A'' + \ldots + a^{(n-1)} A^{(n-1)}.$$

Quant aux coefficients des autres inconnues, ils seront nuls. En effet, le coefficient de y, qui sera, comme on le voit,

$$bA + b'A' + b''A'' + \ldots$$

ne contiendra point les lettres $a, a', a'', \ldots$, et il est facile de remarquer que ce sera le déterminant D dans lequel on aura changé les lettres a en lettres b, sans faire la réciproque; donc le résultat est nul, d'après ce qu'on a vu. Il en sera de même pour les coefficients des autres inconnues, ce qui donne

$$Dx = hA + h'A' + h''A'' + \ldots + h^{(n-1)} A^{(n-1)}$$

et

$$x = \frac{hA + h'A' + h''A'' + \ldots + h^{(n-1)} A^{(n-1)}}{D}.$$

On aura de même

$$y = \frac{hB + h'B' + h''B'' + \ldots + h^{(n-1)} B^{(n-1)}}{D},$$

et ainsi de suite.

84. I. Revenons maintenant au problème que nous avons déjà traité par une méthode graphique et qui consiste à faire passer une courbe par quatre points donnés, les coordonnées de ces points étant (x', y'), (x'', y''), (x''', y''') et le quatrième point étant l'origine des coordonnées.

Nous pouvons prendre pour joindre ces quatre points la conique qui a pour équation

$$y^2 + Mx^2 + Ny + Px = 0,$$

ce qui donne les équations de condition

$$y'^2 + Mx'^2 + Ny'^2 + Px' = 0,$$
$$y''^2 + Mx''^2 + Ny''^2 + Px'' = 0,$$
$$y'''^2 + Mx'''^2 + Ny'''^2 + Px''' = 0,$$

entre lesquelles nous éliminerons par la méthode des déterminants les quantités M, N et P.

Le déterminant D aura pour valeur

$$D = x'''x''y'(x''-x''') + x'''x'y''(x'''-x') + x''x'y'''(x'-x'')$$

et nous trouverons M, N et P par les relations

$$y'''y''x'(y'''-y'') + y'''y'x''(y'-y''') + y''y'x'''(y''-y') + MD = 0,$$
$$x'''x''y'^2(x''-x''') + x'''x'y''^2(x'''-x') + x''x'y'''^2(x'-x'') + ND = 0,$$
$$y'''y''x'^2(y''-y''') + y'''y'x''^2(y'''-y') + y''y'x'''^2(y'-y'') + PD = 0.$$

II. Si l'on pose
$$y = Mx + Nx^2 + Px^3,$$
on trouve

$$D = x'''x''x'[x'''x''(x'''-x'') + x'''x'(x'-x''') + x''x'(x''-x')],$$
$$MD = y'''x''^2x'^2(x''-x') + y''x'''^2x'^2(x'-x''') + y'x'''^2x''^2(x'''-x''),$$
$$ND + y'''x''x'(x''^2-x'^2) + y''x'''x'(x'^2-x'''^2) + y'x'''x''(x'''^2-x''^2) = 0,$$
$$PD = y'''x''x'(x''-x') + y''x'''x'(x'-x''') + y'x'''x''(x'''-x'').$$

85. Jusqu'à présent nous avons cherché par la géométrie ou le calcul le tracé ou l'équation d'une courbe capable de passer par un certain nombre de points déterminés, ou bien, ce qui revient au même, de représenter une certaine série d'observations. Nous allons maintenant reprendre le problème de l'interpolation à un point de vue purement analytique, et en admettant, pour obtenir des formules plus simples, que les valeurs successives de la variable indépendante forment une progression arithmétique : nous parviendrons à des résultats très-importants pour la résolution des équations algébriques et transcendantes.

Supposons donc que la différence entre deux valeurs consécutives de la série des $n+1$ quantités $x_0, x_1, x_2, \ldots, x_n$, soit constante et représentée par
$$h = \Delta x,$$
nous aurons
$$x_1 = x_0 + \Delta x, \qquad x_2 = x_1 + \Delta x = x_0 + 2\Delta x,$$
et ainsi de suite; enfin
$$x_n = x_0 + n\Delta x.$$

INTERPOLATIONS.

Il nous faut maintenant étudier les variations correspondantes de la fonction y.

Les $n+1$ valeurs correspondantes de y seront $y_0, y_1, y_2, \ldots, y_n$, mais les différences de deux valeurs consécutives ne seront pas égales pour la fonction comme elles l'étaient pour la variable indépendante, et nous aurons

$$y_1 - y_0 = \Delta y_0$$
$$y_2 - y_1 = \Delta y_1 \qquad \Delta y_1 - \Delta y_0 = \Delta^2 y_0$$
$$y_3 - y_2 = \Delta y_2 \qquad \Delta y_2 - \Delta y_1 = \Delta^2 y_1 \qquad \Delta^2 y_1 - \Delta^2 y_0 = \Delta^3 y_0 \ldots$$
$$\ldots\ldots\ldots\ldots\ldots$$
$$y_n - y_{n-1} = \Delta y_{n-1}.$$

Les différences entre les valeurs consécutives de la variable sont les *différences premières*, celles qui existent entre ces différences premières sont les *différences secondes* qui donnent lieu elles-mêmes aux *différences troisièmes*, et ainsi de suite.

Nous allons chercher d'abord à exprimer la dernière valeur y_n de la fonction au moyen de la première y_0 et des différences de divers ordres de cette quantité y_0.

Nous avons d'abord

$$y_1 = y_0 + \Delta y_0, \quad \text{ensuite} \quad y_2 = y_1 + \Delta y_1;$$

mais

$$\Delta y_1 = \Delta y_0 + \Delta^2 y_0$$

comme on le voit en prenant les différences de l'équation précédente : remplaçons donc y_1 et Δy_1 par leurs valeurs, il reste

$$y_2 = y_0 + 2\Delta y_0 + \Delta^2 y_0.$$

Nous aurons de même

$$y_3 = y_2 + \Delta y_2;$$

mais

$$\Delta y_2 = \Delta y_0 + 2\Delta^2 y_0 + \Delta^2 y_0,$$

ce qui donnera

$$y_3 = y_0 + 3\Delta y_0 + 3\Delta^2 y_0 + \Delta^2 y_0,$$

et ainsi de suite.

On arriverait donc à la formule générale

$$y_n = y_0 + n\,\Delta y_0 + \frac{n(n-1)}{1.2}\Delta^2 y_0 + \frac{n(n-1)(n-2)}{1.2.3}\Delta^3 y_0 + \ldots + \Delta^n y_0.$$

L'analogie de cette formule avec le développement du binôme permet de l'écrire sous la forme symbolique

$$y_n = y_0(1+\Delta)^n,$$

dans laquelle, après le développement, toutes les puissances de Δ deviendront des indices.

Si la fonction y est un polynôme de degré m, je dis que $\Delta^m y$ sera une constante et que toutes les différences d'ordre supérieur seront nulles. Remarquons d'abord que la seconde partie de cette proposition est une conséquence évidente de la première, car si les différences d'un certain ordre sont constantes, on aura des résultats égaux à zéro, en les retranchant les uns des autres.

Soit donc

$$y = A x^m + A_1 x^{m-1} + \ldots$$

ce polynôme ordonné suivant les puissances décroissantes de x, et considérons spécialement le terme de plus haut exposant $A x^m$. La différence première de ce terme sera

$$A(x+\Delta x)^m - A x^m = A\left[m x^{m-1}\Delta x + \frac{m(m-1)}{1.2}x^{m-2}(\Delta x)^2 \right.$$
$$\left. + \frac{m(m-1)(m-2)}{1.2.3}x^{m-3}(\Delta x)^3 + \ldots\right]$$

ou bien

$$m A x^{m-1} \Delta x + \ldots,$$

en s'arrêtant au terme en Δx, qui contient la plus haute puissance de x.

La différence de cette première différence ou bien la différence seconde de $A x^m$ sera

$$m A (x+\Delta x)^{m-1}\Delta x - m A x^{m-1}\Delta x$$
$$= A m(m-1) x^{m-2}(\Delta x)^2 + \ldots,$$

en s'arrêtant au terme en $(\Delta x)^2$.

De même, le terme de plus haute puissance en x dans la différencé troisième sera

$$A m(m-1)(m-2) x^{m-3}(\Delta x)^3,$$

et ainsi de suite pour les autres différences : on voit que le calcul se fait comme pour prendre les dérivées, et que l'exposant de Δx augmente d'une unité à chaque opération.

On a donc en général, pour $n < m$,

$$\Delta^n . A x^m = A m(m-1)(m-2)\ldots(m-n+1) x^{m-n}(\Delta x)^n + \ldots$$

et enfin, pour $n = m$, on trouve

$$\Delta^m . A x^m = A m(m-1)(m-2)\ldots 3.2.1.(\Delta x)^m = \Delta^m y,$$

quantité constante, comme nous l'avions annoncé, les termes suivants étant nuls.

Il est facile de voir que les termes de puissance inférieure $A x^{m-1}\ldots$ cessent de donner des différences avant le terme $A x^m$; c'est pourquoi nous ne nous sommes préoccupés que de celui-ci.

En nous arrêtant donc à cette différence constante $\Delta^m y_0$ quand, au contraire, $m < n$, nous avons

$$y_n = y_0 + n \Delta y_0 + \frac{n(n-1)}{1.2} \Delta^2 y_0 + \ldots$$
$$+ \frac{n(n-1)\ldots(n-m+1)}{1.2.3\ldots m} \Delta^m y_0.$$

Mais si nous simplifions ce résultat au moyen de la valeur déjà trouvée de $\Delta^m y_0$, nous obtenons enfin

$$y_n = y_0 + n \Delta y_0 + \frac{n(n-1)}{1.2} \Delta^2 y_0 + \ldots$$
$$+ n(n-1)\ldots(n-m+1)(\Delta x)^m . A,$$

formule dont nous tirerons bientôt parti.

86. Après avoir exprimé y_n en fonction de y_0 et de ses différences consécutives, on peut réciproquement exprimer $\Delta^n y_0$ en fonction des $n+1$ valeurs $y_0, y_1, y_2, \ldots, y_n$.

CHAPITRE SIXIÈME.

Pour cela, remarquons que

$$\Delta^2 y_0 = (y_2 - y_1) - (y_1 - y_0) = y_2 - 2y_1 + y_0,$$
$$\Delta^3 y_0 = (y_3 - 2y_2 + y_1) - (y_2 - 2y_1 + y_0) = y_3 - 3y_2 + 3y_1 - y_0,$$

et ainsi de suite. On reconnaîtra donc par la méthode connue de généralisation pour les résultats de cette nature, que l'on a

$$\Delta^n y_0 = y_n - n y_{n-1} + \frac{n(n-1)}{1.2} y_{n-2} - \frac{n(n-1)(n-2)}{1.2.3} y_{n-3} + \ldots \pm y_0,$$

le dernier terme devant être pris positivement si n est pair et négativement si n est impair.

Ce développement peut encore se représenter par la formule symbolique suivante :

$$\Delta^n y_0 = (y - 1)^n,$$

en changeant les exposants en indices, et remplaçant l'unité par y_0 dans le dernier terme.

Cette formule nous donnera

$$\Delta^n . x^m = (x + n \Delta x)^m - n [x + (n-1) \Delta x]^m$$
$$+ \frac{n(n-1)}{1.2} [x + (n-2) \Delta x]^m - \ldots \pm x^m.$$

Si nous développons et ordonnons le second membre suivant les puissances de Δx, en posant pour simplifier

$$n^\alpha - \frac{n}{1}(n-1)^\alpha + \frac{n(n-1)}{1.2}(n-2)^\alpha$$
$$- \frac{n(n-1)(n-2)}{1.2.3}(n-3)^\alpha + \ldots = N_\alpha,$$

il viendra

$$\Delta^n . x^m = N_0 x^m + \frac{m}{1} N_1 x^{m-1} \Delta x$$
$$+ \frac{m(m-1)}{1.2} N_2 x^{m-2} (\Delta x)^2 + \ldots + N_m (\Delta x)^m.$$

Mais on a vu dans le numéro précédent que la moins haute puissance de Δx dans le développement de $\Delta^n . x^m$ est $(\Delta x)^n$; donc la

fonction N_α est identiquement nulle pour toutes les valeurs de α inférieures à n (*). On a trouvé d'ailleurs, en posant $m = n$,
$$\Delta^n . x^n = n(n-1)(n-2)\ldots 3.2.1(\Delta x)^n,$$
ce qui donne
$$N_n = n(n-1)(n-2)\ldots 3.2.1,$$
puisque $\Delta^n . x^m$ se réduit à $N_n(\Delta x)^n$ pour $m = n$.

87. Reprenons la formule
$$y_n = y_0 + n\Delta y_0 + \frac{n(n-1)}{1.2}\Delta^2 y_0 + \frac{n(n-1)(n-2)}{1.2.3}\Delta^3 y_0 + \ldots$$
$$+ n(n-1)(n-2)\ldots(n-m+1)(\Delta x)^m A,$$
que nous avons posée à la fin du n° 85.

Cette formule, qui nous servira à séparer les racines d'une équation, et à les resserrer dans des limites suffisamment approchées, est due à Newton; mais il ne faut pas confondre ce procédé, basé sur les différences, avec la méthode due également à Newton et que nous avons étudiée dans les approximations successives.

Nous substituerons dans l'équation
$$y = 0, \quad \text{ou bien} \quad Ax^m + A_1 x^{m-1} + \ldots = 0,$$
des valeurs de x équidistantes, d'abord d'une unité, c'est-à-dire que nous commencerons par prendre
$$\Delta x = 1.$$

Si les racines ne sont pas séparées par des substitutions de nombres entiers consécutifs, pris entre les limites inférieure et supérieure, on fait des substitutions de dixième en dixième; alors
$$\Delta' x = 0,1.$$
On peut encore prendre
$$\Delta'' x = 0,01,$$

(*) Par exemple,
$$N_0 = 1 - \frac{n}{1} + \frac{n(n-1)}{1.2} - \frac{n(n-1)(n-2)}{1.2.3} + \ldots \pm 1 = (1-1)^n = 0.$$
(Voir *Nouvelles Annales*, tome XIII, page 272.)

et ainsi de suite. Il est bien entendu que l'on ne doit pas s'exposer à chercher des racines dans un intervalle où il ne s'en trouverait pas ; on est guidé à ce sujet par le théorème de Sturm. D'ailleurs, dans la pratique, on connaît presque toujours l'ordre de grandeur de la racine que l'on cherche.

Quoi qu'il en soit, nous devons montrer qu'après avoir fait dans la fonction un nombre limité m de substitutions directes, on peut disposer avec les différences correspondantes un tableau qui donne, par un calcul très-simple, les résultats d'autres substitutions faites au delà et en deçà avec la même différence Δx.

Pour fixer les idées nous supposerons, comme nous l'avons dit, qu'il s'agisse d'une équation algébrique

$$A x^m + A_1 x^{m-1} = 0,$$

alors nous verrons que le nombre nécessaire de substitutions directes est le degré m de l'équation.

Nous prendrons pour exemple l'équation

$$x^4 - 2 x^3 + \frac{9}{7} x^2 - \frac{2}{7} x + \frac{1}{70} = 0,$$

ou bien

$$70 x^4 - 140 x^3 + 90 x^2 - 20 x + 1 = 0,$$

dont nous avons déjà cherché une racine dans le n° 15. Nous avons alors supposé, non-seulement que la séparation des racines était obtenue, mais aussi que la racine en question était connue à un centième près. Il faut voir maintenant comment on avait pu parvenir à ces résultats.

Changeons x en $-x$, ce qui donne

$$70 x^4 + 140 x^3 + 90 x^2 + 20 x + 1.$$

La règle de Descartes (*) montre que l'équation transformée n'a pas de racine positive, puisqu'elle ne présente pas de variation ; d'ailleurs il est évident qu'aucun nombre positif ne peut rendre nul le premier membre. Donc la proposée n'a pas de racine négative.

(*) Une équation ne peut avoir plus de racines positives que de variation de signe d'un terme à l'autre.

INTERPOLATIONS.

Nous pouvons mettre cette équation proposée sous la forme

$$70x^3(x-2) + 10x(9x-2) + 1 = 0.$$

Alors il est facile de voir que 2 est une limite supérieure des racines positives de l'équation; en effet, pour $x = 2$, le premier membre devient positif, et pour toute autre valeur plus grande que 2, les facteurs $x-2$, $9x-2$ étant évidemment positifs, ce premier nombre sera encore positif à plus forte raison.

Les racines réelles étant donc comprises entre 0 et 2, il n'y a pas lieu de faire un tableau suffisant en substituant des nombres entiers, et nous allons passer immédiatement à la substitution des dixièmes.

La différence quatrième, qui doit être constante, se calculera directement par la formule

$$\Delta^4 = 1.2.3.4\, h^4. A.$$

Ici

$$A = 70, \quad h = 0,1 \quad \text{et} \quad h^4 = 0,0001;$$

donc

$$\delta = h^4 A = 0,007;$$

puis

$$2.3.4 = 24 \quad \text{et} \quad \Delta^4 = 0,168.$$

Ensuite, pour trouver une différence troisième, il faut faire quatre substitutions directes dans l'équation

$$70x^4 - 140x^3 + 90x^2 - 20x + 1 = 0.$$

On posera donc les valeurs de x,

$$x_0 = 0, \quad x_1 = 0,1, \quad x_2 = 0,2, \quad x_3 = 0,3,$$

ce qui donnera

$$y_0 = 1, \quad y_1 = -0,233, \quad y_2 = -0,408, \quad y_3 = -0,113.$$

On en conclura

$$\Delta y_0 = -1,233, \quad \Delta^2 y_0 = 1,058 \quad \text{et} \quad \Delta^3 y_0 = -0,588.$$

On connaît d'ailleurs

$$\Delta^4 y_0 = 0,168,$$

valeur constante.

D'après cela on forme le tableau suivant, comme nous allons le voir.

238   CHAPITRE SIXIÈME.

x	y	Δ	Δ^2	Δ^3	Δ^4
—0,1	4,047	—3,047	1,814	—0,756	0,168
0	1	—1,233	1,058	—0,588	0,168
0,1	—0,233	—0,175	0,470	—0,420	0,168
0,2	—0,408	0,295	0,050	—0,252	0,168
0,3	—0,113	0,345	—0,202	—0,084	0,168
0,4	0,232	0,143	—0,286	0,084	0,168
0,5	0,375	—0,143	—0,202	0,252	0,168
0,6	0,232	—0,345	0,050	0,420	0,168
0,7	—0,113	—0,295	0,470	0,588	
0,8	—0,408	0,175	1,058		
0,9	—0,233	1,233			
1	1				

Nous avons donc obtenu, par ces quatre substitutions directes, la ligne horizontale

$$0, \quad 1, \quad -1{,}283, \quad 1{,}058, \quad -0{,}588, \quad 0{,}168,$$

qui correspond à

$$x_0, \quad y_0, \quad \Delta y_0, \quad \Delta^2 y_0, \quad \Delta^3 y_0, \quad \Delta^4 y_0,$$

et qui suffit pour trouver les résultats des substitutions de 0,4, 0,5, etc.; voici comment il faut faire pour les obtenir.

Ajoutez

$$\Delta^4 y_0 = 0{,}168 \quad \text{avec} \quad \Delta^3 y_0 = -0{,}588,$$

vous aurez

$$\Delta^3 y_1 = -0{,}420,$$

que vous ajouterez encore à

$$\Delta^2 y_1 = 0{,}470$$

(quantité connue par les substitutions), ce qui donne

$$\Delta^2 y_2 = 0{,}050.$$

Ajoutez encore

$$\Delta y_2 = 0{,}295$$

(quantité également connue), ce qui donne
$$\Delta y_3 = 0,345;$$
enfin, ajoutez
$$y_3 = -0,113,$$
vous avez
$$y_4 = 0,232 \quad \text{pour} \quad x_4 = 0,4.$$

On ira ainsi jusqu'à
$$y_{10} = 1 \quad \text{pour} \quad x_{10} = 1,$$
en faisant toujours usage de la formule
$$\Delta^\alpha y_{\beta+1} = \Delta^\alpha y_\beta + \Delta^{\alpha+1} y_\beta,$$
qui provient de la définition des différences contenues dans l'expression
$$\Delta^{\alpha+1} y_\beta = \Delta^\alpha y_{\beta+1} - \Delta^\alpha y_\beta.$$

La séparation des quatre racines étant obtenue entre 0 et 1, il n'y a pas lieu de faire remonter le tableau au delà de $x = 0$; d'ailleurs on savait d'avance qu'il n'y avait pas de racine négative. Cependant, afin de montrer comment on pourrait faire remonter le tableau, si cela était nécessaire, au delà de la première ligne horizontale, nous allons calculer y_{-1} pour $x_{-1} = -0,1$.

Remarquons que si l'on connaissait $\Delta^3 y_{-1}$, on le retrancherait de $\Delta^3 y_0$ pour avoir $\Delta^4 y_{-1}$, que l'on sait d'avance être constant et égal à 0,168; on aurait donc
$$\Delta^3 y_0 - \Delta^3 y_{-1} = \Delta^4 y_{-1},$$
et réciproquement
$$\Delta^3 y_{-1} = \Delta^3 y_0 - \Delta^4 y_{-1} = -0,588 - 0,168 = -0,756.$$

Suivant toujours le même ordre oblique, on aura
$$\Delta^2 y_{-1} = 1,814,$$
en retranchant $-0,756$ de $\Delta^2 y_0 = 1,058$, c'est-à-dire en ajoutant 0,756. De même 1,814 retranché de $-1,233$, donne
$$\Delta y_{-1} = -3,047;$$

et enfin, $-3,047$, retranché de $y_0 = 1$, donne

$$y_{-1} = 4,047.$$

On trouverait de proche en proche les lignes horizontales supérieures, si cela était nécessaire.

88. Pour séparer les racines, si l'on n'y était pas déjà parvenu, ou pour approcher davantage de ces racines, il faut maintenant, comme nous l'avons indiqué, faire des substitutions dont l'intervalle soit dix fois plus petit.

Nous allons reprendre l'équation

$$y_n = y_0 + n\Delta y_0 + \frac{n(n-1)}{1.2}\Delta^2 y_0 + \frac{n(n-1)(n-2)}{1.2.3}\Delta^3 y_0 + \ldots$$
$$+ n(n-1)(n-2)\ldots(n-m+1)(\Delta x)^m A,$$

et voir ce qu'elle devient quand on prend une nouvelle différence

$$\Delta' x = \frac{\Delta x}{\alpha},$$

le nombre α étant généralement égal à 10.

Nous supposons donc qu'entre les deux mêmes limites x_0 et $x_n = X$ qui donnent les valeurs y_0 et $y_n = Y$, les substitutions soient maintenant en nombre $n' = \alpha n$; les valeurs extrêmes X et Y de x et de y ne changeront pas; mais les différences des divers ordres ne seront plus les mêmes, et d'abord la nouvelle différence de la variable indépendante sera

$$\Delta' x = \frac{\Delta x}{\alpha},$$

puisque l'on doit avoir

$$X = x_0 + n\Delta x = x_0 + n'\Delta' x,$$

et que

$$n' = \alpha n.$$

Ainsi, en changeant, dans l'équation précédente, n en αn, Δx en $\frac{\Delta x}{\alpha}$, et en accentuant les différences des divers ordres, on aura

$$Y = y_0 + \alpha n \Delta' y_0 + \frac{\alpha n(\alpha n - 1)}{1 \cdot 2} \Delta'^2 y_0 + \ldots$$
$$+ \alpha n (\alpha n - 1) \ldots (\alpha n - m + 1) \frac{(\Delta x)^m}{\alpha^m} \cdot A.$$

Voici donc le problème que l'on doit se proposer :

Connaissant les différences $\Delta, \Delta^2, \Delta^3, \ldots$, *qui correspondent à une certaine valeur de* Δx, *trouver les différences* $\Delta', \Delta'^2, \Delta'^3, \ldots$, *qui correspondent à*

$$\Delta' x = \frac{\Delta x}{\alpha}$$

Pour y parvenir, comparons la valeur précédente de Y à la valeur déjà connue

$$Y = y_0 + n \Delta y_0 + \frac{n(n-1)}{1 \cdot 2} \Delta^2 y_0 + \ldots$$
$$+ n(n-1) \ldots (n - m + 1)(\Delta x)^m \cdot A.$$

Comme ces deux expressions de Y doivent toujours être les mêmes, quelle que soit la valeur de n, on identifiera dans ces deux développements les coefficients de toutes les puissances de n, ce qui donnera un nombre suffisant d'équations pour déterminer Δ', Δ'^2, $\Delta'^3, \ldots$, en fonction de $\Delta, \Delta^2, \Delta^3, \ldots$.

Nous remarquerons d'abord que l'on trouve dans cette comparaison deux termes qui sont identiquement égaux : d'abord le terme indépendant de n, qui est y_0 de part et d'autre; ensuite le terme de plus haute puissance en n, c'est-à-dire de $m^{\text{ième}}$ puissance, qui est d'un côté

$$n^m (\Delta x)^m \cdot A,$$

et de l'autre

$$\alpha^m \cdot n^m \frac{(\Delta x)^m}{\alpha^m} \cdot A.$$

On voit que cela revient au même.

En égalant de part et d'autre les coefficients de n à la première puissance, on aura

$$\Delta - \frac{\Delta^2}{2} + \frac{\Delta^3}{3} - \ldots \pm 1.2.3\ldots(m-1)(\Delta x)^m A$$
$$= \alpha \left[\Delta' - \frac{\Delta'^2}{2} + \frac{\Delta'^3}{3} - \ldots \pm 1.2.3\ldots \frac{(\Delta x)^m}{\alpha^m} \cdot A \right].$$

On aura en tout $m-1$ équations de cette nature qui détermineront Δ'^{m-1}, Δ'^{m-2}, ..., Δ'^2, Δ', en fonction de Δ^{m-1}, Δ^{m-2}, ..., Δ^2, Δ.

D'ailleurs, il est clair que

$$\Delta'^m = \frac{\Delta^m}{\alpha^m}.$$

89. Nous ferons l'application de cette méthode aux équations du troisième et du quatrième degré.

Soit d'abord l'équation du troisième degré. Les deux développements déjà posés deviennent alors

$$Y = y_0 + n\Delta + \frac{n(n-1)}{2}\Delta^2 + n(n-1)(n-2)\delta,$$
$$Y = y_0 + \alpha n \Delta' + \frac{\alpha n(\alpha n - 1)}{2}\Delta'^2 + \frac{\alpha n(\alpha n - 1)(\alpha n - 2)\delta}{\alpha^3},$$

en représentant par δ le produit $(\Delta x)^m \cdot A$ qui serait ici $(\Delta x)^3 A$.

Nous aurons les trois relations

$$\alpha^3 \Delta'^3 = \Delta^3,$$
$$\frac{\Delta^2}{2} - 3\delta = \alpha^2 \left(\frac{\Delta'^2}{2} - \frac{3\delta}{\alpha^3} \right),$$
$$\Delta - \frac{\Delta^2}{2} + 2\delta = \alpha \left(\Delta' - \frac{\Delta'^2}{2} + \frac{2\delta}{\alpha^3} \right).$$

La seconde donnera

$$\alpha^2 \Delta'^2 = \Delta^2 - 6\delta \left(1 - \frac{1}{\alpha} \right),$$

et la troisième

$$\alpha \Delta' = \Delta - \frac{\Delta^2}{2} + \frac{\alpha \Delta'^2}{2} + 2\delta \left(1 - \frac{1}{\alpha^2} \right).$$

Mais si l'on veut exprimer Δ' en fonction de Δ et de Δ^2 seulement, on trouve, en éliminant Δ'^2,

$$\alpha\Delta' = \Delta - \left(1 - \frac{1}{\alpha}\right)\left[\frac{\Delta^2}{2} - \delta\left(2 - \frac{1}{\alpha}\right)\right].$$

Si $\alpha = 10$, on a les formules

$$1000\Delta'^3 = \Delta^3,$$

$$100\Delta'^2 = \Delta^2 - \frac{54\delta}{10} = \Delta^2 - 6\gamma,$$

$$10\Delta' = \Delta - \frac{9}{10}\cdot\frac{\Delta^2}{2} + \frac{171\delta}{100} = \Delta - \frac{9}{10}\cdot\frac{\Delta^2}{2} + \frac{19\gamma}{10},$$

en posant $\gamma = \dfrac{9\delta}{10}$.

Passons à l'équation du quatrième degré, nous avons les deux développements,

$$Y = y_0 + n\Delta + \frac{n(n-1)}{2}\Delta^2 + \frac{n(n-1)(n-2)}{6}\Delta^3$$
$$+ n(n-1)(n-2)(n-3)\delta,$$

$$Y = y_0 + \alpha n\Delta' + \frac{\alpha n(\alpha n-1)}{2}\Delta'^2 + \frac{\alpha n(\alpha n-1)(\alpha n-2)}{6}\Delta'^3$$
$$+ \frac{\alpha n(\alpha n-1)(\alpha n-2)(\alpha n-3)}{\alpha^4}\delta,$$

dans lesquels
$$\delta = (\Delta x)^4 \cdot A.$$

On aura les relations

$$\alpha^4 \Delta'^4 = \Delta^4,$$

$$\frac{\Delta^3}{6} - 6\delta = \alpha^3\left(\frac{\Delta'^3}{6} - \frac{6\delta}{\alpha^4}\right),$$

$$\frac{\Delta^2}{2} - \frac{\Delta^3}{2} + 11\delta = \alpha^2\left(\frac{\Delta'^2}{2} - \frac{\Delta'^3}{2} + \frac{11\delta}{\alpha^4}\right),$$

$$\Delta - \frac{\Delta^2}{2} + \frac{\Delta^3}{3} - 6\delta = \alpha\left(\Delta' - \frac{\Delta'^2}{2} + \frac{\Delta'^3}{3} - \frac{6\delta}{\alpha^4}\right),$$

dont les trois dernières reviennent encore à

$$\alpha^3 \Delta'^3 = \Delta^3 - 36\delta \left(1 - \frac{1}{\alpha}\right),$$

$$\alpha^2 \Delta'^2 = \Delta^2 - \Delta^3 + \alpha^2 \Delta'^3 + 22\delta \left(1 - \frac{1}{\alpha^2}\right),$$

$$\alpha \Delta' = \Delta - \frac{\Delta^2}{2} + \frac{\Delta^3}{3} + \frac{\alpha \Delta'^2}{2} - \frac{\alpha \Delta'^3}{3} - 6\delta \left(1 - \frac{1}{\alpha^3}\right).$$

On pourrait éliminer Δ'^3 et Δ'^2, afin d'avoir Δ'^2 et Δ' en fonction de Δ, Δ^2 et Δ^3; mais cela serait moins simple dans la pratique.

Si $\alpha = 10$, ces formules deviennent

$$10\,000\, \Delta'^4 = \Delta^4,$$

$$1\,000\, \Delta'^3 = \Delta^3 - \frac{\delta.36.9}{10},$$

$$100\, \Delta'^2 = \Delta^2 - \Delta^3 + 100\, \Delta'^3 + \frac{\delta.22.99}{100},$$

$$10\, \Delta' = \Delta - \frac{\Delta^2}{2} + \frac{\Delta^3}{3} + \frac{10\, \Delta'^2}{2} - \frac{10\, \Delta'^3}{3} - \frac{\delta.6.999}{1000}.$$

Mais posons encore $\gamma = \dfrac{9\delta}{10}$, et il restera

$$10\,000\, \Delta'^4 = \Delta^4,$$

$$1\,000\, \Delta'^3 = \Delta^3 - 36\gamma,$$

$$100\, \Delta'^2 = \Delta^2 - \Delta^3 + 100\, \Delta'^3 + \frac{242\gamma}{10},$$

$$10\, \Delta' = \Delta - \frac{\Delta^2}{2} + \frac{\Delta^3}{3} + \frac{10\, \Delta'^2}{2} - \frac{10\, \Delta'^3}{3} - \frac{666\gamma}{100}.$$

Nous terminerons ce numéro par une observation qui s'étend aux équations de *tous les degrés* à coefficients rationnels, qu'il est toujours facile de ramener à n'avoir que des coefficients entiers, en multipliant par le plus grand commun diviseur de tous les coefficients. Voici cette observation, qui permettra souvent de reconnaître si l'on a commis des erreurs dans le calcul des différences.

Quand on divise une différence d'ordre quelconque par 2, 3, 4, 5,..., enfin par le nombre qu'indique la formule, pour obtenir Δ', Δ'^2, Δ'^3,..., *cette division ne doit jamais donner de fractions décimales périodiques.* En effet, s'il en était autrement, ces différences Δ', Δ'^2,... auraient plus de chiffres décimaux que n'en comporterait la substitution de la valeur correspondante de x dans le polynôme y à coefficients entiers.

90. Revenons maintenant à l'équation

$$70x^4 - 140x^3 + 90x^2 - 20x + 1 = 0,$$

dans laquelle nous avons déjà séparé les quatre racines au moyen du tableau des dixièmes, et cherchons à en approcher davantage par celui des centièmes; nous considérerons d'abord la première racine comprise entre 0 et 0,1.

On a obtenu, pour $x = 0$ et $\Delta x = 0,1$, les valeurs

$$y = 1, \quad \Delta = -1,233, \quad \Delta^2 = 1,058,$$
$$\Delta^3 = -0,588 \quad \text{et} \quad \Delta^4 = 0,168.$$

Cherchons maintenant

$$\gamma = \frac{9\delta}{10} = \frac{9 \cdot (\Delta x)^4 \cdot A}{10}.$$

Ici $(\Delta x)^4 = 0,0001$, $A = 70$, ce qui donne

$$\gamma = 63 \cdot 0,0001 = 0,0063.$$

Les relations obtenues deviendront

$$\Delta'^4 = 0,0000168,$$
$$1000\,\Delta'^3 = \Delta^3 - 0,2268,$$
$$100\,\Delta'^2 = \Delta^2 - \Delta^3 + 100\,\Delta'^3 + 0,15246,$$
$$10\,\Delta' = \Delta - \frac{\Delta^2}{2} + \frac{\Delta^3}{3} + \frac{10\,\Delta'^2}{2} - \frac{10\,\Delta'^3}{3} - 0,041958.$$

Ces égalités serviront pour toutes les racines de l'équation proposée, mais pour celle que nous considérons entre 0 et 0,1, et dont nous avons posé les valeurs de Δ, Δ^2 et Δ^3, on trouve

$$\Delta' = -0,1911393, \quad \Delta'^2 = 0,0171698, \quad \Delta'^3 = -0,0008148;$$

ce qui donne le tableau suivant :

x	y	Δ'	Δ'^2	Δ'^3	Δ'^4
0	1	—0,1911393	0,0171698	—0,0008148	0,0000168
0,01	0,8088607	—0,1739695	0,0163550	—0,0007980	0,0000168
0,02	0,6348912	—0,1576145	0,0155570	—0,0007812	0,0000168
0,03	0,4772767	—0,1420575	0,0147758	—0,0007644	0,0000168
0,04	0,3352192	—0,1272817	0,0140114	—0,0007476	
0,05	0,2079375	—0,1132703	0,0132638		
0,06	0,0946672	—0,1000065			
0,07	—0,0053393				

La première ligne de ce tableau, en y comprenant $y_0 = 1$, suffira pour former toutes les autres; en effet, on aura

$$\Delta'^3 y_1 = \Delta'^3 y_0 + \Delta'^4 y_0,$$

c'est-à-dire qu'on obtiendra

$$-0,0007980$$

en ajoutant $-0,0008148$ avec $0,0000618$; de même, on aura

$$0,0163550$$

en ajoutant $0,0171698$ avec $-0,0008148$, et ainsi de suite. On trouvera enfin que la substitution de $0,07$ fait changer le signe de y, de sorte que la première racine est comprise entre $0,06$ et $0,07$. Nous renverrons au n° 15 pour en approcher davantage, par la méthode de Newton.

Voici le tableau semblable pour la seconde racine, comprise entre $0,3$ et $0,4$:

INTERPOLATIONS.

x	y	Δ'	Δ'^2	Δ'^3	Δ'^4
0,30	−0,113	0,0377247	0,0000338	−0,0003108	0,0000168
0,31	−0,0752753	0,0377585	−0,0002770	−0,0002940	
0,32	−0,0375168	0,0374815	−0,0005710		
0,33	−0,0000353	0,0369105			
0,34	0,0368752				

Ainsi, cette seconde racine est comprise entre 0,33 et 0,34, mais plus près de 0,33.

Nous calculerons encore la troisième racine, à partir de $x = 0,6$:

x	y	Δ'	Δ'^2	Δ'^3	Δ'^4
0,60	0,232	−0,0282513	−0,0019822	0,0001932	0,0000168
0,61	0,2037487	−0,0302335	−0,0017890	0,0002100	0,0000168
0,62	0,1735152	−0,0320225	−0,0015790	0,0002268	0,0000168
0,63	0,1414927	−0,0336015	−0,0013522	0,0002436	0,0000168
0,64	0,1078912	−0,0349537	−0,0011086	0,0002604	
0,65	0,0729375	−0,0360623	−0,0008482		
0,66	0,0368752	−0,0369105			
0,67	−0,0000353				

Nous nous dispenserons de former le tableau analogue pour la quatrième racine, qui s'obtient en comparant le coefficient -2 de x^3 dans l'équation proposée

$$x^4 - 2x^3 + \frac{9}{7}x^2 - \frac{2}{7}x + \frac{1}{70} = 0,$$

avec la somme des trois autres racines.

Mais après avoir trouvé ces quatre racines, que nous indiquerons par $x', x'', x''', x^{\text{IV}}$, suivant leur ordre de grandeur, nous remarquerons que

$$x' + x^{\text{IV}} = 1 \quad \text{et que} \quad x'' + x''' = 1,$$

observation qui nous permettra d'abaisser le degré de l'équation et d'approcher davantage des racines.

Pour y parvenir nous poserons, comme nous l'avons fait à la fin du second chapitre, dans une circonstance analogue,

$$x = t + \frac{1}{2},$$

ce qui nous donnera

$$70\,t^4 - 105\,t^2 + \frac{3}{8} = 0,$$

équation bicarrée, d'où l'on tirera facilement les quatre valeurs

$$x' = 0,0694318442029754,$$
$$x'' = 0,3300094782075677,$$
$$x''' = 0,6699905217924323,$$
$$x^{\text{IV}} = 0,9305681557970246.$$

Nous terminerons ces considérations sur la manière de former les tableaux des différences par la remarque suivante :

Ce serait une erreur de croire qu'un nombre est limite supérieure des racines positives d'une équation par cela seul que la ligne horizontale correspondante ne contient que des nombres positifs, ce qui fait qu'il en est de même dans toutes les lignes inférieures pour des valeurs de x plus grandes. En effet, il pourrait exister entre deux de ces valeurs un nombre *pair* de racines. Ainsi l'équation

$$x^3 + 11\,x^2 - 102\,x + 181 = 0,$$

dans laquelle la substitution de $x = 3$, avec $\Delta x = 1$, donne

$$y = 1, \quad \Delta = 12, \quad \Delta^2 = 46 \quad \text{et} \quad \Delta^3 = 6,$$

a deux racines plus grandes que 3, qui sont, à un centième près, 3,21 et 3,22.

91. Nous n'avons parlé jusqu'ici que des équations à coefficients rationnels, qu'il est facile de ramener à n'avoir que des coefficients entiers : dans cette circonstance $\Delta^m y_0$ étant constant et

les différences suivantes étant nulles, on exprime y_n ou Y par une série d'un nombre limité de termes. Mais il n'en est plus de même pour les équations transcendantes, auxquelles on applique d'ordinaire la méthode des différences.

Cependant, quand les différences d'ordres consécutifs vont en diminuant continuellement, on peut résoudre l'équation transcendante par le même procédé qu'une équation ordinaire. En effet, quand on aura fini par trouver une différence d'un certain ordre tellement petite, qu'on puisse la négliger sans sortir des limites de l'approximation que l'on désire, il est évident que toutes les différences suivantes seront également nulles, et que la différence précédente, à laquelle on arrêtera la série, sera constante.

Ainsi tout se passera comme dans les numéros précédents, sauf pourtant que les différences successives ne seront plus exactement divisibles par les nombres 2, 3, 4, 5,..., qui se trouvent en dénominateurs dans les formules, comme nous l'avons vu à la fin du n° 89; cependant l'observation que nous avions faite subsiste dans la pratique, car il est clair qu'on ne doit pas calculer de décimales d'un ordre plus élevé que celles qui se trouvent dans la différence que l'on néglige.

Nous nous dispenserons de donner un exemple de solution pour une équation transcendante, puisque les calculs sont absolument analogues à ceux que nous avons déjà faits; mais nous appliquerons ce que nous avons dit à la construction des Tables de logarithmes, afin de montrer comment on trouve les différences négligeables.

Soient $y = \mathrm{L}x$, et $h = \Delta x$ la différence constante entre deux valeurs consécutives de x; on aura

$$y_1 = \mathrm{L}(x+h) = \mathrm{L}x + \mathrm{L}\left(1 + \frac{h}{x}\right)$$
$$= \mathrm{L}x + \mathrm{M}\left(\frac{h}{x} - \frac{h^2}{2\,x^2} + \frac{h^3}{3\,x^3} - \cdots\right),$$

d'où l'on tirera $y_2, y_3, \ldots$, en mettant $2h, 3h, \ldots$, au lieu de h, ce qui donnera

$$\Delta y = M\left(\frac{h}{x} - \frac{h^2}{2\,x^2} + \frac{h^3}{3\,x^3} - \ldots\right),$$

$$\Delta^2 y = -M\left(\frac{h^2}{x^2} - \frac{2\,h^3}{x^3} + \ldots\right),$$

$$\Delta^3 y = M\left(\frac{2\,h^3}{x^3} - \ldots\right).$$

On poussera ces suites, suivant la grandeur du nombre x, jusqu'à ce que la dernière différence soit assez petite pour être négligée sans erreur sensible, d'après la nature de l'approximation désirée.

Si l'on avait, par exemple,

$$x = 10000 \quad \text{et} \quad h = 1,$$

on trouverait, en se rappelant la valeur du module des logarithmes ordinaires, $M = 0,434\,294\,481\,903\,2518$,

$$\Delta y = 0,00004\,34272\,76863,$$
$$\Delta^2 y = -0,00000\,00043\,42076,$$
$$\Delta^3 y = 0,00000\,00000\,00868,$$

et il est évident que, si l'on ne voulait avoir les derniers résultats qu'avec dix chiffres seulement, on pourrait, sans crainte d'erreur sensible, négliger longtemps les différences du quatrième ordre; car il faudrait qu'elles fussent répétées un grand nombre de fois pour influer sur la différence troisième. On formera donc une première ligne horizontale avec la valeur initiale $y = 4$ pour $x = 10000$, et les trois différences que nous venons de calculer, et dont la dernière est regardée comme constante. D'après cela, on sait que le tableau pourra être continué assez loin, et l'on calculera les logarithmes des nombres 10001, 10002, 10003, etc.

Il faudrait faire le calcul avec quinze décimales, afin de reconnaître quand l'accumulation des quantités négligées pourrait influer sur le dernier chiffre qu'on se propose de conserver, ce dont on s'assure au moyen de quelques logarithmes calculés rigoureusement à des intervalles éloignés. Lorsque le dernier des dix chif-

INTERPOLATIONS. 251

fres que l'on veut conserver cesserait d'être exact, ce qui n'aurait pas encore lieu pour le nombre 10050, on calculerait de nouveau à priori les différences Δy, $\Delta^2 y$, $\Delta^3 y$, et l'on se servirait des nouvelles valeurs comme des précédentes pour obtenir les logarithmes des nombres entiers qui suivent celui auquel on a dû s'arrêter.

92. Jusqu'à présent nous n'avons inséré entre les limites extrêmes x_0 et $x_n = X$ que des valeurs de x en progression arithmétique; nous allons maintenant chercher la valeur de y correspondant à une valeur de x quelconque, c'est-à-dire pouvant être prise en dehors de cette progression

$$x_0, \quad x_0 + 2h, \quad x_0 + 3h, \ldots, \quad x_0 + nh,$$

dans laquelle $h = \Delta x$ est toujours constant. Cependant x devra être généralement compris entre x_0 et x_n.

Reprenons le développement connu

$$y_n = y_0 + n \Delta y_0 + \frac{n(n-1)}{1.2} \Delta^2 y$$
$$+ \frac{n(n-1)(n-2)}{1.1.3} \Delta^3 y_0 + \ldots + \Delta^n y_0 \quad (85),$$

et qui se compose nécessairement d'un nombre limité de termes, puisque n est un nombre entier; car $n + 1$ substitutions ne peuvent évidemment donner de différence d'un ordre supérieur à Δ^n.

On a, en général,

$$n = \frac{x - x_0}{h},$$

en appelant x au lieu de x_n une quelconque de ces $n + 1$ valeurs attribuées à la variable indépendante. En effet, cette relation $n = \frac{x - x_0}{h}$ sera évidente pour toutes les valeurs de x depuis x_0 jusqu'à x_n, c'est-à-dire pour toutes celles de n depuis 0 jusqu'à n.

La série pourra donc s'écrire sous la forme suivante :

$$y_n = y_0 + \frac{x - x_0}{h} \Delta y_0 + \frac{(x - x_0)(x - x_0 - h)}{1.2.h^2} \Delta^2 y_0$$
$$+ \frac{(x - x_0)(x - x_0 - h)(x - x_0 - 2h)}{1.2.3.h^3} \Delta^3 y_0 + \ldots + \Delta^n y_0.$$

CHAPITRE SIXIÈME.

Puisque ce développement a été obtenu en formant les différences Δy_0, Δy_0,..., relatives aux valeurs $x_0, x_1, x_2, \ldots, x_n$, il est clair que, réciproquement, si l'on y substitue successivement ces $n+1$ valeurs de x, on obtiendra les $n+1$ valeurs correspondantes $y_0, y_1, y_2, \ldots, y_n$.

Cela posé, voici comment on peut étendre la formule à des valeurs de x non comprises dans une progression arithmétique.

Puisque cette formule est vraie pour les $n+1$ valeurs depuis x_0 jusqu'à $x_n = X$, *on peut admettre* (*) *qu'elle l'est aussi pour toutes les valeurs intermédiaires de* x; Δy_0, $\Delta^2 y_0$,..., conservant toujours leurs valeurs primitives. Seulement, pour une quelconque de ces valeurs de x, le rapport $\dfrac{x-x_0}{h}$ ne sera plus un nombre entier; c'est pourquoi on le représente, en général, par z.

On aura donc

$$y = x_0 + z\Delta y_0 + \frac{z(z-1)}{1.2}\Delta^2 y_0 + \frac{z(z-1)(z-2)}{1.2.3}\Delta^3 y_0 + \ldots$$
$$+ \frac{z(z-1)(z-2)\ldots(z-n+1)}{1.2.3\ldots n}\Delta^n y_0;$$

en appelant y la valeur que l'on obtient quand on pose

$$x = hz + x_0,$$

comme cela résulte de la relation

$$z = \frac{x-x_0}{h}.$$

Avant d'aller plus loin, nous devons examiner quelles restrictions on doit reconnaître à la vérité de l'énoncé relatif aux valeurs de x *intermédiaires* entre x_0 et x_n, et sur lequel repose la formule précédente.

Nous remarquerons d'abord que ce théorème est rigoureusement vrai, si la fonction donnée y est un polynôme entier de

---

(*) Sauf une restriction que nous verrons bientôt.

INTERPOLATIONS.

degré m, par rapport à x, pourvu que l'on ait $n \geq m$. En effet, si $n = m$, la dernière différence $\Delta_n y_0$ est constante, par conséquent les différences suivantes sont nulles : si $n > m$, la série des différences s'arrête avant $\Delta_n y_0$. Donc la relation

$$y = x_0 + z\,\Delta y_0 + \frac{z(z-1)}{1.2}\Delta^2 y_0 + \frac{z(z-1)(z-2)}{1.2.3}\Delta^3 y_0 + \ldots$$

doit être regardée comme complétement identique avec le polynôme proposé

$$y = A x^m + A_1 x^{m-1} + A_2 x^{m-2} + \ldots,$$

et l'on vérifierait dans chaque exemple de cette nature l'identité de ces deux expressions de y, en substituant

$$z = \frac{x - x_0}{h}$$

et en faisant quelques réductions : ainsi une valeur quelconque de x, même au delà ou en deçà des limites x_0 et x_n, donne le même résultat de part et d'autre.

Mais si les conditions précédentes ne sont plus remplies, les choses peuvent se passer autrement. L'identité de la fonction

$$y = f(x)$$

et de la série qui développe y en fonction de z, ne sera plus évidente, comme nous l'avons dit, que pour les valeurs de y qui correspondent aux $n+1$ valeurs de x en progression arithmétique, et pour toutes les autres valeurs de x l'égalité n'aura lieu qu'avec une approximation plus ou moins satisfaisante.

Pour savoir si l'on pourra, en général, se contenter de cette approximation, nous remarquerons qu'elle sera d'autant plus sûre que la série

$$y = y_0 + z\,\Delta y_0 + \frac{z(z-1)}{1.2}\Delta^2 y_0 + \frac{z(z-1)(z-2)}{1.2.3}\Delta^3 y_0 + \ldots$$

se rapprochera plus de ce qu'elle aurait été pour un polynôme entier de x; nous aurions eu alors, dans le dernier terme, une différence qui serait restée constante, même si l'on avait continué la série des valeurs de x dans la progression arithmétique et cherché les valeurs de y correspondantes avec leurs différences successives. Il faut donc, pour admettre l'approximation indiquée, que le dernier terme de la série contienne aussi une différence que l'on puisse à peu près regarder comme constante, afin que les différences suivantes soient négligeables, relativement au degré de précision que l'on veut obtenir.

Ainsi, pour faire usage de cette série

$$y = y_0 + z \Delta y_0 + \frac{z(z-1)}{1.2} \Delta^2 y_0 + \frac{z(z-1)(z-2)}{1.2.3} \Delta^2 y_0 + \ldots,$$

dans laquelle on a toujours

$$z = \frac{x - x_0}{h},$$

il faut que les $n+1$ substitutions des valeurs primitives de x soient assez nombreuses et assez rapprochées, pour que $\Delta^n y_0$ puisse être regardé comme constant et les différences suivantes comme nulles : c'est-à-dire que, si l'on insérait après x_n d'autres valeurs de x suivant la même progression arithmétique et si l'on calculait les valeurs correspondantes de y avec leurs différences, $\Delta^n y_0$ demeurerait constant avec une approximation suffisante, du moins dans un certain intervalle.

Enfin, nous rappellerons que cette formule ne s'applique que pour les valeurs de x comprises entre x_0 et x_n, sauf cet intervalle où l'on peut étendre la formule.

Ce procédé est généralement assez expéditif, parce qu'on ne fait que le nombre de substitutions nécessaires pour arriver à $\Delta^n y_0 =$ constante, et que le nombre n n'est pas d'ordinaire bien considérable quand les substitutions sont assez rapprochées. Comme application de la formule précédente, nous allons calculer le logarithme de

$$\pi = 3,1415926536.$$

INTERPOLATIONS.

Posons
$$y = L x,$$
et cherchons dans la Table les logarithmes de 3,14; 3,15; 3,16; 3,17; 3,18; nous aurons le tableau suivant:

x	y	Δ	Δ^2	Δ^3	Δ^4
3,14	0,4969296481	0,0013809057	−0,0000043769	0,0000000277	−0,0000000003
3,15	0,4983105538	0,0013765288	−0,0000043492	0,0000000274	
3,16	0,4996870826	0,0013721796	−0,0000043218		
3,17	0,5010592622	0,0013678578			
3,18	0,5024271200				

Nous n'insisterons pas sur la formation des différences qui est déjà connue.

En s'arrêtant aux différences quatrièmes, on a la formule

$$y = y_0 + z \Delta y_0 + \frac{z(z-1)}{1.2} \Delta^2 y_0 + \frac{z(z-1)(z-2)}{1.2.3} \Delta^3 y_0$$
$$+ \frac{z(z-1)(z-2)(z-3)}{1.2.3.4} \Delta^4 y_0 \quad (*).$$

(*) Il est facile de voir pourquoi nous écrivons ici
$$\frac{z(z-1)(z-2)(z-3)}{1.2.3.4} \Delta^4 y_0 \quad \text{et non pas} \quad \Delta^4 y_0;$$
de même que, dans la formule générale qui donne y en fonction de z, nous avons écrit
$$\frac{z(z-1)(z-2)\ldots(z-n+1)}{1.2.3\ldots n} \Delta^n y_0 \quad \text{et non pas} \quad \Delta^n y_0,$$
comme dans la formule du n° 85. En effet, la loi de formation des termes donne nécessairement
$$\frac{z(z-1)(z-2)\ldots(z-n+1)}{1.2.3\ldots n} \Delta^n y_0;$$
mais si $z = n$, comme dans le numéro cité, il est clair que
$$\frac{z(z-1)(z-2)\ldots(z-n+1)}{1.2.3\ldots n} = 1;$$
au contraire, quand z a une valeur quelconque, ce coefficient ne se réduit point à l'unité.

CHAPITRE SIXIÈME.

On a toujours
$$z = \frac{x - x_0}{h};$$

ici $h = 0,01$, $x = \pi$, $x_0 = 3,14$, ce qui donne
$$z = 0,15926536.$$

Ensuite
$$\frac{z-1}{2} = \frac{z}{2} - 0,5 = -0,42036732,$$

$$\frac{z-2}{3} = \frac{z}{3} - 0,66666666 = -0,61357821,$$

$$\frac{z-3}{4} = \frac{z}{4} - 0,75 = -0,71018366.$$

Comme on connaît les valeurs déjà obtenues

$$y_0 = 0,4969296481, \quad \Delta y_0 = 0,0013809057,$$
$$\Delta^2 y_0 = -0,0000043769, \quad \Delta^3 y_0 = 0,0000000277,$$

et
$$\Delta^4 y_0 = -0,0000000003,$$

on trouvera
$$y = L.\pi = 0,4971498726.$$

On peut donc au moyen d'une Table contenant seulement les logarithmes des nombres de trois chiffres, tels que 314, 315,..., avec dix décimales, calculer avec la même approximation le logarithme d'un nombre quelconque, tel que π, pourvu que l'on connaisse également dix décimales de ce nombre.

On pourrait douter de cette approximation, parce que l'erreur est cent fois plus faible dans y_0 que dans z; mais les plus hautes unités de Δy_0 sont inférieures de deux rangs à celles de y_0; cela fait donc compensation dans le terme $z\Delta y_0$, où l'erreur est du même ordre que dans y_0, puisqu'elle se mesure en faisant le produit des plus hautes unités de l'un des facteurs par l'erreur de l'autre. On conçoit qu'il y aurait également compensation pour les autres termes de la série.

INTERPOLATIONS.

93. Si $h = \Delta x$ est très-petit, il peut arriver que la série

$$y = y_0 + z\Delta y_0 + \frac{z(z-1)}{1.2}\Delta^2 y_0 + \ldots$$

soit assez rapidement convergente pour qu'on se contente d'un très-petit nombre de termes. Si nous admettons même que la différence première Δ_{y_0} puisse être regardée comme constante, nous aurons

$$y = y_0 + z\Delta y_0,$$

ce qui revient à

$$y = y_0 + (x - x_0)\frac{\Delta y_0}{\Delta x},$$

ou bien

$$\frac{y - y_0}{x - x_0} = \frac{\Delta y_0}{\Delta x},$$

c'est-à-dire que *l'accroissement de la fonction est proportionnel à celui de la variable*, puisque $\frac{\Delta y_0}{\Delta x}$ est constant.

Telle est la proportion dont on fait un usage continuel dans les calculs logarithmiques, et qui sert à trouver quelques chiffres de plus des nombres ou des logarithmes.

Telle est aussi la base de la méthode que nous avons employée dans le n° 23 sous le nom de *méthode des parties proportionnelles*, ou de *règle de fausse position*. Elle nous a servi pour obtenir des approximations successives, parce qu'elle ne peut généralement donner du premier coup une approximation suffisante.

94. Tout ce que nous avons dit sur l'interpolation au moyen des différences supposait $n + 1$ substitutions faites à des intervalles égaux. Si, au contraire, les substitutions étaient faites à des intervalles quelconques, voici une méthode, due à Lagrange, qui permet d'interpoler très-simplement dans ce cas général :

Soient encore $y_0, y_1, y_2, \ldots, y_n$ les valeurs de y qui correspondent aux $n + 1$ valeurs de x, cette fois non équidistantes, $x_0, x_1, x_2, \ldots, x_n$, nous poserons

$$y = X_0 y_0 + X_1 y_1 + X_2 y_2 + \ldots + X_\alpha y_\alpha + \ldots + X_n y_n,$$

et nous chercherons à déterminer les quantités X_0, X_1.... Prenons une quelconque d'entre elles X_α; il est clair que X_α doit se réduire à zéro pour toute valeur de x, autre que α : on peut donc poser

$$X_\alpha = A_\alpha (x - x_0)(x - x_1)\ldots(x - x_n),$$

produit de tous les facteurs analogues, sauf $x - x_\alpha$.

Mais pour que $x = x_\alpha$ donne $y = y_\alpha$, il faut aussi que X_α se réduise à l'unité pour $x = x_\alpha$, ce qui donne

$$A_\alpha = \frac{1}{(x_\alpha - x_0)(x_\alpha - x_1)(x_\alpha - x_2)\ldots(x_\alpha - x_n)};$$

on a donc enfin

$$X_\alpha = \frac{(x - x_0)(x - x_1)(x - x_2)\ldots(x - x_n)}{(x_\alpha - x_0)(x_\alpha - x_1)(x_\alpha - x_2)\ldots(x_\alpha - x_n)},$$

valeur générale d'où l'on tire celle de tous les coefficients : par exemple, on a

$$X_0 = \frac{(x - x_1)(x - x_2)\ldots(x - x_n)}{(x_0 - x_1)(x_0 - x_2)\ldots(x_0 - x_n)}.$$

Cette méthode consiste, comme on le voit, à remplacer par un polynôme de degré n la fonction dont on connaît $n+1$ valeurs. Ainsi dans le n° **77**, la fonction y était l'accroissement de la longueur de l'année à partir de la valeur de l'année moyenne : nous savions que cet accroissement était nul à l'origine, c'est-à-dire que $x_0 = 0$ donnait $y_0 = 0$; nous connaissions aussi les deux valeurs de y, 54 siècles avant l'origine, et 52,4 siècles après l'origine, ce qui nous donnait trois valeurs pour représenter y, au moyen d'un polynôme du second degré. Seulement cet exemple était tellement simple, que l'on a trouvé les coefficients par l'élimination directe, sans avoir besoin de la méthode que nous venons d'exposer.

95. Pour bien faire voir que le problème de l'interpolation est essentiellement indéterminé, nous allons modifier la méthode précédente d'une manière qui pourra d'ailleurs être utile dans plusieurs circonstances.

Au lieu de poser
$$X_\alpha = A_\alpha (x - x_0)(x - x_1)\ldots(x - x_n),$$
en faisant le produit de tous les facteurs de cette nature, excepté $x - x_\alpha$, nous pourrions écrire
$$X_\alpha = A_\alpha . \sin . a_\alpha (x - x_0) \sin . b_\alpha (x - x_1) \ldots \sin . m_\alpha (x - x_n),$$
produit dans lequel figureraient tous les arcs analogues, excepté $x - x_\alpha$, les coefficients $a_\alpha, b_\alpha, \ldots, m_\alpha$ étant complétement arbitraires.

En effet, il est clair que X_α, ainsi déterminé, sera nul pour toute valeur de x autre que x_α. Nous déterminerons encore A_α par la condition que x_α donne y_α, d'où l'on tire
$$X_\alpha = \frac{\sin a_\alpha (x - x_0) \sin b_\alpha (x - x_1) \ldots \sin m_\alpha (x - x_n)}{\sin a_\alpha (x_\alpha - x_0) \sin b_\alpha (x_\alpha - x_1) \ldots \sin m_\alpha (x'_\alpha - x_n)}.$$

Dans une autre expression de la même nature, les coefficients de multiplicité des arcs pourront différer des nombres $a_\alpha, b_\alpha, \ldots$, puisqu'ils seront également arbitraires.

On aurait pu employer les tangentes au lieu des sinus, et l'on aurait eu des formules analogues. Toutes ces expressions de y sont nécessairement égales pour les $n + 1$ valeurs qui ont servi à les établir, mais elles diffèrent plus ou moins pour les valeurs intermédiaires. Cependant ces discordances ne doivent pas être trop considérables, si les $n + 1$ valeurs de x sont assez rapprochées pour que l'interpolation soit susceptible d'une précision suffisante.

CHAPITRE VII.

THÉORIE DES COURBES PLANES.

96. Nous avons eu déjà plusieurs occasions de reconnaître qu'une construction graphique, mettant sous les yeux la marche et les propriétés d'une fonction, était un puissant auxiliaire pour éclaircir et diriger les calculs. Quelques considérations sur les courbes planes, dont les deux coordonnées pourront être considérées comme la variable indépendante et comme la fonction correspondante, seront donc le complément indispensable de cet ouvrage; d'ailleurs cette étude nous donnera souvent l'occasion d'appliquer les principes déjà posés sur les approximations.

DU CENTRE.

On appelle *centre* d'une courbe un point tel, que toute corde qui y passe s'y trouve divisée en deux parties égales.

Lorsque la courbe a un centre, et que ce centre est pris pour origine des coordonnées, l'équation de la courbe devra être satisfaite par $-x$ et $-y$, si elle l'est par x et y, quelle que soit la direction des axes. Par conséquent, si l'équation est de degré pair, elle ne doit contenir que des termes de degré pair; si, au contraire, elle est de degré impair, elle ne doit contenir que des termes de degré impair. Ainsi l'origine est le centre de la courbe qui a pour équation

$$x^3 - y^2.x + y = 0.$$

Mais il peut se faire que la courbe ait un centre sans que l'origine des coordonnées s'y trouve placée. Soient alors a et b les coordonnées inconnues de ce centre, nous y transporterons l'origine, c'est-à-dire que nous changerons x en $x + a$ et y en $y + b$, sans changer la direction des axes. Nous établirons ensuite les conditions nécessaires pour que l'équation transformée ne conserve, suivant son degré, que des termes de puissance paire, ou bien de puissance impaire, comme on vient de le voir, et les équations de condition détermineront a et b, si réellement la courbe donnée a un centre.

Dans l'équation polaire
$$\rho = f(\omega),$$
on reconnaît que l'origine est un centre si l'on a
$$f(\pi + \omega) = f(\omega).$$

DES DIAMÈTRES.

On appelle *diamètre* le lieu géométrique des milieux d'une série de cordes parallèles. Il est clair, d'après cette définition, que, dans une courbe à centre, tous les diamètres passent par ce centre.

Nous savons que, dans les courbes du second degré, tous les diamètres sont rectilignes; mais il n'en est pas ainsi pour toutes les courbes.

La recherche de l'équation générale des diamètres nous entraînerait trop loin; mais la forme de l'équation de la courbe permet quelquefois de trouver les diamètres, rectilignes ou curvilignes, des cordes parallèles aux axes, si cette équation peut se résoudre de manière à donner
$$y = f(x) \pm \varphi(x).$$
On voit alors que l'équation
$$y = f(x)$$
est celle du diamètre qui divise en deux parties égales les cordes parallèles à l'axe des y, puisque, si l'on porte au-dessus et au-dessous d'un point de cette ligne, pour une valeur quelconque de x, une quantité $\varphi(x)$ dans le sens des ordonnées, on a deux points de la courbe donnée (*).

(*) On trouvera ainsi que l'hyperbole représentée par $y = \dfrac{1}{2x}$ est un diamètre de la courbe qui a pour équation
$$x^3 - y^2 x + y = 0.$$

On appelle *axe* d'une courbe toute droite qui divise la courbe en deux parties parfaitement égales et symétriques. De cette définition il résulte qu'un axe est un diamètre perpendiculaire aux cordes qui lui correspondent. On pourrait, d'après cela, déterminer les axes par le calcul, mais cela est généralement inutile, parce que les axes de la courbe sont pris d'ordinaire pour axes des coordonnées, ou du moins parallèles à ces coordonnées.

DES TANGENTES.

97. I. On nomme *tangente* à une courbe en un point donné, la limite vers laquelle tend la direction d'une sécante que l'on fait tourner autour de ce point, jusqu'à ce qu'un second point d'intersection, se rapprochant indéfiniment du premier, vienne coïncider avec lui.

Soit
$$f(x, y) = 0$$
l'équation d'une courbe à laquelle on veut mener une tangente par un point dont les coordonnées sont x' et y'; nous commencerons par transporter l'origine en ce point sans changer la direction des axes; il suffira pour cela de changer x en $x + x'$ et y en $y + y'$. La nouvelle équation pourra alors se mettre sous la forme
$$Ax + By + Cx^2 + Dxy + Ey^2 + \ldots = 0,$$
en développant tous les termes qui la composent suivant les puissances de x et de y. Nous ne mettons point de terme indépendant des variables, parce que l'origine est devenue un point de la courbe. Il est clair d'ailleurs que les coefficients $A, B, \ldots$, dépendent de x' et y'.

Cela posé, une droite quelconque, passant par cette origine, aura une équation de la forme
$$y = ax,$$
et l'on reconnaîtra que cette droite est tangente si son équation est identique avec celle de la courbe pour des valeurs très-petites de x et de y. Négligeons donc, dans l'équation de la courbe, le produit et les puissances supérieures de ces variables, nous

aurons
$$Ax + By = 0,$$
ce qui donne
$$\lim \frac{y}{x} = -\frac{A}{B},$$
tandis que l'équation de la droite nous donne
$$\lim \frac{y}{x} = a.$$
En identifiant, nous trouverons
$$a = -\frac{A}{B},$$
et l'équation de la tangente sera
$$y = -\frac{A}{B} x \; (*).$$

Cette méthode serait en défaut si l'on avait à la fois
$$A = 0, \quad B = 0.$$
Il faudrait alors recourir aux termes du second degré en négligeant ceux du troisième, ce qui donnerait
$$C x^2 + D xy + E y^2 = 0$$
ou bien
$$\left(\frac{y}{x}\right)^2 + \frac{D}{E} \frac{y}{x} + \frac{C}{E} = 0,$$
relation qu'il faudrait identifier avec le produit $(y - ax)(y - a'x)$ des équations de deux droites, ce qui donnerait
$$\left(\frac{y}{x}\right)^2 - (a + a') \frac{y}{x} + aa' = 0;$$

(*) Soit
$$z = -\frac{A}{B}$$
le coefficient angulaire de la tangente, on voit que cela revient à écrire
$$z = \frac{dy}{dx}.$$
Ici z est la valeur particulière du coefficient a quand la sécante devient tangente.

on poserait donc
$$aa' = \frac{C}{E}, \quad a + a' = -\frac{D}{E},$$

d'où l'on tirerait les équations des deux tangentes aux deux branches que la courbe présenterait à ce point particulier.

Si les termes du second degré étaient nuls en même temps que ceux du premier degré, on aurait recours aux termes du troisième, et ainsi de suite.

Si le point donné était l'origine, comme on peut toujours le supposer ainsi qu'on vient de le voir, l'indétermination de $z = -\frac{A}{B}$ tiendrait à ce que les valeurs $x = 0$, $y = 0$ mettraient z sous la forme $\frac{0}{0}$: on peut alors lever cette difficulté en posant

$$\frac{y}{x} = t = \tang \omega,$$

ce qui fait disparaître les facteurs communs au numérateur et au dénominateur de z, et donne l'inclinaison de la tangente pour chaque branche en particulier, suivant la valeur de ω, si l'on représente par ω l'angle que fait avec l'axe des x le rayon vecteur passant par l'origine, dans le cas d'axes rectangulaires.

II. On parvient d'ordinaire à l'équation de la tangente par la théorie des dérivées, c'est-à-dire par le calcul différentiel. Cette méthode ne diffère pas essentiellement de la précédente, mais elle permet de calculer plus facilement les coefficients dont nous avons parlé.

Soit $T x^m y^n$ un terme quelconque de l'équation

$$f(x, y) = 0,$$

il s'agit de mener une tangente à la courbe par le point dont les coordonnées sont x et y; celles du point infiniment voisin étant $x + h$, $y + k$, et tout se réduit encore à déterminer la limite du rapport de l'accroissement de ces variables, c'est-à-dire

$$\lim \frac{k}{h}.$$

THÉORIE DES COURBES PLANES. 265

Nous trouverons cette limite en cherchant la différence
$$f(x+h)(y+k) - f(x,y) = 0,$$
dans laquelle il suffira d'étudier ce que donnera le terme quelconque
$$T(x+h)^m (y+k)^n - T x^m y^n.$$

Les termes qui contiendront les premiers degrés des accroissements seront
$$T x^m . n y^{n-1} k + T y^n . m x^{m-1} h,$$
dont le premier représentera le produit de k par la dérivée de $T x^m y^n$ relativement à y, et le second le produit de h par la dérivée de $T x^m y^n$ relativement à x.

Comme il en serait de même pour tous les termes de l'équation
$$f(x, y) = 0,$$
soient X et Y les dérivées de $f(x, y)$ prises respectivement par rapport à x et à y, nous aurons pour l'ensemble des termes du premier degré
$$Y k + X h$$
ou bien, posant $\dfrac{k}{h} = z$, il reste
$$h(z Y + X).$$

On obtiendra de même, pour les termes du second degré,
$$T x^m . \frac{n(n-1)}{2} y^{n-2} k^2 + T m x^{m-1} . n y^{n-1} hk + T y^n . \frac{m(m-1)}{2} x^{m-2} h^2.$$

L'ensemble de ces termes sera donc
$$\frac{Y'}{2} k^2 + M kh + \frac{X'}{2} h^2, \quad \text{ou bien} \quad h^2 \left(\frac{Y'}{2} z^2 + M z + \frac{X'}{2} \right),$$
en indiquant par X' et Y' les secondes dérivées de $f(x, y)$ par rapport à x et à y, et par M la somme des produits analogues à $T m x^{m-1} . n y^{n-1}$ obtenus en prenant la dérivée par rapport à x, puis par rapport à y.

L'ensemble des termes du troisième degré sera de même
$$h^3 \left(\frac{Y''}{2.3} z^3 + N z^2 + P z + \frac{X''}{2.3} \right),$$

la loi de formation des termes N et P étant facile à établir : on trouverait de même les termes de tous les degrés.

Donc enfin l'équation

$$f(x+h)(y+k) - f(x,y) = 0$$

se réduit à

$$Yz + X + h\left(\frac{Y'}{2}z^2 + Mz + \frac{X'}{2}\right)$$
$$+ h^2\left(\frac{Y''}{2.3}z^3 + Nz^2 + Pz + \frac{X''}{2.3}\right) + \ldots = 0,$$

en divisant par le facteur commun h.

Si maintenant on pose $h = 0$, il reste pour le coefficient angulaire de la tangente

$$\lim \frac{k}{h} = z = -\frac{X}{Y},$$

puisque l'on a

$$Yz + X = 0 \; (^*).$$

Si l'on avait à la fois $Y = 0$, $X = 0$, on diviserait encore toute l'équation par h, après quoi, faisant encore $h = 0$, il resterait

$$\frac{Y'}{2}z^2 + Mz + \frac{X'}{2} = 0,$$

ce qui donnerait les deux valeurs de z pour les tangentes aux deux branches qui se rencontrent en ce point de la courbe.

Dans ce cas, il peut se faire que les racines de cette équation du

---

(*) L'équation de la courbe étant

$$f(x,y) = 0,$$

on a ainsi

$$z = \frac{dy}{dx} = -\frac{\left(\frac{df}{dx}\right)}{\left(\frac{df}{dy}\right)},$$

comme on le voit d'ailleurs par la relation

$$\left(\frac{df}{dx}\right)dx + \left(\frac{df}{dy}\right)dy = 0.$$

THÉORIE DES COURBES PLANES.

second degré soient égales : cela veut dire que les deux branches ont une tangente commune à leur point commun.

Outre les relations
$$X = 0, \quad Y = 0,$$
si l'on avait encore
$$Y' = 0, \quad M = 0, \quad X' = 0,$$
il faudrait recourir aux termes du troisième degré, et poser
$$\frac{Y''}{2.3} z^3 + N z^2 + P z + \frac{X''}{2.3} = 0,$$
pour trouver les tangentes aux trois branches qui se coupent au point en question; si les coefficients de cette équation étaient nuls en même temps que tous les précédents, on prendrait les termes du quatrième degré, et ainsi de suite (*).

III. Cependant il est toujours facile de trouver immédiatement l'équation qui donne la valeur de z, au moyen de la seule expression
$$z = -\frac{X}{Y},$$
même quand X et Y deviennent nuls à la fois. On a vu (**40**) que, pour trouver la vraie valeur d'une quantité qui se présente sous la forme de $\frac{0}{0}$, on cherche à mettre un facteur commun en évidence au numérateur et au dénominateur. Soient donc x et y les coordonnées du point de contact qui rendent z indéterminé : nous remplacerons x par $x + h$ et y par $y + k = y + hz$ dans X et Y, et nous savons d'avance que le numérateur et le dénominateur deviendront ensuite divisibles par h; nous supprimerons donc ce facteur autant de fois qu'il sera commun en haut et en bas. Après

---

(*) Les équations en z^2 et en z^3 reviennent à
$$\frac{d^2 f}{dy^2} z^2 + 2 \cdot \frac{d^2 f}{dx\,dy} z + \frac{d^2 f}{dx^2} = 0$$
et à
$$\frac{d^3 f}{dy^3} z^3 + 3 \cdot \frac{d^3 f}{dy^2 dx} z^2 + 3 \cdot \frac{d^3 f}{dy\,dx^2} z + \frac{d^3 f}{dx^3} = 0.$$

On voit comment se formeraient les équations suivantes.

cela, pour revenir au point de contact, nous ferons de nouveau $h = 0$, et il nous restera une équation en z d'un degré plus ou moins élevé.

Après qu'on a remplacé x par $x + h$ et y par $y + zh$, les expressions X et Y peuvent être regardées comme des fonctions de h, et représentées par $\varphi(h)$ et $\psi(h)$, dont les dérivées par rapport à h seront $\varphi'(h)$ et $\psi'(h)$, qui deviennent $\varphi'(0)$ et $\psi'(0)$ quand on y fait $h = 0$: il faut donc poser

$$z = -\frac{\varphi'(0)}{\psi'(0)}.$$

Si pourtant h était encore facteur *commun* dans $\varphi'(h)$ et dans $\psi'(h)$, on aurait

$$z = -\frac{\varphi''(0)}{\psi''(0)},$$

et ainsi de suite.

Cette méthode sera en défaut si z doit être infini, c'est-à-dire si la tangente est parallèle aux ordonnées. En effet, l'accroissement k de l'ordonnée pourra encore être regardé comme nul, mais s'il se présente dans les quantités X ou Y, transformées comme on vient de le voir, un terme tel que $hz^2 = kz$, on voit que ce terme sera indéterminé quand z sera infini.

Par conséquent, pour obtenir les tangentes parallèles à l'axe des y, et que cette méthode ne donnerait point dans le cas d'indétermination, remarquons que, si

$$\lim \frac{k}{h} = \infty,$$

on a nécessairement

$$\lim \frac{h}{k} = 0.$$

Tout se réduit donc à répéter les calculs précédents après avoir changé y en x et réciproquement, puis à voir si la nouvelle équation en z, dont les racines seront évidemment inverses de celles de la première, aura une racine nulle, ce qui donnera pour la tangente cherchée un coefficient angulaire égal à l'infini.

Toutes ces circonstances se présentent dans l'étude de la courbe

dont l'équation est
$$y^3 - 3axy + x^3 = 0,$$

courbe bien connue sous le nom de *Folium de Descartes*, parce qu'elle présente l'apparence d'une feuille, et dont l'analyse se trouve dans la plupart des Traités de Géométrie analytique (*).

Ici
$$X = 3x^2 - 3ay, \quad Y = 3y^2 - 3ax,$$

ce qui donne
$$z = \frac{ay - x^2}{y^2 - ax}.$$

Cherchons la tangente à l'origine, il reste
$$z = \frac{0}{0} :$$

nous devons donc changer x en $x + h$ et y en $y + hz$, mais ici
$$x = 0, \quad y = 0;$$

ainsi il faut changer x en h et y en hz, ce qui donne
$$z = \frac{ahz - h^2}{h^2 z^2 - ah} = \frac{az - h}{hz - a}.$$

Maintenant, faisons $h = 0$; il vient
$$z = -z,$$

ce qui donne
$$z = 0.$$

Ainsi l'axe des x est tangent à l'une des branches passant par l'origine qui est un point double.

Mais on peut croire que l'axe des y est tangent à l'autre branche : c'est en effet ce qui a lieu, et il est facile de trouver cette autre tangente en changeant x en y, et réciproquement, pour avoir l'équation dont les racines sont $\frac{1}{z}$. Comme l'équation de la courbe est symétrique en x et en y, il n'y a pas de nouveaux calculs à faire

---

(*) Voir l'ouvrage de MM. Delisle et Gerono, n° 298.

CHAPITRE SEPTIÈME.

et l'on trouve

$$\frac{1}{z} = -\frac{1}{z}, \quad \text{ou bien} \quad \frac{1}{z} = 0$$

et par suite

$$z = \infty.$$

IV. Soient M et M' (*fig.* 45) deux points infiniment voisins d'une courbe dont l'équation en coordonnées polaires est

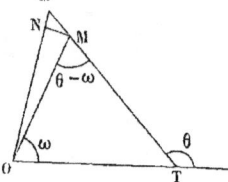

Fig. 45.

$$\rho = f(\omega),$$

en appelant ω l'angle que fait avec l'axe OT le rayon vecteur $OM = \rho$; soit aussi θ l'angle que fait la tangente avec l'axe, il est clair que l'angle $OMT = \theta - \omega$. Du centre O et du rayon OM décrivons l'arc de cercle infiniment petit MN qui coupe OM' en N; l'angle M'OM sera l'accroissement $d\omega$, l'arc $MN = \rho\, d\omega$, et $M'N = d\rho$ sera de même l'accroissement infiniment petit du rayon vecteur.

Cela posé, MN pourra être regardé comme perpendiculaire à la fois sur OM et sur OM'; le triangle MM'N sera donc rectangle en N, et comme l'angle NMO est aussi droit, on a

$$M' = \theta - \omega,$$

puisque ces deux angles sont tous deux compléments de M'MN : par conséquent

$$\operatorname{tang}(\theta - \omega) = \frac{MN}{M'N}$$

ou bien

$$\operatorname{tang}(\theta - \omega) = \frac{\rho\, d\omega}{d\rho}.$$

L'accroissement de surface MOM' devient, en négligeant l'infiniment petit du second ordre MNM', le secteur MON; donc

$$ds = \frac{1}{2} \rho^2\, d\omega.$$

V. On démontre en mécanique que, si une courbe plane est produite par le mouvement d'un point ou d'une ligne, on peut toujours admettre que, dans un instant infiniment petit, ce mouvement a lieu autour d'un *centre instantané de rotation :* si donc on joint ce centre à la position correspondante d'un point mobile, il est clair que cette ligne de jonction sera *normale*, c'est-à-dire perpendiculaire à la tangente; il suffit donc de trouver ce centre pour construire la tangente, construction graphique souvent très-simple.

Soit, par exemple, la droite CB de longueur constante, mobile dans l'angle donné CAB (la figure n'est pas faite) : soient les perpendiculaires CO, BO sur CA et BA, et joignons le point O où elles se coupent avec un point D pris sur CB à la distance déterminée CD; cette droite OD sera normale à l'ellipse que décrit le point D dans le mouvement de la droite CB, car il est clair que O sera le centre instantané de rotation.

DES ASYMPTOTES.

98. Quand deux lignes droites ou courbes se rapprochent continuellement et ne se rencontrent qu'à l'infini, on dit que ces lignes sont *asymptotes* l'une à l'autre.

Nous chercherons en particulier les asymptotes rectilignes, c'est-à-dire les tangentes à l'infini.

I. Soit
$$y = cx + d$$
l'équation d'une asymptote à une courbe quelconque dont l'équation est
$$f(x, y) = 0;$$
il faudra que cette dernière équation puisse se mettre sous la forme
$$y = cx + d + V,$$
la quantité représentée par V devant diminuer quand x augmente et devenir nulle pour $x = \infty$. Alors
$$\frac{y}{x} = c + \frac{d + V}{x},$$
et l'on trouve
$$\lim \frac{y}{x} = c$$

pour $x = \infty$, puisqu'il reste alors
$$\frac{d + V}{x} = 0.$$

On aura ensuite
$$d = y - cx - V,$$
ou bien, puisque V devient nul à la limite, on obtient
$$d = \lim (y - cx).$$

On pourrait s'étonner de voir que $y - cx$ prenne une valeur finie pour des valeurs infinies de x et de y, mais il faut observer que la différence de deux quantités infinies peut quelquefois être une quantité finie.

II. Cela posé, il reste à calculer ces limites pour une courbe algébrique quelconque.

Cette équation, étant de degré m, a un certain nombre de termes de puissance m, que nous représenterons par
$$U = A x^p y^q + B x^r y^s + \ldots,$$
de sorte que
$$p + q = r + s = \ldots = m.$$

On aura de même un autre groupe de termes de degré $m - 1$,
$$U_1 = A_1 x^{p_1} y^{q_1} + B_1 x^{r_1} y^{s_1} + \ldots;$$
un groupe de termes de degré $m - 2$,
$$U_2 = A_2 x^{p_2} y^{q_2} + B_2 x^{r_2} y^{s_2} + \ldots,$$
et ainsi de suite : de sorte que l'équation sera
$$U + U_1 + U_2 + \ldots = 0.$$

Dans cette équation, il faut faire $y = cx$ et chercher la valeur de c correspondante à $x = \pm \infty$. Or, si l'on pose
$$T = A c^q + B c^s + \ldots,$$
$$T_1 = A_1 c^{q_1} + B_1 c^{s_1} + \ldots,$$
$$T_2 = A_2 c^{q_2} + B_2 c^{s_2} + \ldots,$$
l'équation devient
$$T x^m + T_1 x^{m-1} + T_2 x^{m-2} + \ldots = 0$$

ou bien
$$T + \frac{T_1}{x} + \frac{T_2}{x^2} + \ldots = 0,$$

ce qui, pour $x = \pm\infty$, donne
$$T = 0,$$
c'est-à-dire
$$A c^q + B c^s + \ldots = 0,$$

équation qui s'obtient en changeant dans U x en 1 et y en c.

Pour trouver d, changeons dans l'équation de la courbe
$$U + U_1 + U_2 + \ldots = 0,$$

y en $cx + d$, c étant maintenant une quantité connue. Soient $T', T'', \ldots$ les dérivées successives de T ; soient $T'_1, T''_2, \ldots$, celles de T_1, et ainsi de suite : on trouvera facilement

$$T x^m + (T' d + T_1) x^{m-1} + \left(\frac{T''}{2} d^2 + T'_1 d + T_2\right) x^{m-2} + \ldots = 0.$$

On sait déjà que $T = 0$, ce qui fait disparaître le premier terme ; divisant donc par x^{m-1} et supposant $x = \pm\infty$, il reste
$$T' d + T_1 = 0,$$

ce qui donne une valeur de d pour chaque valeur de c.

Si pourtant on avait à la fois $T' = 0$, $T_1 = 0$, il faudrait poser
$$\frac{T''}{2} d^2 + T'_1 d + T_2 = 0,$$

et ainsi de suite.

Cette méthode ne donnerait pas les asymptotes parallèles à l'axe des y, pour lesquelles on aurait $c = \infty$, mais on les obtiendra en supposant l'équation ordonnée par rapport à y. Soit alors
$$S y^n + S_1 y^{n-1} + \ldots = 0$$

cette équation, et divisons-la par y^n; il est clair que les seules valeurs finies de x qui correspondent à $y = \pm\infty$ sont données par l'équation
$$S = 0.$$

Si l'on applique cette méthode à la courbe qui a pour équation
$$x^3 - y^2 x + y = 0,$$
on trouve
$$y = \pm x$$
pour équation des asymptotes, qui sont, par conséquent, les bissectrices des angles de coordonnées.

On peut aussi demander quelles sont les *tangentes parallèles aux asymptotes*, connaissance nécessaire pour limiter certaines branches. Il suffit, pour cela, de poser $z = c$ dans l'équation
$$z = -\frac{X}{Y},$$
et d'éliminer entre cette relation et l'équation de la courbe. Nous aurons donc ici
$$z = \pm 1.$$
La valeur $z = 1$ ne donnera rien (*), mais pour $z = -1$ on trouve
$$x = \pm \frac{1}{\sqrt{2}}.$$

En effet, en éliminant d'abord y^2 entre la relation
$$z = -1 = \frac{3x^2 - y^2}{2xy - 1}$$
et l'équation de la courbe
$$x^3 - y^2 x + y = 0,$$

(*) On trouverait
$$y(1 + 2x^2) = x(1 + 2x^2),$$
ce qui donnerait l'asymptote dont l'équation est
$$y = x,$$
comme on devait s'y attendre, et aussi
$$1 + 2x^2 = 0;$$
mais ce facteur commun, étant égalé à zéro, ne donne aucune valeur réelle de x.

on trouve
$$y(1-2x^2) + x(1-2x^2) = 0,$$
et la valeur
$$2x^2 = 1 \quad \text{ou bien} \quad x = \pm \frac{1}{\sqrt{2}}$$
rend nul le facteur commun $1 - 2x^2$.

Pour trouver les valeurs correspondantes de y, nous remarquerons que l'équation de la courbe revient à
$$y = \frac{1 \pm \sqrt{1+4x^4}}{2x},$$
ce qui, pour $2x^2 = 1$, se réduit à
$$y = \frac{1 \pm \sqrt{2}}{\pm \sqrt{2}} \quad (*).$$

Afin de savoir quels signes il faut choisir, supposons d'abord que l'on prenne
$$x = +\frac{1}{\sqrt{2}},$$
et remarquons qu'il s'agit de la parallèle à l'asymptote dont l'équation est
$$y = -x,$$
et pour laquelle $x > 0$ donne $y < 0$. Il en sera donc de même pour la branche de la courbe dont s'approche cette droite; par conséquent
$$x = +\frac{1}{\sqrt{2}} \quad \text{donnera} \quad y = \frac{1}{\sqrt{2}} - 1;$$

(*) Ou plutôt à
$$y = \frac{1 - \sqrt{2}}{\pm \sqrt{2}},$$
car il serait facile de constater que la branche représentée par
$$y = \frac{1 - \sqrt{1+4x^4}}{2x}$$
est la seule dont s'approche l'asymptote pour laquelle $y = -x$.

de même
$$x = -\frac{1}{\sqrt{2}} \quad \text{donnera} \quad y = 1 - \frac{1}{\sqrt{2}} \quad (*).$$

III. On peut chercher par la même méthode des asymptotes *paraboliques* d'un degré quelconque, c'est-à-dire dans lesquelles l'ordonnée est exprimée suivant diverses puissances de l'abscisse.

Soit, par exemple, la parabole dont l'équation est
$$y = cx^2 + dx + e.$$

Pour que cette courbe soit asymptote, on verrait, comme ci-dessus, que l'équation donnée peut se mettre sous la forme
$$y = cx^2 + dx + e + V,$$

V étant une quantité qui devient infinie pour $x = 0$.

On aura, comme pour l'asymptote rectiligne,
$$c = \frac{y}{x^2} - \left(\frac{d}{x} + \frac{e}{x^2} + \frac{V}{x^2}\right), \quad d = \frac{y - cx^2}{x} - \left(\frac{e}{x} + \frac{V}{x}\right),$$

et enfin
$$e = y - cx^2 - dx - V;$$
par conséquent
$$c = \lim \frac{y}{x^2}, \quad d = \lim \frac{y - cx^2}{x}, \quad e = \lim (y - cx^2 - dx).$$

On est encore conduit quelquefois à trouver des asymptotes curvilignes par le procédé employé pour celles de l'hyperbole dans la discussion générale des courbes du second degré.

Supposons que l'équation de la courbe donnée puisse se mettre sous la forme
$$y = f(x) \pm \frac{\sqrt{\varphi(x)^2 + V}}{\psi(x)},$$

(*) On sait que, dans une courbe d'un degré supérieur au second, une tangente en un point peut couper la courbe en d'autres points; cela peut donc arriver aussi pour les asymptotes : c'est ce qui a lieu pour la courbe dont l'équation est
$$y^4 - x^4 + 2ax^2y = 0.$$

et comparons l'une des branches de cette courbe avec la branche correspondante de la ligne qui aura pour équation

$$y = f(x) \pm \frac{\varphi(x)}{\psi(x)}.$$

La différence entre les deux ordonnées sera

$$\delta = \frac{\sqrt{\varphi(x)^2 + V} - \varphi(x)}{\psi(x)} = \frac{V}{\psi(x)} \cdot \frac{1}{\sqrt{\varphi(x)^2 + V} + \varphi(x)}.$$

Si nous supposons que V diminue à mesure que x augmente, ou même soit indépendant de x, et que les quantités $\varphi(x)$, $\psi(x)$ augmentent, au contraire, en même temps (l'une des deux pourrait aussi être indépendante de x), il est facile de voir que les lignes droites ou courbes représentées par les équations

$$y = f(x) + \frac{\varphi(x)}{\psi(x)} \quad \text{et} \quad y = f(x) - \frac{\varphi(x)}{\psi(x)}$$

sont asymptotes de la courbe donnée.

Ainsi, la courbe représentée par l'équation

$$x^3 - y^2 x + y = 0$$

a pour asymptotes les hyperboles dont les équations sont

$$y = \frac{1}{2x} + x \quad \text{et} \quad y = \frac{1}{2x} - x.$$

IV. Si l'équation de la courbe

$$\rho = f(\omega)$$

est donnée en coordonnées polaires, on peut trouver directement les asymptotes rectilignes. Il est clair qu'on aura une parallèle à l'asymptote si une valeur ω' donne

$$\rho = \infty.$$

On verra facilement que la distance d'un point de la courbe à cette parallèle sera

$$\delta = \rho \sin(\omega' - \omega), \quad \text{ou bien} \quad \delta = \frac{\sin(\omega' - \omega)}{\left(\dfrac{1}{\rho}\right)}.$$

278 CHAPITRE SEPTIÈME.

A la limite, c'est-à-dire pour

$$\omega = \omega' \quad \text{et} \quad \frac{1}{\rho} = 0,$$

on aura la distance de l'asymptote à cette parallèle. Or, pour obtenir cette limite, on sait (**40**) qu'il faut prendre la dérivée de $\sin(\omega' - \omega)$, qui est $-\cos(\omega' - \omega)$, ou bien -1 pour $\omega' = \omega$, et diviser par la dérivée de $\frac{1}{\rho}$, où l'on aura fait $\omega = \omega'$. Soit donc

$$\varphi(\omega) = \frac{1}{f(\omega)},$$

il reste

$$\delta = \frac{-1}{\varphi'(\omega')} = \frac{f^2(\omega')}{f'(\omega')}.$$

(*Voir* Delisle et Gerono.)

MAXIMA ET MINIMA DES VARIABLES.

99. On appelle *points singuliers*, les points où la courbe présente quelque particularité remarquable. Les uns tiennent d'une manière *absolue* à la nature de la courbe; les autres sont *relatifs* au choix des coordonnées, et sont, par conséquent, les moins importants (*). Cependant c'est par eux que nous commencerons, parce que leur étude nous servira par la suite à trouver les autres points singuliers.

Ces points singuliers *relatifs* sont ceux pour lesquels les coordonnées sont maxima ou minima. Nous pourrons donc résoudre ces questions par les méthodes que nous connaissons pour la recherche des maxima ou des minima des fonctions explicites et implicites, mais nous pouvons aussi traiter directement cette question en observant que, dans ces points, *les tangentes sont nécessairement parallèles à l'un des axes*.

Ainsi, soit un point où y est maximum ou minimum, c'est-à-

(*) Néanmoins, les *sommets* des courbes, c'est-à-dire les limites des coordonnées parallèles aux *axes* de la courbe (**96**), sont des points d'une importance facile à concevoir.

THÉORIE DES COURBES PLANES.   279

dire plus grand ou plus petit que les valeurs qui suivent ou qui précèdent *immédiatement;* il est clair que la tangente sera parallèle à l'axe des x : on aura donc dans l'expression $z = -\dfrac{X}{Y}$,

$$z = 0,$$

et, par conséquent,

$$X = 0.$$

Si, au contraire, il s'agit du maximum ou du minimum de x, la tangente devenant parallèle à l'axe des y, on aura

$$z = \infty \quad \text{et} \quad Y = 0.$$

Cependant cette méthode serait en défaut si la même valeur qui donnait $X = 0$, donnait aussi $Y = 0$. Alors il faut revenir aux méthodes qui donnent les maxima et minima des fonctions (36 et suivants).

En général, une tangente dans une direction quelconque donne les limites de la courbe suivant cette direction, du moins aux environs du point de contact.

CONCAVITÉ ET CONVEXITÉ. POINTS D'INFLEXION.

100. On dit qu'une courbe ou plutôt une portion de courbe est concave relativement à un point de son plan, lorsque, si l'on joint ce point à un point de cette partie de courbe et si l'on mène une tangente à ce point de la courbe, la portion de courbe est comprise entre la tangente et le point donné.

Si, au contraire, la tangente est comprise entre la portion de courbe et ce point, on dit que cette partie de courbe est *convexe* par rapport à ce point.

Or on trouve quelquefois des points de la courbe où la courbure change, c'est-à-dire tels, que, dans les points qui précèdent immédiatement, la tangente est, par exemple, au-dessus de la courbe, tandis qu'elle est au-dessous pour ceux qui suivent immédiatement. Ces points, qui sont évidemment des points singuliers de nature *absolue*, comme tous ceux que nous étudierons par la suite, s'appellent *points d'inflexion*.

Soient M (*fig.* 46) le point d'inflexion, NT la tangente au point N

placée au-dessus de la courbe comme nous l'avons supposé, N'T'
la tangente en N' située au-dessous de la courbe ; on voit que
la tangente MP au point d'inflexion sera intermédiaire entre
ces deux portions, puisqu'elle sera au-dessous de la portion de
courbe MN et au-dessus de MN'.

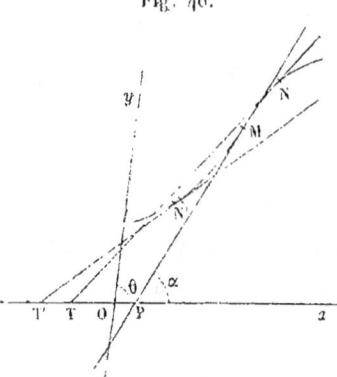

Fig. 46.

Par conséquent, si l'on imagine le mouvement de la tangente de N en N', on voit que cette tangente en N ira rencontrer l'axe des x en T, à gauche du point P, où MP coupe ce même axe. Quand la tangente se rapprochera du point M, le point T se rapprochera aussi du point P et finira par l'atteindre, mais ne pourra le dépasser. En effet, quand le point de contact viendra de M en N', le point T' s'éloignera de P et repassera à gauche de ce point. Donc l'angle α que fait MP avec Ox est l'angle *maximum* entre ceux que font les tangentes aux environs du point M.

On ferait voir absolument de la même manière (*fig.* 47) que si

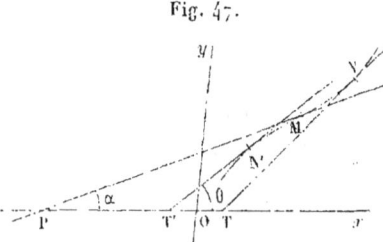

Fig. 47.

la tangente est placée en N au-dessus de la courbe, et au-dessous en N', l'angle α que fait avec l'axe des x la tangente au point d'inflexion, est au contraire un *minimum*.

Mais, dans les deux cas, cet angle α est une limite au point d'inflexion, et il en sera de même pour le coefficient z de la tangente. En effet,

$$z = \frac{\sin \alpha}{\sin(\theta - \alpha)},$$

θ étant l'angle des axes : on a aussi

$$z = \frac{1}{\sin \theta \cot \alpha - \cos \theta}$$

ce qui montre que, si α est maximum, cot α est minimum, ainsi que le dénominateur; donc z sera maximum en même temps que α. Même observation pour le minimum.

Cela posé, imaginons qu'entre l'équation

$$f(x, y) = 0$$

de la courbe donnée et la relation

$$z = -\frac{X}{Y},$$

on ait éliminé y; il restera une relation

$$\varphi(x, z) = 0,$$

que l'on pourra regarder comme l'équation d'une courbe dont x serait l'abscisse et z l'ordonnée. On trouvera donc le maximum ou le minimum de z, comme on a trouvé ceux de y : ce qui donnera les points d'inflexion. *Il faudra donc chercher la dérivée de cette équation par rapport à x, et l'égaler à zéro* (*).

(*) Cela revient à
$$\frac{dz}{dx} = 0;$$
ou bien, comme on a déjà
$$z = \frac{dy}{dx},$$
il faut poser
$$\frac{d^2 y}{dx^2} = 0.$$
En effet $\frac{dz}{dx} = 0$ résulte de l'équation
$$\left(\frac{d\varphi}{dx}\right) = 0,$$
comme on le voit par la relation
$$\left(\frac{d\varphi}{dx}\right) dx + \left(\frac{d\varphi}{dz}\right) dz = 0,$$
qui donne
$$\frac{dz}{dx} = -\frac{\left(\frac{d\varphi}{dx}\right)}{\left(\frac{d\varphi}{dz}\right)}.$$

Du reste, nous verrons (102) que l'on peut quelquefois, par cette théorie, confondre un point d'inflexion avec un point de rebroussement de première espèce.

Il est clair que l'on pourrait aussi bien éliminer y et avoir l'équation
$$\psi(z, y) = 0,$$
sur laquelle on opérerait de la même manière; on choisira, de ces deux éliminations, celle qui donne le calcul le plus simple.

On peut encore, si cela est plus avantageux, poser
$$y = tx,$$
ce qui fait souvent disparaître des facteurs communs dans X et dans Y.

Si la courbe est donnée en coordonnées polaires, nous savons que, θ étant l'angle que fait la tangente avec l'axe, on a
$$\tang(\theta - \omega) = \frac{\rho\, d\omega}{d\rho},$$
et nous savons aussi que θ sera un maximum ou un minimum pour les points d'inflexion. Alors il faut remplacer ρ par sa valeur en fonction de ω, et après cette élimination,
$$y = \tang\theta, \quad x = \tang\omega$$
seront les coordonnées de la courbe que l'on imagine pour trouver l'inflexion, en cherchant la limite de y.

Enfin, on conçoit qu'un point d'inflexion doit être regardé comme la réunion de deux éléments, appartenant à chacune des deux portions de courbe, c'est-à-dire comme la réunion de trois points. Donc, pour qu'une courbe ait un point d'inflexion, il faut au moins qu'elle soit du troisième degré.

Comme application, nous allons chercher les points d'inflexion de la courbe dont nous nous sommes déjà occupés, et qui a pour équation
$$x^3 - y^2 x + y = 0.$$

Nous remarquerons d'abord que l'origine est un point d'inflexion, car l'axe des x est tangent à l'origine, et la courbe passe au-dessus et au-dessous de cet axe. Pour trouver les autres points d'inflexion, posons
$$\frac{y}{x} = t;$$

l'équation de la courbe deviendra, en divisant par x^3,

$$t^2 = 1 + \frac{t}{x^2};$$

ensuite

$$z = \frac{3x^2 - y^2}{2xy - 1} = \frac{3 - t^2}{2t - \frac{1}{x^2}},$$

en divisant haut et bas par x^2, ou bien

(2) $$3 - t^2 = 2tz - \frac{z}{x^2}.$$

Multiplions l'équation (1) par z et l'équation (2) par t, puis ajoutons : il vient, en supprimant zt^2 de part et d'autre et réduisant,

$$3t - t^3 = t^2 z + z,$$

et enfin

(3) $$t^3 + zt^2 - 3t + z = 0.$$

Pour trouver la limite de z, égalons à zéro la dérivée de cette dernière équation par rapport à t, nous aurons

(4) $$3t^2 + 2tz - 3 = 0,$$

ce qui donne

$$z = \frac{3(1-t^2)}{2t}.$$

Transportons cette valeur dans l'équation (3), on a

$$t(t^3 - 3) + \frac{3(t^2+1)(1-t^2)}{2t} = 0,$$

ou bien

$$2t^2(t^2 - 3) + 3(1 - t^4) = 0,$$

ce qui donne encore

$$t^4 + 6t^2 - 3 = 0.$$

Donc

$$t^2 = -3 \pm \sqrt{12},$$

ou plutôt, comme $t^2 > 0$, et que $\sqrt{12} = 2\sqrt{3}$, on a

$$t^2 = 2\sqrt{3} - 3,$$

et l'équation (1) donne

$$\frac{t}{x^2} = t^2 - 1 = 2\sqrt{3} - 4,$$

d'où

$$x^2 = \frac{t}{2(\sqrt{3} - 2)} \quad \text{et} \quad x^4 = \frac{2\sqrt{3} - 3}{4(7 - 4\sqrt{3})},$$

par conséquent,

$$4x^4 = \frac{(2\sqrt{3} - 3)(7 + 4\sqrt{3})}{49 - 48},$$

ou enfin

$$4x^4 = 3 + 2\sqrt{3}.$$

De là on conclura

$$x = \pm 1,13,$$

à peu près, et, comme on connaît déjà t, on trouvera aussi y et z.

POINTS MULTIPLES, POINTS CONJUGUÉS.

101. On appelle *point multiple* un point où se réunissent deux ou plusieurs branches de la courbe : on peut en distinguer de deux espèces, par intersection et par contact. Quand deux branches se coupent, c'est-à-dire quand elles ont au point de rencontre des tangentes différentes, il est facile, comme nous l'avons vu, de déterminer ces tangentes, et, par suite, d'avoir la marche des deux branches; mais quand ces branches se touchent, c'est-à-dire qu'elles ont la même tangente au point commun, il faut, pour suivre les directions des deux branches, donner à x et à y différentes valeurs aux environs du point multiple. On peut ainsi vérifier, par exemple, si les deux branches sont du même côté de la tangente au point multiple, ou de côtés opposés.

On trouve quelquefois des points isolés qui font partie d'une courbe, c'est-à-dire dont les coordonnées satisfont à son équation. Ces points s'appellent des *points conjugués*; voici comment on peut concevoir leur existence.

Imaginons une courbe dont l'équation contienne un certain nombre de coefficients, et supposons que cette courbe se compose de deux parties dont l'une soit *fermée*; ensuite admettons que, pour une valeur particulière donnée à un ou à plusieurs des coefficients de l'équation, cette portion fermée se réduise à un point, comme le cercle dont l'équation

$$x^2 + y^2 = r^2,$$

qui ne représente plus qu'un point quand $r = 0$; on obtiendra alors un point conjugué.

Comme toute ligne passant par ce point pourra être considérée comme une tangente, on aura

$$X = 0, \quad Y = 0,$$

et un point conjugué présente le caractère d'un point multiple; mais ici il est clair que l'indétermination pour la direction de la tangente sera complète et réelle.

C'est ce que l'on peut observer pour la courbe dont l'équation générale est

$$ay^2 = x^3 - bx^2.$$

Faisons comme cas particulier

$$b = a,$$

il reste

$$ay^2 = x^3 - ax^2,$$

ce qui donne

$$y^2 = x^2 \left(\frac{x}{a} - 1 \right) \quad \text{et} \quad y = \pm x \sqrt{\frac{x}{a} - 1}.$$

Admettons que a soit positif, il est clair que y ne sera réel que si l'on pose

$$\frac{x}{a} - 1 > 0 \quad \text{ou} \quad x > a.$$

Cependant $x = 0$ donne

$$y = 0;$$

donc l'origine est un point conjugué.

Dans ce cas, on a un point d'inflexion pour $x = \dfrac{4a}{3}$.

REBROUSSEMENTS, POINTS D'ARRÊT, POINTS SAILLANTS.

102. Les branches qui forment un point multiple proprement dit se prolongent de part et d'autre de ce point : si, au contraire, elles s'y arrêtent brusquement, on dit que c'est un point de *rebroussement*; nous supposerons qu'il n'existe que deux branches.

Il peut encore arriver que les deux branches aient la même tangente ou deux tangentes différentes, mais l'on réserve plus spécialement le nom de rebroussement au cas où la tangente est commune; sinon, on dit que le point est *saillant* ou *anguleux*.

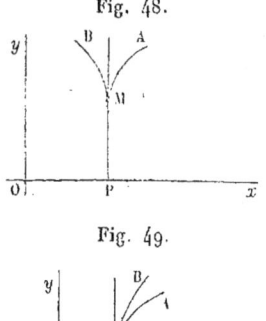

Fig. 48.

Fig. 49.

On dit que ce rebroussement est de *première espèce* quand les deux branches sont de côtés opposés de la tangente (*fig.* 48), et de *seconde espèce* quand elles sont du même côté (*fig.* 49).

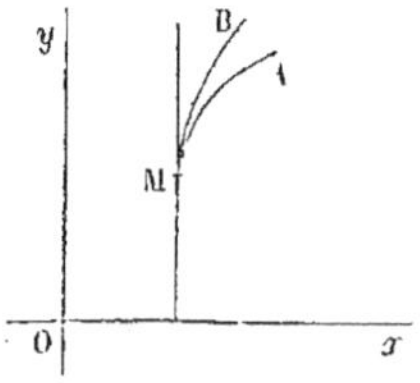

Les rebroussements de première espèce sont les plus ordinaires; on peut donner une formule pour les déterminer.

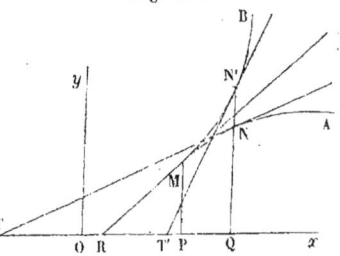

Fig. 50.

Soit M un point de cette nature (*fig.* 50) où s'arrêtent les branches MA et MB, et supposons, pour fixer les idées, que $OP = x$, abscisse du point M, soit un minimum de x. Puisque le rebroussement est de première espèce, il est facile de voir que deux points N et N', pris sur une même ordonnée à droite du point M, donneront des tangentes, l'une plus inclinée, l'autre moins inclinée, que la tangente MR commune en R aux

deux branches. Si donc on construit (*fig.* 51) une courbe SHS'
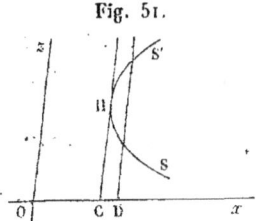
Fig. 51.
qui ait les mêmes abscisses que la courbe de la *fig.* 50, de sorte que $OC = OP$ et $OD = OQ$, et dont les ordonnées soient les valeurs successives de l'inclinaison z de la tangente dans cette première courbe, on voit que les deux valeurs DS, DS', qui correspondent à OD, sont, l'une plus grande, l'autre plus petite que CH; par conséquent CH est une droite tangente à la courbe SHS' et parallèle à Oz; on la déterminera donc en *égalant à zéro la dérivée de*

$$\varphi(z, x) = 0,$$

prise par rapport à z: $\varphi(z, x) = 0$ étant l'équation de la courbe SHS'; laquelle s'obtiendra en éliminant y entre l'équation

$$f(x, y) = 0$$

de la courbe proposée, et la relation connue

$$z = -\frac{X}{Y} \quad (^*).$$

On peut aussi, comme on le fait très-souvent dans la discussion des courbes, prendre pour variable indépendante le rapport

$$\frac{y}{x} = t.$$

(*) On verrait, comme dans la note du n° **100**, que cette relation

$$\frac{d\varphi}{dz} = 0$$

donne

$$\frac{dz}{dx} = \infty,$$

ou bien, puisque l'on a déjà $z = \frac{dy}{dx}$,

$$\frac{d^2 y}{dx^2} = \infty.$$

CHAPITRE SEPTIÈME.

Mais il est important d'observer une circonstance où cette théorie peut être en défaut et faire prendre une inflexion pour un rebroussement de première espèce, ou *vice versâ*. Il pourrait se faire que, dans la *fig.* 51, le point H, au lieu d'avoir sa tangente CH parallèle à l'axe des ordonnées, fût lui-même un point de rebroussement de première espèce, avec une tangente commune aux deux branches HS et HS', et *parallèle à l'axe des abscisses*. Dans ce cas particulier, il est clair que ce ne serait plus la dérivée par rapport à z, mais la dérivée par rapport à x, qui serait nulle, ce qui est le caractère ordinaire d'un point d'inflexion.

La *cissoïde* de Dioclès, dont l'équation est

$$x^3 + y^2 x - 2ay^2 = 0,$$

donne un rebroussement de première espèce. On trouve

$$z = \frac{3x^2 + y^2}{2y(2a-x)} = \frac{x(3+t^2)}{2t(2a-x)};$$

mais l'équation de la courbe elle-même donnera

$$x(1+t^2) = 2at^2,$$

d'où

$$x = \frac{2at^2}{1+t^2} \quad \text{et} \quad 2a - x = \frac{2a}{1+t^2};$$

on a donc

$$2z = t(3+t^2) \quad \text{et} \quad 2 \cdot \frac{dz}{dt} = 3 + 3t^2 = 3(1+t^2).$$

Si l'on posait

$$\frac{dz}{dt} = \infty,$$

on en conclurait

$$t = \infty,$$

ce qui serait une solution fausse; mais il faut observer que ce n'est pas $\frac{dz}{dt}$, mais $\frac{dz}{dx}$ qui doit être égal à l'infini. Nous devons donc chercher

$$\frac{dz}{dx} = \frac{dz}{dt} \cdot \frac{dt}{dx}.$$

THÉORIE DES COURBES PLANES.

Or
$$\frac{dx}{dt} = \frac{2a(1+t^2) \cdot 2t - 2at^2 \cdot 2t}{(1+t^2)^2} = \frac{4at}{(1+t^2)^2}$$

et
$$\frac{dt}{dx} = \frac{(1+t^2)^2}{4at};$$

d'où enfin
$$\frac{dz}{dx} = \frac{3(1+t^2)^3}{8at}.$$

Pour avoir
$$\frac{dz}{dx} = \infty,$$

il faut poser
$$t = \tang\omega = 0;$$

ce qui donne
$$\omega = 0;$$

on en conclut
$$x = 0, \quad y = 0$$

pour l'origine. L'axe des x est donc une tangente commune aux deux branches qui forment un rebroussement de première espèce à l'origine, comme d'ailleurs on peut s'en assurer directement. Nous avons voulu seulement avertir que l'emploi de t comme variable indépendante n'est qu'un artifice de calcul, et que les valeurs de $\frac{dz}{dt}$ ne deviennent pas toujours nulles ou infinies en même temps que celles de $\frac{dz}{dx}$.

Enfin, il est certains points où la méthode précédente laisserait encore dans l'embarras, parce que les branches de rebroussement s'y trouveraient réunies avec une autre branche ayant une autre tangente. C'est ce que l'on voit dans la courbe dont l'équation est

$$y^4 - x^4 + 2ax^2y = 0.$$

Il est facile de reconnaître directement que, du côté des ordonnées positives, on a une branche qui a l'axe des x pour tangente et l'origine pour point de contact; tandis que, du côté des ordonnées négatives, on a deux branches dont l'axe des y est la tangente commune et qui se réunissent à l'origine où existe par conséquent un rebroussement de première espèce. Comme exemple de rebroussement de *seconde espèce*, nous citerons la courbe qui a pour équation

$$(y - x^2)^2 - x^5 = 0.$$

(*Voir* Delisle et Gerono, n° 302.)

Si une branche de courbe s'arrête brusquement sans qu'une autre branche vienne la rencontrer en cet endroit, on dit qu'il existe un *point d'arrêt*. C'est ce qui a lieu, par exemple, pour la courbe représentée par l'équation

$$y + 1 = \frac{1}{e^{\frac{1}{x}}}$$

(*fig.* 52), qui reviendrait à

$$x_1 = \frac{1}{ly_1},$$

en changeant $y + 1$ en y_1 et x en $-x_1$.

Fig. 52.

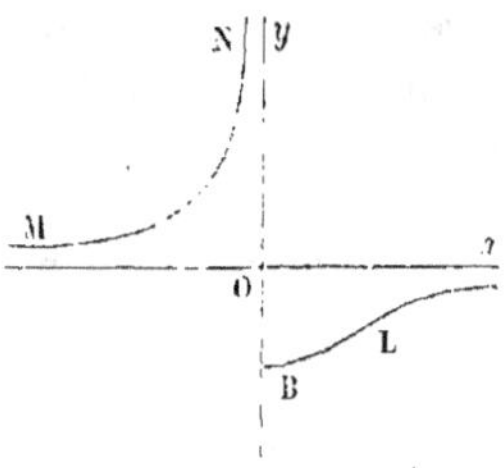

Cette courbe est formée de deux branches BL, MN dont la première a pour asymptote, dans le sens des abscisses positives, l'axe même des x, et s'arrête brusquement au point B dont les coordonnées sont

$$x = 0, \quad y = -1,$$

tandis que la seconde a pour asymptote l'axe des ordonnées dans le sens positif et l'axe des abscisses dans le sens négatif. En effet, tant que x est positif, la fonction

$$\frac{1}{e^{\frac{1}{x}}} = e^{-\frac{1}{x}}$$

va en décroissant indéfiniment pour des valeurs de x de plus en plus petites, et finalement s'évanouit avec x, tandis qu'elle tend à devenir égale à l'unité pour des valeurs de x de plus en plus grandes. Au contraire, lorsque x passe par des valeurs négatives, le même fraction croît au delà de toutes limites pour des valeurs numériques de x de plus en plus petites, au lieu qu'elle tend encore à devenir égale à l'unité pour des valeurs numériques de x de plus en plus grandes.

Comme exemple de points saillants ou anguleux, nous citerons la courbe qui a pour équation

$$1 + e^{\frac{1}{x}} = \frac{x}{y}.$$

(*Voir* Delisle et Gerono.)

COURBURE DES LIGNES, CERCLE OSCULATEUR, DÉVELOPPÉES.

103. I. Si deux courbes ont même tangente en un point, on peut dire qu'elles sont tangentes l'une à l'autre intérieurement ou extérieurement, et d'ailleurs il est évident qu'elles ont aussi même normale en ce point. Mais si, au lieu d'avoir seulement un élément commun, les deux courbes tangentes ont deux éléments communs entre elles, c'est-à-dire trois points infiniment voisins, on dit qu'il y a *osculation* au lieu d'un simple contact.

Deux courbes, d'après leur degré, peuvent avoir un nombre plus ou moins grand d'éléments communs, ou bien une osculation plus ou moins complète, mais un cercle ne peut généralement avoir avec une autre courbe plus de trois points communs consécutifs, puisque l'on ne peut faire passer qu'une circonférence par trois points donnés.

Si l'on mène, pour chaque point d'une courbe, un cercle qui jouisse de cette propriété, il s'appelle *cercle osculateur*, et c'est lui qui détermine la *courbure* de la ligne en ce point, puisqu'il a avec elle un contact plus intime qu'aucun autre cercle.

Fig. 53.

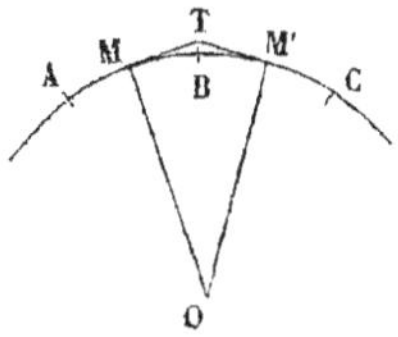

Quant au cercle lui-même, sa courbure se mesure par le rapport d'un angle MOM′ (*fig.* 53) à l'arc MM′ correspondant, rapport qui est $\frac{1}{R}$, R étant le rayon du cercle (car on peut définir l'angle par le rapport de l'arc au rayon : alors l'angle est un nombre abstrait, tel que $\dfrac{\pi}{4}$). Mais pour une courbe quelconque, le cercle osculateur variant d'un point à l'autre, la courbure sera aussi variable et s'exprimera d'ailleurs, d'après ce que nous avons vu, par $\dfrac{1}{R}$, en appelant R le rayon de cercle osculateur au point que l'on considère.

Ainsi soient A, B, C les trois points infiniment voisins, communs au cercle et à la courbe, et soient M et M' les milieux de ces éléments AB et BC; la courbure sera représentée par le rapport

$$\frac{\text{angle MOM}'}{\text{arc MM}'} = \frac{1}{R}.$$

Le rayon OM $=$ R s'appelle *rayon de courbure*, et le centre O, *centre de courbure*.

Si l'on mène aux points M et M' des tangentes communes à la courbe et au cercle osculateur, elles se coupent en un point T; l'angle MTM, très-voisin de 180 degrés et supplément de l'angle très-petit MOM, s'appelle l'*angle de contingence*.

II. On a vu que le point O (*fig.* 53), centre du cercle osculateur, était le point de rencontre de deux normales MO, M'O infiniment voisines.

Concevons donc (*fig.* 54) la série des centres de courbure O, O', O",..., elle représentera le lieu géométrique des intersections consécutives des normales à la courbe.

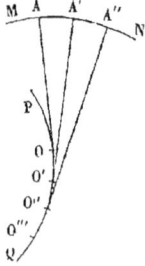

Fig. 54.

En général, quand on a une série de droites menées suivant une loi déterminée, les intersections consécutives forment une courbe que l'on appelle l'*enveloppe* de toutes ces droites, et qui est tangente à chacune d'elles, car une quelconque de ces droites, telle que A'O'O", a un élément O'O" commun avec la courbe enveloppe.

Ainsi la courbe PQ, enveloppe de toutes les normales à la courbe MN, sera tangente à chacune de ces normales; cette espèce particulière d'enveloppe s'appelle la *développée* de la courbe MN qui est réciproquement la *développante* de PQ. Voici la raison de ces dénominations. Imaginons un fil enroulé sur la courbe PQ et tendu suivant la direction OA; supposons maintenant qu'on déroule ce fil en le tenant toujours tendu, l'extrémité qui est en A passera successivement en A′, A″,..., et l'autre extrémité en O′, O″,...; on voit donc que la courbe PQ est déroulée ou développée dans ce mouvement.

On voit qu'une développante MN ne peut avoir qu'une seule développée PQ, mais que PQ peut avoir une infinité de développantes, puisque la longueur primitive AO du fil tendu est arbitraire.

Connaissant l'équation d'une courbe quelconque, on trouve l'équation de la développée et celle du rayon de courbure en un point quelconque.

Soit

(1) $$y = f(x)$$

l'équation de la courbe; nous poserons

$$y' = f'(x) \quad \text{et} \quad y'' = f''(x).$$

On sait que l'équation de la normale au point de la courbe dont les coordonnées sont x et y, est

(2) $$y'(y_1 - y) + x_1 - x = 0,$$

x_1 et y_1 étant les coordonnées du centre de courbure. On aura, en différentiant pour passer à la normale infiniment voisine,

(3) $$(y_1 - y) y'' = y'^2 + 1.$$

Si l'on élimine x et y entre (1), (2) et (3), il reste

$$\varphi(x_1, y_1) = 0,$$

équation de la développée.

De plus, l'équation (3) donne

$$y_1 - y = \frac{1 + y'^2}{y''},$$

ce qui, transporté dans l'équation (2), donne encore

$$x_1 - x = -\frac{y'(1+y'^2)}{y''};$$

comme d'ailleurs

$$(x_1 - x)^2 + (y_1 - y)^2 = R^2,$$

on trouve

$$R^2 = \frac{(1+y'^2)^3}{y''^2},$$

ou bien

$$R = \frac{(1+y'^2)^{\frac{3}{2}}}{y''}.$$

Si l'équation de la courbe est donnée au moyen des coordonnées polaires ρ et ω, soient

$$\rho' = \frac{d\rho}{d\omega} \quad \text{et} \quad \rho'' = \frac{d\rho'}{d\omega} = \frac{d^2\rho}{d\omega^2};$$

on verra par les relations connues

$$y = \rho \sin\omega, \quad x = \rho \cos\omega,$$

que

$$y' = \frac{\rho' \sin\omega + \rho \cos\omega}{\rho' \cos\omega - \rho \sin\omega}, \quad y'' = \frac{\rho^2 + 2\rho'^2 - \rho\rho''}{(\rho' \cos\omega - \rho \sin\omega)^3},$$

ce qui donne

$$R = \frac{(\rho^2 + \rho'^2)^{\frac{3}{2}}}{\rho^2 + 2\rho'^2 - \rho\rho''}.$$

Les équations ordinaires de la courbe et de la développée présentent des relations remarquables dues à la génération mutuelle des deux courbes. On remarque, en effet, d'après ce mode de description, que l'accroissement du rayon de courbure est égal à celui de l'arc de la développée; soit donc s_1 cet arc à partir d'une position déterminée, nous aurons

$$dR = ds_1.$$

Enfin, d'après la définition même des deux courbes, les normales à la développante sont tangentes à la développée, ce qui

donne
$$y'y'_1 + 1 = 0;$$

on voit par là que cette propriété est mutuelle, c'est-à-dire que les tangentes à la développante sont aussi normales à la développée.

III. La formule
$$R^2 = \frac{(1+y'^2)^3}{y''^2}$$

donne lieu à quelques observations sur les relations qui existent entre les points singuliers d'une courbe plane et ceux de sa développée.

On voit que R devient infini ou que la courbure est nulle pour $y'' = 0$, ce qui indique, comme on le sait, un point d'inflexion de la développante. Ainsi les normales de la développante aux points d'inflexion sont en général les asymptotes de la développée, puisque $R = \infty$ (*fig.* 55).

Fig. 55.

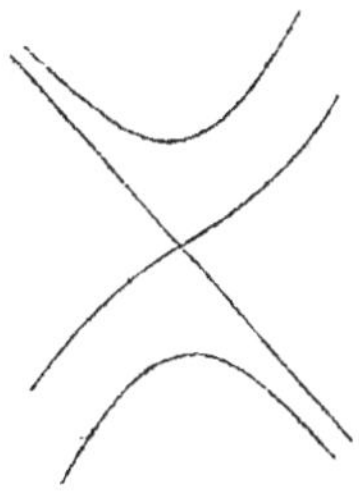

Les points d'inflexion de la développée correspondent sur la développante à des points de rebroussement de seconde espèce, comme le montre la *fig.* 56. Cependant la réciproque n'est pas toujours vraie : si le rayon de courbure est nul à ce point de rebroussement, la développée présente aussi un rebroussement.

Fig. 56.

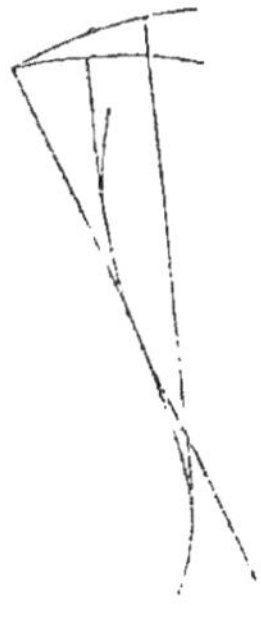

Quand le rayon de courbure est nul, les deux courbes se rencontrent et se coupent à angle droit, ce qui est une conséquence de leur génération mutuelle. On trouve
$$R = 0 \quad \text{pour} \quad y'' = 0,$$

ce qui correspond généralement, ainsi qu'on l'a vu, aux points de rebroussement de première espèce de la développante.

Quant aux rebroussements de première espèce de la développée, ils correspondent d'ordinaire aux *maxima* et *minima* du rayon de courbure de la développante, comme on peut le voir par la *fig.* 57, relative à l'ellipse.

Enfin, nous ferons observer que la développante d'une courbe fermée, telle que le cercle et l'ellipse, est une spirale indéfinie, parce que l'on peut regarder le fil comme enroulé autant de fois qu'on le voudra autour de la courbe : on peut même supposer que ce fil se déroule à droite ou à gauche; donc cette spirale est double, et les deux systèmes dont elle se compose se raccordent au point de départ en faisant un rebroussement de première espèce (*fig.* 72).

IV. Le cercle osculateur d'une courbe quelconque présente une particularité remarquable, c'est qu'en général il coupe la courbe en même temps qu'il la touche. En effet, dans la portion de courbe où se trouve le point M que l'on considère, la courbure varie d'une manière continue (*fig.* 57), et augmente, par exemple, de B en A.

Fig. 57.

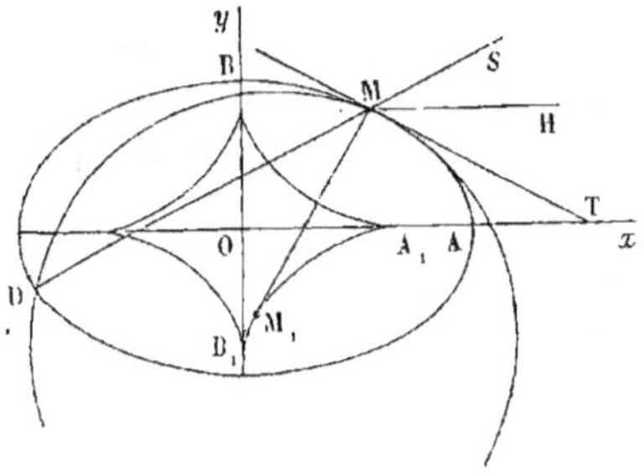

Donc, R étant le rayon de courbure M_1M au point M, cette courbure est $< \frac{1}{R}$ de B en M, et $> \frac{1}{R}$ de M en A. Mais comme elle est toujours égale à $\frac{1}{R}$ pour tous les points du cercle, il s'ensuit que de B en M ce cercle passe au-dessous de la courbe, mais que de M' en A il passe au-dessus. La figure est faite pour une ellipse, mais le raisonnement s'appliquerait à une courbe quelconque; cependant nous ferons observer, relativement à l'ellipse, que cette courbe étant du second degré, ne peut être rencontrée par un cercle qu'en quatre points : or, comme le point M d'osculation représente déjà trois de ces points communs, le cercle osculateur ne peut plus rencontrer la courbe qu'en un autre point D.

Il existe certains points pour lesquels le cercle osculateur ne coupe plus la courbe : cela arrive pour les maxima et minima de courbure de la développante, c'est-à-dire, dans l'exemple actuel, pour les sommets de l'ellipse, tels que A et B. Le cercle osculateur en A, de rayon $A_1 A$, est entièrement intérieur à l'ellipse, de même que le cercle osculateur en B, de rayon $B_1 B$, est complétement extérieur et embrasse l'ellipse. Chacun de ces deux cercles n'a qu'un point commun avec la courbe, parce que les sommets représentent quatre points ou trois éléments communs. C'est ainsi qu'une tangente, qui n'a généralement qu'un élément commun avec une courbe, en a deux dans les points d'inflexion.

Si l'on cherche l'équation de la développée $A_1 B_1$ d'une ellipse dont l'équation est

$$\frac{x^2}{a^2} + \frac{y^2}{b^2} = 1,$$

on trouvera, en posant $c^2 = a^2 - b^2$,

$$\left(\frac{ax_1}{c^2}\right)^{\frac{2}{3}} + \left(\frac{by_1}{c^2}\right)^{\frac{2}{3}} = 1,$$

x et y étant les coordonnées du point M, x_1 et y_1 celles du point M_1.

Cette équation, débarrassée des radicaux, est de la forme

$$\left(1 - \frac{a^2 x_1^2}{c^2} - \frac{b^2 y_1^2}{c^2}\right)^2 = \frac{27}{8} \frac{a^2 b^2 x_1^2 y_1^2}{c^2};$$

elle est donc du quatrième degré. On voit qu'elle représente une courbe formée de quatre branches symétriques, avec des rebroussements de première espèce qui correspondent aux sommets : il ne faudrait pas croire que le point A_1 fût un des foyers de l'ellipse.

Cette développée est la caustique par réfraction donnée par un point lumineux situé dans le milieu le plus réfringent.

Du reste, la construction graphique du cercle osculateur en un point de l'ellipse se simplifie beaucoup par le théorème suivant, dont on trouvera la démonstration dans la *Géométrie analytique* de MM. Briot et Bouquet.

Quand un cercle coupe une ellipse en quatre points, les bissectrices de l'angle des cordes communes sont parallèles aux axes de la courbe.

Cela posé, pour venir au cas du cercle osculateur, supposons que, M et D étant deux des points de rencontre du cercle et de l'ellipse, les deux autres soient sur une corde qui se rapproche indéfiniment du point M, de manière à devenir la tangente MT quand les points d'intersection de cette corde se réunissent en M; d'après la propriété précédente, la bissectrice MH sera parallèle à l'un des axes, qui se trouve ici être le grand axe.

Voici donc comment on peut construire le cercle osculateur au point M. Menez MH parallèle à OA, et faites l'angle SMH = HMT, MT étant la tangente en M : prolongez SM jusqu'à la rencontre de l'ellipse en un point D, et par les points D et M faites passer un cercle tangent à MT; ce sera le cercle osculateur.

V. Le calcul de la formule

$$R^2 = \frac{(1 + y'^2)^3}{y''^2},$$

qui donne le rayon de courbure, est quelquefois assez pénible ; il est donc utile de savoir obtenir directement l'expression, quelquefois très-simple, du rayon de courbure dans certains points où cette considération est particulièrement importante, tels que les sommets des courbes, sans être obligé de passer par la formule générale. Nous suivrons pour cela une méthode analogue à celle que nous avons employée pour les tangentes au commencement du n° 97, c'est-à-dire que nous chercherons à identifier l'équation d'un cercle avec celle de la courbe, pour les premières puissances des coordonnées. Nous savons, d'ailleurs, que le centre du cercle osculateur est sur la normale au point de contact, dont nous connaissons la direction par celle de la tangente.

Considérons d'abord la parabole dont l'équation est

$$y^2 = 4fx,$$

f étant la distance du foyer au sommet. Le cercle osculateur ayant son centre sur l'axe des x, aura pour équation

$$y^2 = 2Rx - x^2;$$

négligeons x^2 relativement à x, puisque nous considérons des

points très-voisins du sommet, il reste à identifier $2\mathrm{R}x$ avec $4fx$, ce qui donne
$$\mathrm{R} = 2f.$$

De même, l'équation de l'ellipse rapportée à son sommet négatif sur le grand axe étant
$$y^2 = \frac{2b^2}{a}x - \frac{b^2}{a^2}x^2,$$

et celle du cercle osculateur en ce point étant
$$y^2 = 2\mathrm{R}x - x^2,$$

nous aurons, par le même raisonnement,
$$\mathrm{R} = \frac{b^2}{a};$$

pour les extrémités du petit axe, on aurait
$$\mathrm{R} = \frac{a^2}{b}.$$

On peut souvent faire disparaître, par cette méthode, les indéterminations que présenterait la formule générale. Considérons la courbe qui a pour équation
$$y^4 - x^4 + 2ax^2y = 0,$$

et relativement à laquelle nous avons déjà reconnu (102) que l'origine était à la fois un rebroussement de première espèce pour deux branches situées du côté des y négatifs, et un point de contact avec l'axe des x pour une branche placée du côté des y positifs. On sait que le rayon de courbure est nul à l'origine pour les branches de rebroussement, mais pour les branches de contact il a une valeur que nous allons chercher.

Le centre du cercle osculateur étant sur l'axe des y, ce cercle aura pour équation
$$x^2 = 2\mathrm{R}y - y^2,$$
ou plutôt
$$x^2 = 2\mathrm{R}y,$$

en négligeant y^2 relativement à y. D'un autre côté, l'équation de

la courbe nous donne
$$x^2 = ay + y\sqrt{a^2 + y^2}.$$

Développons
$$\sqrt{a^2 + y^2} = a\sqrt{1 + \left(\frac{y}{a}\right)^2} = a\sqrt{1 + \varepsilon},$$

en posant
$$\varepsilon = \left(\frac{y}{a}\right)^2,$$

nous savons que, pour ε très-petit, il reste
$$\sqrt{1 + \varepsilon} = 1 + \frac{\varepsilon}{2} = 1 + \frac{y^2}{2a^2}.$$

Ici nous devons même négliger le dernier terme, qui donnerait $\frac{y^3}{2a}$, et nous aurons
$$x^2 = 2ay,$$

d'où l'on tire
$$R = a.$$

Cette méthode s'applique à d'autres points que les sommets proprement dits. Ainsi, cherchons le rayon de courbure à l'origine pour la courbe dont l'équation est
$$y = \left(\frac{x}{x+1}\right)^2.$$

On sait que, pour x très-petit, $\frac{x}{x+1}$ se réduit à x; il reste donc
$$y = x^2.$$

Quant au cercle, son équation sera
$$x^2 = 2Ry$$

en négligeant y^2, ou bien
$$y = \frac{x^2}{2R};$$

identifiant avec $y = x^2$, on trouve
$$\frac{1}{2R} = 1,$$
ou bien
$$R = \frac{1}{2}.$$

Ici, l'origine n'est pas un véritable sommet, car le cercle osculateur coupe la courbe.

VI. Nous avons admis, dans le paragraphe précédent, que le point pour lequel on cherchait le rayon de courbure était l'origine elle-même ; c'est ce qu'il est toujours facile de supposer, en transportant les coordonnées parallèlement à leur direction.

Mais nous avons admis en même temps que cette direction des axes rectangulaires était celle de la tangente et de la normale à la courbe au point que l'on considère : on réalise cette supposition, si l'on change x en $x\cos\alpha - y\sin\alpha$, et y en $x\sin\alpha + y\cos\alpha$: de cette manière, on revient aux hypothèses du paragraphe précédent, α étant l'inclinaison de la tangente.

La courbe donnée étant donc tangente à l'axe des x, et son équation étant de la forme
$$0 = Ax + By + Cx^2 + Dxy + Ey^2 + \ldots,$$
je dis d'abord qu'on devra avoir
$$A = 0.$$

En effet, divisons tout par x, il vient
$$0 = A + B\frac{y}{x} + Cx + Dy + Ey \cdot \frac{y}{x} + \ldots.$$

Considérons l'origine où $x = 0$, $y = 0$, mais cependant où l'inclinaison de la tangente à l'origine étant nulle, on doit avoir
$$\frac{y}{x} = 0;$$
il reste alors
$$A = 0.$$

Cela posé, nous remarquerons encore que le terme Ey^2 est négligeable relativement à Dxy, car

$$Dxy + Ey^2 = y(Dx + Ey),$$

et si l'on divise par x la quantité entre parenthèses, on obtient

$$D + E\frac{y}{x},$$

ce qui se réduit à D pour l'origine, d'après ce que l'on vient de voir. On peut donc négliger le terme en y^2 devant le terme en xy.

L'équation de la courbe près de l'origine est donc

$$0 = y(B + Dx) + Cx^2,$$

ce qui donne

$$y = -\frac{Cx^2}{B + Dx};$$

mais pour x très-petit on sait que cela se réduit à

$$y = -\frac{Cx^2}{B},$$

ce qui amène à négliger à son tour le terme en xy.

On a donc

$$x^2 = -\frac{B}{C}y,$$

équation qu'il faut identifier avec celle du cercle osculateur à l'origine, qui est

$$x^2 = 2Ry.$$

Enfin

$$-\frac{B}{C} = 2R, \quad \text{ou bien} \quad R = -\frac{B}{2C}.$$

Il y a inflexion si $R = \infty$, c'est-à-dire si $C = 0$.

DIFFÉRENTES ESPÈCES DE COURBES ALGÉBRIQUES.

104. On dit qu'une courbe plane est *algébrique*, quand elle peut se représenter par une équation à deux variables d'un nombre fini de termes, avec des exposants entiers qui indiquent le degré de la courbe.

THÉORIE DES COURBES PLANES.

Dans le cas contraire, on dit que la courbe est *transcendante*.

Les théories que nous avons exposées jusqu'à présent s'appliquent à toute espèce de courbes, quoique nous ne les ayons encore appliquées qu'à des courbes algébriques, excepté celle qui nous a servi d'exemple pour les points d'arrêt, et dont l'équation est

$$y + 1 = e^{-\frac{1}{x}};$$

mais aussi des points de cette nature ne se rencontrent jamais dans les courbes algébriques, non plus que les points saillants.

Nous avons déjà cité (**97**, III) le *Folium* de Descartes, dont l'équation

$$y^3 - 3axy + x^3 = 0,$$

ne pouvant se résoudre par rapport à aucune des variables, se discute en posant

$$\frac{y}{x} = t = \tang \omega.$$

Nous avons parlé aussi de la *cissoïde* de Dioclès (*), qui a pour équation ordinaire

$$y^2 = \frac{x^3}{2a - x},$$

et pour équation polaire

$$\rho = 2a \sin \omega \tang \omega.$$

Voici sa description géométrique :

A l'une des extrémités d'un diamètre fixé pris sur un cercle de rayon a, élevez une perpendiculaire sur ce diamètre; de l'autre extrémité menez, sous une direction arbitraire, une sécante qui détermine sur le cercle une certaine corde, et va ensuite couper la perpendiculaire : portez sur cette sécante, à partir de l'extrémité du diamètre, une longueur égale à la portion de la sécante interceptée entre l'extrémité de la corde et la perpendiculaire,

---

(*) Ce nom de *cissoïde* signifie que la courbe ressemble à une feuille de lierre.

les points ainsi obtenus pour différentes directions formeront une cissoïde.

Nous allons encore rappeler les noms et les équations de quelques courbes algébriques :

Courbe du diable. — Ainsi nommée parce qu'elle ressemble au jouet d'enfant qui porte ce nom. Son équation est

$$y^4 - x^4 - 96\,a^2 y^2 + 100\,a^2 x^2 = 0.$$

Conchoïde de Nicomède. — Étant donnés un point A et une droite OD (*fig.* 58), si par ce point on mène la sécante AD qui coupe OD en D, et que sur cette sécante on prenne de part et d'autre du point D la distance constante $DM = DM' = b$, le lieu des points M et M' s'appelle une *conchoïde*.

Fig. 58.

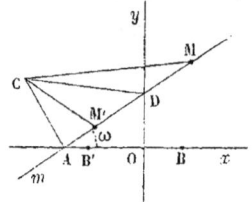

Soit $OA = a$ la distance du point à la droite, soient l'angle $DAO = \omega$ et ρ le rayon vecteur; la figure donne immédiatement

$$\rho = \frac{a}{\cos\omega} \pm b.$$

Mais il faut observer que tous les points peuvent être donnés par la seule formule

$$\rho = \frac{a}{\cos\omega} + b,$$

si l'on admet, comme on peut le faire toujours pour les coordonnées polaires, que l'on donne à ω des valeurs plus grandes que 180 degrés, et qu'un rayon vecteur négatif doive se porter en sens inverse de l'angle correspondant. Cela posé, admettons, pour fixer les idées, que l'on ait $a > b$ et à plus forte raison $\frac{a}{\cos\omega} > b$: nous aurons d'abord le rayon vecteur

$$\rho = AM = \frac{a}{\cos\omega} + b.$$

Maintenant donnons à l'angle variable la valeur $180 + \omega$, ce qui dirigera le rayon vecteur suivant A*m*.

La formule
$$\rho = \frac{a}{\cos\omega} + b$$

nous donnera, pour cette nouvelle direction,

$$\rho' = \frac{a}{\cos(180+\omega)} + b = -\frac{a}{\cos\omega} + b,$$

valeur négative, et qu'il faudra par conséquent porter, non pas de A vers m, mais de A en M'; or nous voyons que

$$\rho' = -\left(\frac{a}{\cos\omega} - b\right).$$

Ainsi la valeur

$$\mathrm{AM'} = \frac{a}{\cos\omega} - b$$

sera donnée par la formule générale

$$\rho = \frac{a}{\cos\omega} + b.$$

De même la formule

$$\rho = \frac{a}{\cos\omega} - b$$

donnerait aussi toute la courbe. L'équation ordinaire, en prenant O pour origine, sera

$$x^2 y^2 = (a+x)^2(b^2 - x^2).$$

La courbe se composera toujours, comme on le voit par sa description même, de deux parties séparées par leur commune asymptote OD.

La portion qui a son sommet en B aura toujours en ce point une tangente parallèle à l'asymptote et deux points d'inflexion symétriquement placés par rapport à OB, mais la forme de l'autre branche variera suivant les grandeurs relatives de a et de b.

Si $a > b$, comme la *fig.* 58 le suppose, la tangente en B' est encore parallèle à l'asymptote, et cette autre branche a aussi deux inflexions; de plus, l'équation par les coordonnées montre que A est alors un point *conjugué*.

Si $b = a$, les points B' et A se réunissent et forment un rebroussement de première espèce, OA étant la tangente commune.

Enfin, si $a < b$, les points B' et A échangent évidemment les positions qu'ils ont sur la *fig.* 58 et il se forme entre eux une boucle qui se rattache aux branches infinies situées de ce côté de l'asymptote.

Pour observer toutes ces particularités, il faut déduire de l'équation
$$\rho = \frac{a}{\cos\omega} + b$$
la relation
$$\tang(\theta - \omega) = \frac{\rho \cos^2\omega}{\sin\omega} = \frac{\rho a^2}{(\rho - b)\sqrt{(\rho - b)^2 - a^2}};$$
seulement, pour lever l'indétermination que donnerait $\rho = 0$ pour $a = b$, il faut poser
$$\tang^2(\theta - \omega) = \frac{\rho b^4}{(\rho - b)(\rho - 2b)},$$
après avoir remarqué que le radical $\sqrt{(\rho-b)^2 - a^2}$, qui devient alors $\sqrt{\rho^2 - 2b\rho}$, ne devient pas imaginaire pour $\rho < 2b$, parce que ρ peut être négatif.

Dans le cas où $a < b$, pour trouver $\rho = 0$, il faut poser
$$\frac{a}{\cos\omega} + b = 0, \quad \text{d'où} \quad \cos\omega = -\frac{a}{b}.$$
Alors
$$\tang(\theta - \omega) = 0,$$
ce qui prouve que θ est égal à l'angle ω ou bien à son supplément. On trouve aussi les tangentes au point où se croise la boucle.

Nous remarquerons d'ailleurs qu'il est très-facile de construire graphiquement la tangente en un point quelconque par la considération du centre instantané de rotation. Soit la sécante AM'M qui donne les points M' et M de la courbe; élevez AC perpendiculaire à AM et DC perpendiculaire à OD; ces droites se coupent en C, qui est le centre de rotation : donc CM et CM' seront normales à la courbe.

Lieu des points tels, que le produit a^2 des distances de chacun d'eux à deux points fixes F et F' soit constant.

Soit
$$FF' = 2c,$$
on trouve pour équation
$$(x^2 + y^2)^2 + 2c^2(y^2 - x^2) = a^4 - c^4.$$

L'équation polaire sera
$$\rho^4 - 2c^2\rho^2 \cos 2\omega = a^4 - c^4,$$
mais il se présente diverses particularités suivant les valeurs de a et de c :

1°. $a < c$; on a deux courbes séparées.

2°. $a = c$; on a une courbe en forme de 8 qui s'appelle la *lemniscate*. C'est donc le lieu des points tels, que le produit des distances de chacun d'eux à deux points fixes F et F' est égal au carré a^2 de la moitié de FF'. Elle a donc pour équation
$$x^2 + y^2 + 2a^2(y^2 - x^2) = 0, \quad \text{ou bien} \quad \rho^2 = 2a^2 \cos 2\omega.$$

3°. $a > c$. Ce troisième cas présente lui-même trois circonstances différentes, suivant que
$$a < c\sqrt{2}, \quad a > c\sqrt{2} \quad \text{ou} \quad a = c\sqrt{2};$$
dans cette dernière supposition, on a une figure appelée *ovale de Cassini*.

SCARABÉE. — Les extrémités d'une droite de longueur constante $2a$ glissant sur deux droites rectangulaires; d'un point fixe pris sur la bissectrice de ces axes on abaisse une perpendiculaire sur la droite mobile : trouver le lieu des pieds de ces perpendiculaires.

Soit b la distance du point fixe aux deux axes, et supposons les coordonnées transportées à ce point fixe comme origine, on a l'équation

$$(x^2 + y^2)^3 + b^2(x+y)^2(x^2+y^2) - 4a^2x^2y^2 = 0.$$

(*Voir* la *Géométrie analytique* de MM. Briot et Bouquet.)

LIMAÇON DE PASCAL. — Nous allons encore étudier la courbe connue sous ce nom, et qui sert pour ainsi dire de transition entre les courbes algébriques et les courbes transcendantes, parce qu'elle se rattache à l'épicycloïde.

Étant donnés un cercle de diamètre $AO = a$ (*fig*. 59) *et un point* A *sur sa circonférence, menez une corde quelconque terminée à ce cercle en* P, *et prenez, à partir du point* P, *sur cette corde, la distance constante* $PM = PM' = b$, *le lieu des points* M *et* M' *est le limaçon de Pascal*.

Fig. 59.

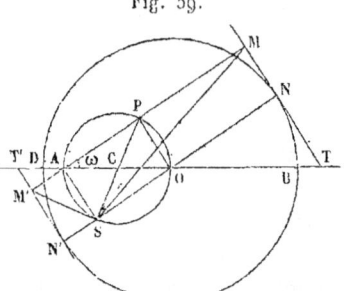

On voit immédiatement que c'est aussi le *lieu des pieds des perpendiculaires abaissées du point* A *sur les tangentes à une circonférence de centre* O *et de rayon* $OB = b$. Cela se reconnaît, parce que le rayon $ON = ON' = b$ est aussi égal à $PM = PM'$.

Du reste, le triangle rectangle APO donne

$$AP = a \cos \omega.$$

Ainsi l'équation de la courbe se présente sous la forme

$$\rho = a \cos \omega \pm b;$$

mais il serait facile de faire voir, par le raisonnement déjà employé pour la conchoïde, que tous les points M ou M' peuvent être représentés par une seule équation

$$\rho = a \cos \omega + b, \quad \text{ou bien} \quad \rho = a \cos \omega - b.$$

L'équation exprimée par les coordonnées sera

$$x^2 + y^2 - ax = b\sqrt{x^2 + y^2}, \quad \text{ou bien} \quad \rho^2 - b\rho = ax.$$

THÉORIE DES COURBES PLANES.

La courbe prendra diverses formes, suivant que l'on aura

$b > a$ (*fig.* 60), $\quad b < a$ (*fig.* 61), $\quad b = a$ (*fig.* 62).

Fig. 60.   Fig. 61.

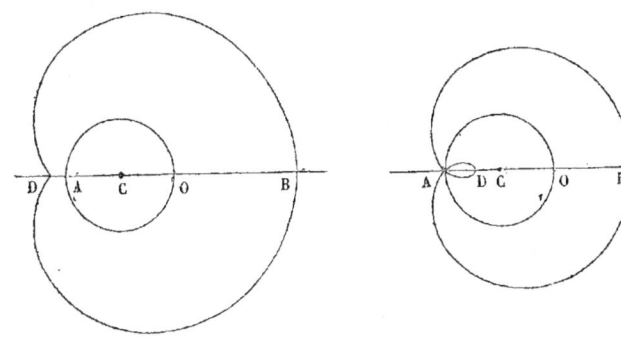

Fig. 62.

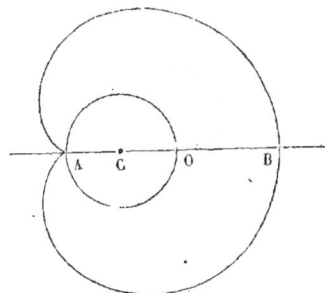

Si $b > a$, la courbe ne passe point par l'origine; cependant cette origine en fait toujours partie comme point conjugué, car l'équation par les coordonnées est toujours satisfaite pour

$$x = 0, \quad y = 0.$$

On trouve

$$\tang(\theta - \omega) = \frac{-(a\cos\omega + b)}{a\sin\omega} = -\frac{\rho}{\sqrt{a^2 - (\rho - b)^2}},$$

ce qui se réduit, pour le troisième cas où $a = b$, à

$$\tang(\theta - \omega) = -\cot\frac{1}{2}\omega = \sqrt{\frac{\rho}{\rho - 2a}},$$

ce qui lève l'indétermination et fait voir que le point A (*fig.* 62) est un rebroussement de première espèce, où AO est tangente.

On verra, comme pour la conchoïde, que dans la *fig.* 61, au point A, pour lequel $\rho = 0$ et $\cos\omega = -\dfrac{b}{a}$, la formule

$$\tang(\theta - \omega) = 0$$

fait voir que θ est égal ou supplémentaire de ω, c'est-à-dire que les tangentes en ce point ont pour cosinus $\pm\dfrac{b}{a}$.

Enfin, nous indiquerons encore la manière de mener la tangente par la considération du centre instantané de rotation. Soit C (*fig.* 59) le centre du cercle de diamètre $AO = a$, soit S l'extrémité du diamètre dont PC est la moitié, S sera le centre instantané de rotation, car le point P est mobile sur le cercle et l'angle PAS est droit; de sorte que AS est perpendiculaire à la sécante mobile. Donc SM, SM′ seront normales à la courbe.

On a dû remarquer plusieurs analogies entre la conchoïde de Nicomède et le limaçon de Pascal. En effet, il est possible de trouver une courbe dont les deux lignes indiquées ne soient que des cas particuliers.

Du point quelconque O (*fig.* 63), *menez au cercle de rayon $CA = R$ et de centre C une sécante OM qui coupe la circonférence en N et N_1, et de part et d'autre de chacun de ces points, prenez les distances*

Fig. 63.

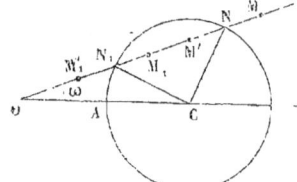

$$NM = NM' = N_1 M_1 = N_1 M'_1 = b,$$

on demande le lieu des points ainsi obtenus.

Chacun des triangles OCN, OCN$_1$ donnera, en posant $OA = a$, la relation

$$\cos\omega = \frac{(a+R)^2 + (\rho \pm b)^2 - R^2}{2(a+R)(\rho \pm b)},$$

ou bien, en observant que le double signe est inutile et qu'on peut ne garder que l'une des valeurs $\pm b$, comme dans les deux

THÉORIE DES COURBES PLANES. 311

courbes indiquées, puis réduisant, nous aurons

$$2\cos\omega(a+R)(\rho+b) = a^2 + 2aR + (\rho+b)^2.$$

Pour tirer de cette formule générale celle de la conchoïde, il faut diviser par R, puis poser $R = \infty$, ce qui donne

$$2\cos\omega\left(\frac{a}{R}+1\right)(\rho+b) = \frac{a^2}{R} + 2a + \frac{(\rho+b)^2}{R},$$

et ensuite

$$2\cos\omega(\rho+b) = 2a, \quad \text{ou bien} \quad \rho = \frac{a}{\cos\omega} - b,$$

ce qui est l'une des formes de l'équation de la conchoïde.

Ensuite, si $a = 0$, il reste

$$2R\cos\omega(\rho+b) = (\rho+b)^2.$$

On a donc l'ensemble du cercle représenté par $\rho = b$, puisque le signe de b est indifférent, et de la courbe qui a pour à équation

$$\rho + b = 2R\cos\omega \quad \text{et} \quad \rho = 2R\cos\omega - b;$$

c'est l'une des équations du limaçon de Pascal.

Nous allons encore chercher la tangente à cette courbe (*fig.* 64).

Fig. 64.

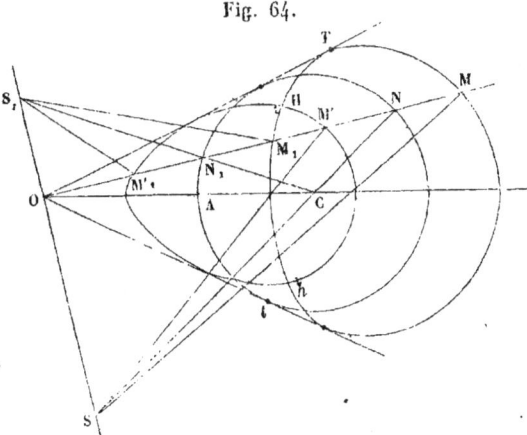

Soit la sécante ONN_1 coupant la circonférence aux points N et N_1, et menez au point O la perpendiculaire SOS_1 à ONN_1; joignez NC qui coupe SOS_1 en S, de sorte que SM et SM' seront des normales, puisque S est le centre instantané relatif au point N. De même, joignez N_1C qui coupe SOS_1 en S_1, centre instantané relatif à N_1, vous aurez les normales S_1M_1, $S_1M'_1$.

On peut chercher quels sont les points H, h pour lesquels les deux portions de courbe se coupent ; les points M' et M_1 se confondent au milieu de la corde NN_1 pour faire un triangle rectangle dont l'hypoténuse est
$$OC = a + R,$$
ce qui donne, pour H et h,
$$\rho = (a + R)\cos\omega.$$

Si donc, sur $OC = a + R$ comme diamètre, on décrit une circonférence, elle passera aux points H et h, quel que soit b, et aux points T et t de contact de la circonférence donnée avec les tangentes menées du point O, ce qui correspond à $b = 0$: les sécantes OH, OA au cercle de centre C donneront
$$\rho^2 - b^2 = (a + 2R)a.$$

103. Cycloïdes et épycicloïdes. — Nous allons examiner maintenant quelques courbes transcendantes.

I. Une des plus importantes est la *cycloïde*, dont voici la définition :

Un cercle de rayon $CA = a$ (*fig.* 65) roule *sans glisser* sur une

Fig. 65.

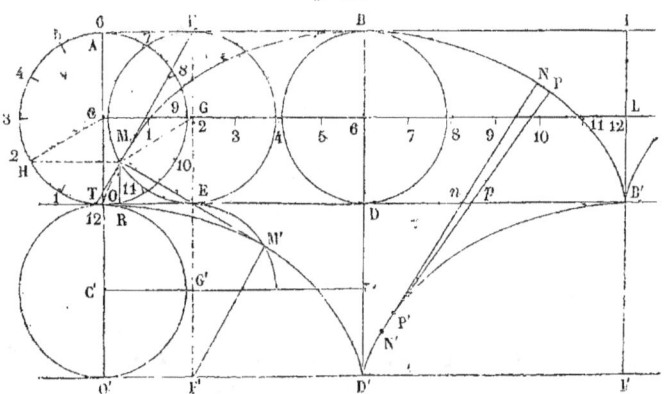

droite DO; un point fixe placé sur cette circonférence et partant du contact en O décrit la courbe nommée *cycloïde* (*).

Prenons sur OD la distance $OB' = 2\pi a$, c'est-à-dire égale à la longueur de la circonférence, il est clair que le cercle arrivé à cet endroit aura fait une révolution entière, et que le point B' sera sur la courbe, ainsi que O; après cela, la courbe continuant son mouvement, donnera une seconde courbe égale à la première, en sorte que la cycloïde sera composée d'une infinité d'arceaux égaux entre eux.

D'ailleurs, le milieu B d'un arceau sera à une distance de OD marquée par $BD = 2a$, puisque le point décrivant aura parcouru une demi-circonférence.

Il est facile de construire la courbe par points. Nous avons pris $OB' = 2\pi a$; divisons la circonférence et OB' en un même nombre de parties égales, en 12 par exemple. Soit H le second point de division de la circonférence, et G le second point de division de la droite $CL = OB'$; du centre G et du rayon $GM = a$ décrivons une portion de cercle qui rencontre en M la parallèle HM à OD et à CL, je dis que M est un point de la courbe, car l'arc ME, de centre G, est évidemment égal à l'arc HO de centre C: on trouvera de même d'autres points de la courbe.

Comme le cercle roule sans glisser, on voit que le point E de contact correspondant à M est le centre instantané de rotation; donc ME est normale et donne la tangente FM, F étant l'extrémité du diamètre EGF.

Prolongeons ME d'une quantité EM' égale à elle-même, et imaginons en dessous de OD un cercle égal au premier, roulant sur D'O' parallèle à DO à la distance $2a$, mais roulant en sens contraire, c'est-à-dire de D' vers O': je dis alors que, si je considère ce nouveau cercle mobile dans la position du diamètre EG'F', prolongement de FGE, et si je prends M' pour le point mobile, il arrivera en O quand le cercle aura roulé jusqu'en O'. En effet, l'arc $EM' = EM$ est égal à la droite EO, ce qui prouve que M' arrivera en O en même temps que F' en O'. On voit, d'après cela,

---

(*) Pascal s'est occupé de cette courbe, qu'à cette époque on appelait quelquefois la *roulette*.

314   CHAPITRE SEPTIÈME.

que l'ensemble des points M' déterminera au-dessous de OD une autre cycloïde égale à la première, puisqu'elle est engendrée par un cercle égal, mais placée inversement, comme l'indique la figure. D'ailleurs, cette nouvelle cycloïde étant formée par les intersections consécutives des droites telles que EM', normales à la première courbe, *sera la développée de cette première cycloïde*, et la droite EM' lui sera tangente.

On remarque aussi que *le rayon de courbure* MM' *est double de la normale* EM. Donc, en supposant un fil enroulé sur la développante OD', on voit que MM' sera la longueur de l'arc OM', et, enfin, *le double diamètre* BD' *est égal au demi-arceau* OD'.

On peut encore établir un théorème remarquable relatif à la surface de l'arceau de cycloïde.

Considérons les deux tangentes infiniment voisines à la développée NN', PP', qui sont en même temps normales à la développante, et soient n et p les points où elles coupent OB'. On sait que N'n est la moitié de N'N et $P'p = \frac{1}{2} P'P$; or, les figures NN'P'P, nN'P'p pouvant être considérées comme des triangles qui ont NP et np pour base, et un angle égal au sommet, seront entre elles comme les produits des côtés qui composent cet angle, c'est-à-dire que
$$NN'P'P = 4 . n N'P'p.$$
On en conclura
$$D'BB' = 4 . D'DB';$$
mais, en transposant le demi-arceau DBB' dans la partie inférieure, on voit que
$$D'BB' = D'DB'I'.$$
Ainsi, le demi-arceau D'B'I' est égal aux trois quarts du rectangle D'DB'I', qui a pour côtés $2a$ et πa, et dont la surface est égale à $2\pi a^2$: donc
$$\frac{1}{2} \text{arceau} = \frac{3}{2} \pi a^2,$$
ce qui fait voir que *la surface d'un arceau de la cycloïde est trois fois celle du cercle générateur*.

Quant à l'équation de la cycloïde, soit MGE $= \omega$, l'arc ME qui est égal à la droite OE $= a\omega$, et soient MR $= y$, OR $= x$, on trouve facilement

$$x = a(\omega - \sin\omega) \quad \text{et} \quad y = a(1 - \cos\omega);$$

d'où l'on tire

$$\frac{x}{a} = \arccos\left(1 - \frac{y}{a}\right) - \frac{\sqrt{2ay - y^2}}{a}.$$

Nous indiquerons encore deux propriétés mécaniques de la cycloïde.

Cette courbe, en la supposant renversée de manière que le sommet B soit au bas du diamètre supposé vertical, est la *brachistochrone*, c'est-à-dire qu'un mobile pesant doit suivre une cycloïde pour descendre d'un point à un autre dans le plus court espace de temps.

Cette courbe est encore *tautochrone*; ainsi, quel que soit le point de la cycloïde où l'on place un mobile pesant, il mettra le même temps pour descendre au sommet inférieur. Huyghens avait cherché à utiliser cette propriété pour régulariser le mouvement des pendules dans les horloges.

II. On peut imaginer qu'un point intérieur ou extérieur au cercle roulant, et attaché fixement à son centre, tourne en même temps que ce centre; alors il engendre une *cycloïde raccourcie*, ou bien une *cycloïde allongée*.

Les *fig.* 66 et 67 indiquent suffisamment la forme de ces

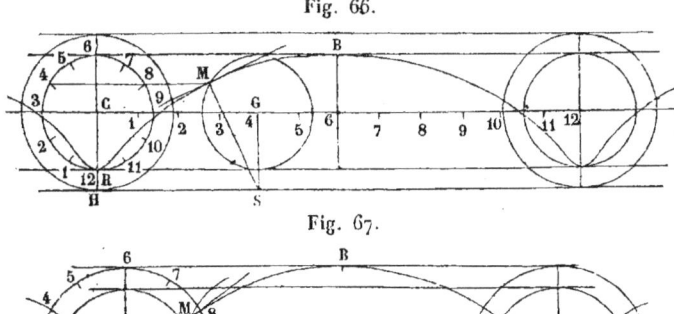

Fig. 66.

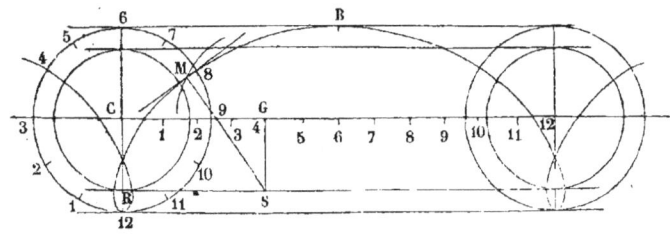

Fig. 67.

316   CHAPITRE SEPTIÈME

courbes, ainsi que la manière de les construire par points, et même de trouver la tangente par le centre instantané de rotation.

III. ÉPICYCLOÏDE. — Si le cercle de rayon $CO = r$ (*fig.* 68) roule sans glisser, non plus sur une droite, mais sur un cercle de rayon $OA = R$, le point mobile partant du contact en O décrit une courbe qu'on appelle *épicycloïde*.

Fig. 68.

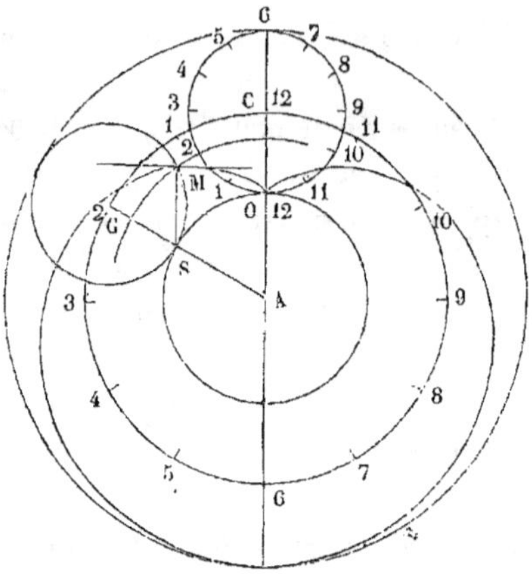

La figure montre comment on peut construire cette courbe par points, et trouver la tangente par le centre instantané de rotation.

IV. Nous ne chercherons pas l'équation générale de l'épicycloïde, mais il est clair qu'elle est transcendante, car c'est ce qui a déjà lieu pour la cycloïde, qui pourtant est un cas particulier de l'épicycloïde, quand on suppose $R = \infty$.

Cependant l'équation de l'épicycloïde est algébrique quand le rapport $\dfrac{R}{r}$ est *commensurable*.

Par exemple, si $r = R$ (*fig.* 69), soient A le point de départ et M une position du mobile, de sorte que l'arc $BM = BA$; soit donc ω l'angle en O et par suite en C, il est clair que AM est parallèle à OC.

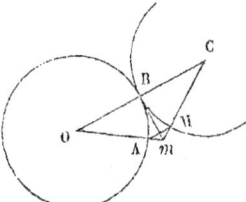

Fig. 69.

Soit aussi $AM = \rho$, on voit que cette ligne est aussi divisée en deux parties égales, de même que OC,

par la tangente Bm. Alors
$$\frac{p}{2r} = \frac{Am}{Om};$$
mais le triangle BOm donne
$$Om = \frac{r}{\cos \omega},$$
et d'ailleurs
$$Am = Om - r = r\left(\frac{1}{\cos \omega} - 1\right),$$
d'où enfin
$$p = 2r(1 - \cos \omega);$$
on reconnaît alors que cette épicycloïde n'est autre chose que le troisième cas du limaçon de Pascal, pour lequel
$$b = a = 2r.$$
Seulement, la figure est renversée, et l'angle appelé ω d'un côté est $180 - \omega$ de l'autre, ce qui change le signe du cosinus.

On peut imaginer des épicycloïdes raccourcies ou allongées, comme pour les cycloïdes; les deux premiers cas du limaçon de Pascal rentrent dans ces espèces de courbes.

V. Au lieu de faire rouler le cercle mobile à l'extérieur du cercle fixe, on peut le faire rouler à l'intérieur, ce qui donnera encore d'autres espèces d'épicycloïdes.

Nous considérerons en particulier le cas dans lequel le cercle mobile a un rayon moitié de celui du cercle fixe, circonstance à laquelle se rapporte un problème que nous avons traité sur les caustiques. Il s'agissait alors de l'épicycloïde extérieure; mais si $r = \frac{1}{2}R$, l'épicycloïde *intérieure* se réduit à une droite: dans le même cas, les épicycloïdes raccourcies ou allongées *intérieures* deviennent des ellipses. Nous laissons au lecteur le soin de chercher la démonstration de ces énoncés.

SPIRALES.

106. On appelle ainsi les courbes qui font un nombre indéfini de circonvolutions autour d'un point fixe. Il en existe plusieurs espèces, mais nous n'en considérerons que deux.

CHAPITRE SEPTIÈME.

I. Spirale de Conon ou d'Archimède. — Une droite tourne avec une vitesse constante à partir de la position initiale OA et du centre O (*fig.* 70); en même temps un point parti du centre O se meut sur le rayon vecteur mobile avec une vitesse aussi constante et décrit la spirale indiquée.

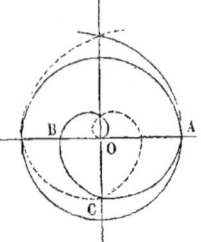

Fig. 70.

(On a supposé dans la figure un tel rapport entre ces deux vitesses, que le point mobile vienne en A après une révolution.)

Pour construire la courbe par points, il suffit de diviser une longueur donnée en parties proportionnelles à un même nombre de divisions prises sur une circonférence de centre O et de rayon arbitraire, sauf à établir convenablement la proportion. D'ailleurs, le rayon vecteur étant proportionnel à l'arc, l'équation de la courbe sera

$$\rho = a\omega.$$

Dans le cas de la figure; soit $OA = r$, on aura

$$\rho = r \quad \text{pour} \quad \omega = 2\pi,$$

d'où

$$r = a \cdot 2\pi \quad \text{et} \quad a = \frac{r}{2\pi},$$

ce qui fait que l'équation devient

$$\rho = \frac{r}{2\pi} \cdot \omega.$$

L'inclinaison de la tangente est toujours donnée par la relation

$$\tan(\theta - \omega) = \rho \frac{d\omega}{d\rho}.$$

Mais l'équation

$$\rho = a\omega$$

donne

$$\frac{d\omega}{d\rho} = \frac{1}{a},$$

et il reste

$$\tan(\theta - \omega) = \omega,$$

THÉORIE DES COURBES PLANES.

ce qui montre que OA est la tangente à l'origine. L'angle $\theta - \omega$ étant toujours, comme on le sait, l'angle que fait la tangente avec le rayon vecteur, on a

$$\tang(\theta - \omega) = \frac{\rho}{a}.$$

Il faut observer que la courbe ne part point brusquement du point O, parce que l'on doit aussi imaginer le mouvement opéré dans un autre sens, ce qui donne la courbe ponctuée.

II. SPIRALE LOGARITHMIQUE. — On appelle ainsi la courbe qui a pour équation

$$\rho = a^\omega, \quad \text{ou bien} \quad \omega = \log \rho,$$

dans un système quelconque (*fig.* 71). Cette équation montre que

Fig. 71.

l'origine est un *point asymptotique* dont la courbe s'approche indéfiniment sans jamais le rencontrer, car $\rho = 0$ donne

$$\omega = -\infty.$$

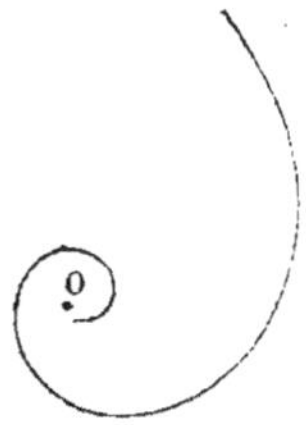

La construction par points est fondée sur ce que *l'accroissement de l'arc est proportionnel à celui du rayon vecteur*, à partir d'un premier point une fois construit; en effet

$$d\rho = a^\omega \cdot l\,a \cdot d\omega = l\,a \cdot \rho\,d\omega,$$

et il est clair que $\rho\,d\omega$ est l'accroissement de l'arc.

Ensuite, l'angle $\theta - \omega$ de la tangente avec le rayon vecteur étant toujours donné par la formule

$$\tang(\theta - \omega) = \rho \cdot \frac{d\omega}{d\rho},$$

remarquons que

$$\frac{d\omega}{d\rho} = \frac{1}{\rho \cdot l\,a},$$

ce qui donne

$$\tang(\theta - \omega) = \frac{1}{l\,a};$$

par conséquent, *la tangente fait un angle constant avec le rayon vecteur*, propriété très-importante et qui pourrait servir de définition géométrique à la courbe.

Nous énoncerons encore ce théorème remarquable, que la développée d'une spirale logarithmique n'est autre chose que cette même spirale qui a tourné d'un certain angle en gardant le même pôle.

Enfin la spirale logarithmique sera encore la projection sur la base d'un cône droit, d'une hélice conique tracée sur ce cône, c'est-à-dire d'une courbe à double courbure faisant le même angle avec toutes les génératrices du cône.

107. Nous allons étudier encore quelques courbes transcendantes qui se rencontrent assez fréquemment.

DÉVELOPPANTE DU CERCLE (*fig.* 72). — On voit, d'après le nom de cette ligne, que c'est la courbe obtenue en déroulant un fil à partir d'un point donné sur une circonférence.

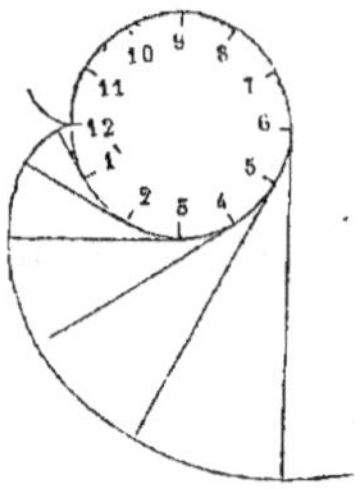

Fig. 72.

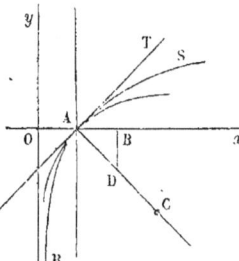

Pour obtenir cette courbe par points, nous supposerons la circonférence divisée en un certain nombre de parties égales, 12 par exemple, en prenant sur les tangentes correspondantes des longueurs égales aux portions de la circonférence.

LOGARITHMIQUE (*fig.* 73). — On appelle ainsi la *courbe* qui a pour équation

$$y = l\,x.$$

Fig. 73.

L'axe des y est asymptote du côté négatif, car $x = 0$ donne

$$y = -\infty.$$

On peut chercher le rayon de courbure au point A qui a pour coordonnées

$$y = 0 \quad \text{et} \quad x = 1;$$

pour cela, remarquons que l'on a, en général,

$$y' = \frac{dy}{dx} = \frac{1}{x};$$

THÉORIE DES COURBES PLANES.   321

ce qui, pour $x = 1$, donne
$$y' = 1.$$

Ainsi, la tangente en A fait un angle de 45 degrés avec l'axe des x.

Pour trouver la position C du centre de courbure sur la normale, on pourrait facilement, comme on l'a vu (**103**, VI), transporter l'origine en A et changer la direction des axes suivant les bissectrices. Mais ici il est plus simple de se reporter à la formule générale
$$R^2 = \frac{(1 + y'^2)^3}{y''^2};$$
on a déjà trouvé
$$y' = \frac{1}{x},$$
ce qui donne
$$(1 + y'^2)^3 = \frac{(1 + x^2)^3}{x^6}; \quad \text{ensuite} \quad y'' = -\frac{1}{x^2},$$
et, par suite,
$$R^2 = \frac{(1 + x^2)^3}{x^2}.$$

Ici $x = 1$; ce qui donne
$$R^2 = 2^3 = 8 \quad \text{et} \quad R = 2\sqrt{2}.$$
Soit donc
$$AB = OA = 1;$$
élevons jusqu'à la normale bissectrice la perpendiculaire $BD = 1$, et prenons $DC = AD$, il est clair que $AC = R$. Le cercle osculateur passe au-dessus de la branche AR et sous la branche AS.

SINUSOÏDE (*fig.* 74). — C'est la courbe dont l'équation est
$$y = \sin x.$$

Fig. 74.

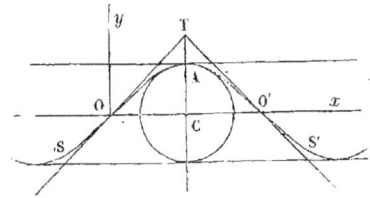

On voit que
$$x = 0 \quad \text{donne} \quad y = 0,$$
$$x = OC = \frac{\pi}{2}$$
donne
$$y = CA = 1,$$
et
$$x = \pi = O'O \quad \text{donne de nouveau} \quad y = 0.$$

Ensuite on a d'autres arceaux égaux à OAO', et qui sont alternativement placés au-dessus et au-dessous de OO'.

On trouve
$$\frac{dx}{dx} = y' = \cos x;$$
donc, au point O,
$$y' = 1,$$
ce qui montre que les tangentes en O, O', ..., qui sont des points d'inflexion, sont inclinées à 45 degrés : pour les construire, il suffit donc de prendre
$$CT = CO = CO',$$
et de joindre OT, O'T.

On a aussi
$$y'' = -\sin x,$$
ce qui donne
$$R^2 = \frac{(1 + \cos^2 x)^3}{\sin^2 x};$$
valeur qui se réduit à
$$R^2 = 1$$
pour le point A, où $x = \frac{\pi}{2}$. On arriverait très-facilement au même résultat par la méthode employée pour trouver le rayon de courbure aux sommets des courbes : ainsi le rayon CA du cercle osculateur en A est égal à l'unité.

CONSTRUCTION DES RACINES D'UNE ÉQUATION.

108. I. On peut toujours obtenir les racines réelles d'une équation du quatrième ou troisième degré par l'intersection d'une parabole donnée et d'une circonférence.

Soit l'équation du quatrième degré, privée de son second terme, comme cela peut toujours se supposer,

(1) $$x^4 + px^2 + qx + r = 0,$$

et représentons par

(2) $$x^2 = ay$$

la parabole donnée, ce qui fait que l'équation (1) devient

(3) $$a^2y^2 + px^2 + qx + r = 0.$$

En multipliant l'équation (2) par le coefficient indéterminé λ, et ajoutant avec l'équation (3), on a

(4) $$a^2y^2 + (p + \lambda)x^2 + qx + r = a\lambda y.$$

Si l'on pose
$$p + \lambda = a^2, \quad \text{ou} \quad \lambda = a^2 - p,$$

cette équation deviendra celle d'une circonférence
$$ay(a^2 - p) = a^2y^2 + a^2x^2 + qx + r,$$

dont l'intersection avec la parabole déterminera les racines cherchées.

Quant à l'équation du troisième degré
$$x^3 + px + q = 0,$$

on y introduit une racine nulle, en multipliant par x le premier membre, ce qui donne
$$x^4 + px^2 + qx = 0,$$

et l'on rentre ainsi dans le cas précédent.

Les problèmes qui ont pour objet de trouver le côté d'un cube double d'un cube donné, de diviser un angle donné en trois parties égales, d'insérer deux moyennes géométriques entre deux droites données, se résolvent simplement par l'intersection d'une parabole donnée et d'un cercle, parce qu'ils conduisent à des équations du troisième degré.

II. La construction des courbes facilite beaucoup la résolution des équations transcendantes.

Soit en général
$$Y = X - X' = 0$$

une équation quelconque, X étant l'ensemble des termes positifs et X' celui des termes négatifs, et posons
$$y = X, \quad y' = X';$$

on aura
$$Y = 0$$

pour tous les points dans lesquels $y = y'$, c'est-à-dire que les racines de l'équation

$$X - X' = 0$$

seront données par les intersections des courbes qui ont pour équations

$$y = X \quad \text{et} \quad y = X'.$$

Considérons, par exemple, l'équation

$$\sin x + \mathrm{l}\, x = 1,$$

que nous pouvons mettre sous la forme

$$\mathrm{l}\, x - (1 - \sin x) = 0,$$

ce qui nous donne à construire les courbes représentées par les équations

$$y = \mathrm{l}\, x \quad \text{et} \quad y = 1 - \sin x.$$

Ces courbes ne sont autre chose que la logarithmique et la sinusoïde, déjà traitées au n° **107**; on voit ici combien il est important de tracer les courbes avec exactitude, au moyen des tangentes et des rayons de courbure. Seulement, pour la sinusoïde, il faudra transporter l'origine à une distance égale à l'unité, et renverser la courbe, ce qui ne changera rien à sa forme.

La réunion de ces deux courbes (*fig.* 75) fait donc connaître les points A, A', A" qui correspondent aux trois racines de l'équation donnée; il n'en existe pas d'autres, car l'ordonnée de la sinusoïde ainsi placée ne peut s'élever au-dessus de $y = 2$, et la logarithmique s'élève au-dessus de cette bande qui contient la sinusoïde.

Fig. 75.

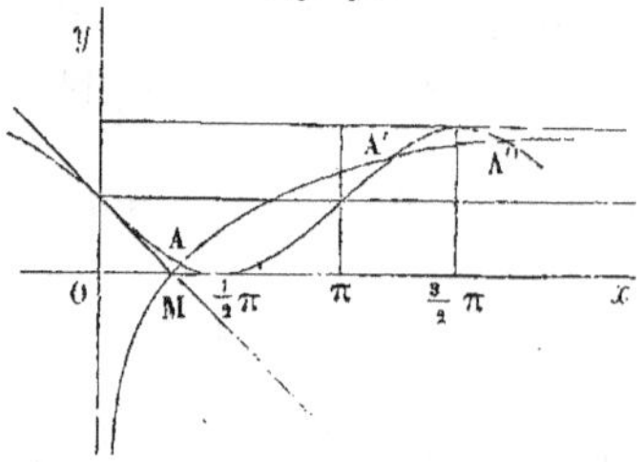

La première racine est donc comprise entre

$$x = 1 \quad \text{et} \quad x = \frac{\pi}{2};$$

la seconde, entre
$$x = \pi \quad \text{et} \quad x = \frac{3}{2}\pi,$$
et la troisième, entre
$$x = \frac{3}{2}\pi \quad \text{et} \quad x = 2\pi.$$

Les racines étant donc séparées, on pourra appliquer à chacune d'elles un des procédés connus pour les approximations successives ; c'est ce que nous allons faire pour la première.

Nous poserons
$$x = 1 + \varepsilon,$$
et l'équation
$$\sin x + l\,x = 1$$
deviendra
$$\sin 1 + \varepsilon \cos 1 + \varepsilon = 1,$$
parce que
$$\cos \varepsilon = 1 \quad \text{et} \quad \sin \varepsilon = \varepsilon;$$
de même
$$l(1 + \varepsilon) = \varepsilon,$$
pour ε très-petit.

Nous pourrions développer
$$\sin 1 = 1 - \frac{1}{1.2.3} + \ldots, \quad \cos 1 = 1 - \frac{1}{1.2} + \frac{1}{1.2.3.4} - \ldots;$$

mais il vaut mieux chercher l'expression α en degrés de l'angle tel, que le rapport de l'arc correspondant au rayon soit l'unité. Nous aurons donc
$$\alpha = \frac{180°}{\pi} = 180°.0,31831,$$
ce qui donne
$$\alpha = 57° \, 17' \, 45''.$$

En retranchant 10 des logarithmes trouvés dans la Table, on aura
$$L \sin 1 = \overline{1},9250394 \quad \text{et} \quad L \cos 1 = \overline{1},7326362.$$

On en conclura
$$\varepsilon = \frac{0,158528}{1,540302},$$
ou à peu près
$$\varepsilon = 0,1.$$

Pour avoir une nouvelle approximation, posons
$$a = 1,1 \quad \text{et} \quad x = a + \varepsilon'.$$

Afin d'introduire cette expression dans la formule, nous poserons
$$l(a + \varepsilon') = l.a\left(1 + \frac{\varepsilon'}{a}\right) = la + l\left(1 + \frac{\varepsilon'}{a}\right),$$
ou bien, comme
$$l\left(1 + \frac{\varepsilon'}{a}\right) = \frac{\varepsilon'}{a},$$
puisque ε' est très-petit, nous aurons enfin
$$l(a + \varepsilon') = la + \frac{\varepsilon'}{a}.$$

Soit α' le nombre de degrés correspondant à l'angle ou à l'arc a, nous trouverons, comme ci-dessus,
$$\alpha' = 63° 1' 31'',$$
ce qui donne
$$\text{L} \sin a = \overline{1},9499785 \quad \text{et} \quad \text{L} \cos a = \overline{1},6566706.$$

Quant à trouver la, nous remarquerons qu'il s'agit dans la formule de logarithmes hyperboliques. Il n'est pas nécessaire d'en avoir une Table, il suffit de connaître celui de 10, qui est
$$l\,10 = 2,302585,$$
et l'on aura
$$la = \text{L}\,a.l\,10.$$
Comme
$$\text{L}\,a = 0,0413927,$$
on a
$$la = 0,095311.$$

On a d'ailleurs trouvé
$$\sin a = 0,891207 \quad \text{et} \quad \cos a = 0,453597;$$
d'où l'on tire
$$\varepsilon' = \frac{0,013482}{1,362688},$$
ce qui donne, à très-peu près,
$$\varepsilon' = 0,01.$$
On a, pour valeur de la première racine approchée à un millième près,
$$x = 1,11.$$
On trouverait de même les autres racines.

On pourrait multiplier les exemples, mais celui-ci suffit pour montrer toute l'importance que présentent, au point de vue des calculs pratiques, certaines recherches telles que celles des points singuliers, des rayons de courbure..., qui ne semblent être d'abord que des objets de pure curiosité, mais qui sont indispensables pour déterminer la forme des courbes et donner une première solution graphique de certaines équations dont la discussion, purement analytique, serait assez difficile. Cette solution géométrique a surtout l'avantage de prémunir contre les fautes de calcul, en mettant sous les yeux le résultat véritable que les approximations successives doivent préciser, mais dont elles ne peuvent jamais s'écarter.

AXES PRINCIPAUX DES SECTIONS CONIQUES.

109. I. Nous terminerons ces considérations sur les courbes planes en cherchant, dans le cas le plus général, la grandeur et la direction des axes principaux des courbes du second degré. Les ouvrages où l'on étudie ces courbes ne résolvent d'ordinaire cette question que dans le cas où les coordonnées primitives sont rectangulaires. Il peut être utile d'effectuer cette transformation, même en partant de coordonnées obliques. On sait d'ailleurs que la solution de ce problème donne immédiatement tous les autres éléments des courbes, tels que foyers, asymptotes, etc.

CHAPITRE SEPTIÈME.

Prenons donc l'équation générale des sections coniques

(1) $$ay^2 + bxy + cx^2 + dy + ex + f = 0,$$

l'angle des coordonnées étant représenté par θ. Nous supposerons d'abord que la courbe a un centre dont les coordonnées sont x_1 et y_1; on sait alors que, si l'on change x en $x + x_1$ et y en $y + y_1$, pour transporter l'origine au centre, l'équation devient, avec ces nouvelles coordonnées parallèles aux premières,

(2) $$ay^2 + bxy + cx^2 = H,$$

en y joignant les relations

$$x_1 = \frac{2ae - bd}{b^2 - 4ac},$$

$$y_1 = \frac{2cd - be}{b^2 - 4ac},$$

$$H = -f - \frac{1}{2}(dy_1 + ex_1).$$

II. Nous allons donc appliquer à l'équation (2) les formules qui servent à passer d'un système oblique à un système rectangulaire. Nous supposerons que l'angle θ des anciens axes est un angle *aigu*; s'il en était autrement, nous changerions y en $-y$, pour rentrer dans cette hypothèse. Les nouveaux axes font avec les anciens les angles α et $\alpha' = 90° + \alpha$, et nous choisirons, pour le nouvel axe des abscisses, celui dont la partie positive fait avec la partie positive de l'ancien l'angle $\alpha < 90°$ (*).

En admettant ces suppositions, nous avons

$$y = \frac{X \sin \alpha + Y \cos \alpha}{\sin \theta}, \quad x = \frac{X \sin(\theta - \alpha) - Y \cos(\theta - \alpha)}{\sin \theta},$$

formules dans lesquelles X et Y représentent les nouvelles coordonnées.

(*) On prend pour parties *positives* des nouveaux axes les portions de ces lignes qui sont du même côté que la partie positive de l'ancien axe des ordonnées, relativement à l'ancien axe des abscisses. Par conséquent, α et α' sont toujours plus petits que 180 degrés dans toutes les transformations de coordonnées.

THÉORIE DES COURBES PLANES.

Nous devons donc identifier avec l'équation la plus simple des coniques à centre,

(3) $$\frac{X^2}{A^2} + \frac{Y^2}{B^2} = 1,$$

le développement obtenu en substituant dans l'équation (2) les valeurs précédentes de x et y; nous déterminerons α ainsi que A^2 et B^2.

Ce développement sera

$$(4) \begin{cases} a\sin^2\alpha \\ + c\sin^2(\theta-\alpha) \\ + b\sin\alpha\sin(\theta-\alpha) \end{cases} \begin{vmatrix} X^2 + 2a\sin\alpha\cos\alpha \\ -2c\sin(\theta-\alpha)\cos(\theta-\alpha) \\ +b\begin{cases} \sin(\theta-\alpha)\cos\alpha \\ -\cos(\theta-\alpha)\sin\alpha \end{cases} \end{vmatrix} \begin{vmatrix} XY + a\cos^2\alpha \\ + c\cos^2(\theta-\alpha) \\ - b\cos\alpha(\theta-\alpha) \end{vmatrix} \begin{vmatrix} Y^2 = H\sin^2\theta. \end{vmatrix}$$

D'abord, pour faire disparaître le rectangle XY, il faut égaler son coefficient à zéro, ce qui donne

(5) $b\sin(\theta - 2\alpha) = c\sin 2(\theta - \alpha) - a\sin 2\alpha$;

équation que l'on peut transformer de la manière suivante : soient

$$2(\theta - \alpha) = (\theta - 2\alpha) + \theta \quad \text{et} \quad -2\alpha = (\theta - 2\alpha) - \theta,$$

nous aurons, en divisant par $\sin(\theta - 2\alpha)$,

$b = c\cos\theta + c\cot(\theta - 2\alpha) + a\cos\theta - a\cot(\theta - 2\alpha)$;

d'où

(6) $$\cot(\theta - 2\alpha) = \frac{(a+c)\cos\theta - b}{(a-c)\sin\theta},$$

relation qui est également vraie pour $\cot(\theta - 2\alpha)$ et pour $\cot(\theta - 2\alpha')$.

Il sera facile de calculer la valeur de α : si $\cot(\theta - 2\alpha) > 0$, soit

$$\theta - 2\alpha = \varphi,$$

il vient

$$\alpha = \frac{\theta - \varphi}{2};$$

si $\cot(\theta - 2\alpha) < 0$, soit

$$\theta - 2\alpha = -\varphi,$$

on a

$$\alpha = \frac{\theta + \varphi}{2},$$

quantité toujours plus petite que 90 degrés. En effet, on a supposé $\theta < 90°$, et φ est aussi aigu, puisque les Tables donnent toujours pour cet angle une valeur comprise entre 0 et 90 degrés.

D'après cela, on calculera le coefficient

$$m = \frac{\sin \alpha}{\sin(\theta - \alpha)}$$

dans l'équation $Y = mX$ du nouvel axe des abscisses; on aura de même, dans l'équation $Y = m'X$ du nouvel axe des ordonnées, le coefficient

$$m' = \frac{\sin \alpha'}{\sin(\theta - \alpha')} = -\frac{\cos \alpha}{\cos(\theta - \alpha)},$$

puisque

$$\alpha' = 90° + \alpha.$$

III. Après avoir obtenu la direction des axes, il faut trouver leur grandeur. Posons

$$\lambda = \frac{H}{A^2}, \qquad \lambda' = \frac{H}{B^2};$$

nous remarquerons d'abord que, si l'on change le signe de tous les termes de l'équation (2), on change aussi ceux de λ et de λ', mais non ceux de A^2 et de B^2. Si donc les valeurs que nous trouvons pour A^2 et B^2 sont positives, la courbe sera une ellipse; si elles sont négatives, la courbe sera imaginaire; enfin, si A^2 et B^2 sont de signes contraires, nous aurons une hyperbole (*). Seule-

---

(*) Nous laissons de côté le cas où l'on aurait $H = 0$. Alors il n'y a pas besoin de calculs, et l'équation (2) devient

$$am^2 + mb + c = 0,$$

en posant $m = \frac{y}{x}$; il en résulte

$$m = \frac{-b \pm \sqrt{b^2 - 4ac}}{2a}.$$

Par conséquent, la courbe se réduit à un point, qui est l'origine, si $b^2 - 4ac < 0$; à deux droites passant par l'origine si $b^2 - 4ac > 0$; enfin, ces droites se réduisent à une seule si $b^2 - 4ac = 0$; mais ceci rentre dans le cas des paraboles, que nous étudierons plus loin.

ment, il n'y a pas de raison pour que les foyers se trouvent sur l'axe des abscisses plutôt que sur celui des ordonnées.

Nous verrons bientôt que A^2 et B^2 sont de même signe ou de signe contraire, suivant que l'on a
$$b^2 - 4ac \lessgtr 0,$$
mais nous nous contenterons d'énoncer le résultat suivant : soit
$$\begin{aligned}P^2 &= [b-(a+c)\cos\theta]^2 + (a-c)^2\sin^2\theta\\ &= [(a+c) - b\cos\theta]^2 + (b^2 - 4ac)\sin^2\theta\\ &= (a-c)^2 + (b - 2a\cos\theta)(b - 2c\cos\theta);\end{aligned}$$
les deux valeurs de m sont
$$\frac{a - c \pm P}{b - 2a\cos\theta},$$
et celles de λ sont
$$\frac{a + c - b\cos\theta \pm P}{2\sin^2\theta},$$
en prenant de part et d'autre le même signe pour le radical. Les valeurs de λ que nous allons obtenir sont plus faciles à calculer par logarithmes.

En identifiant les équations (3) et (4), on trouve
$$\frac{a\sin^2\alpha + c\sin^2(\theta - \alpha) + b\sin\alpha\sin(\theta - \alpha)}{H\sin^2\theta} = \frac{1}{A^2},$$
ou bien
$$\lambda\sin^2\theta = a\sin^2\alpha + c\sin^2(\theta - \alpha) + b\sin\alpha\sin(\theta - \alpha).$$
Mais l'équation (5) donne
$$b = \frac{c\sin 2(\theta - \alpha) - a\sin 2\alpha}{\sin(\theta - 2\alpha)},$$
et la valeur de $\lambda\sin^2\theta$ se décomposera en deux parties, dont l'une aura le facteur a et l'autre le facteur c; la première sera
$$a\sin^2\alpha\left[1 - \frac{2\cos\alpha\sin(\theta - \alpha)}{\sin(\theta - 2\alpha)}\right] = \frac{-a\sin^2\alpha\sin\theta}{\sin(\theta - 2\alpha)},$$
car
$$\theta - 2\alpha = (\theta - \alpha) - \alpha.$$

De même la seconde sera

$$\frac{c \sin^2(\theta - \alpha) \sin \theta}{\sin(\theta - 2\alpha)},$$

ce qui donne

(7) $$\lambda = \frac{c \sin^2(\theta - \alpha) - a \sin^2\alpha}{\sin \theta \sin(\theta - 2\alpha)}.$$

On aura de même

(8) $$\lambda' = \frac{a \cos^2\alpha - c \cos^2(\theta - \alpha)}{\sin \theta \sin(\theta - 2\alpha)},$$

soit en opérant directement sur le coefficient de Y^2, comme on vient de le faire sur celui de X^2, soit en changeant dans l'équation (7) α en $\alpha' = 90° + \alpha$, et réduisant.

On peut transformer l'expression de λ en posant

$$c \sin^2(\theta - \alpha) - a \sin^2\alpha = a \left[\sin^2(\theta - \alpha) - \sin^2\alpha\right] \\ + (c - a) \sin^2(\theta - \alpha),$$

et en observant que

$$\sin^2(\theta - \alpha) - \sin^2\alpha$$

est égal à

$$[\sin(\theta - \alpha) - \sin\alpha][\sin(\theta - \alpha) + \sin\alpha] = \sin \theta \sin(\theta - 2\alpha).$$

Alors l'équation (7) devient

(9) $$\lambda = a + \frac{(c-a)\sin^2(\theta - \alpha)}{\sin \theta \sin(\theta - 2\alpha)}.$$

Mais on peut aussi poser

$$c \sin^2(\theta - \alpha) - a \sin^2\alpha = c\left[\sin^2(\theta - \alpha) - \sin^2\alpha\right] \\ + (c - a)\sin^2\alpha,$$

ce qui donne

(10) $$\lambda = c + \frac{(c-a)\sin^2\alpha}{\sin \theta \sin(\theta - 2\alpha)}.$$

De même l'équation (8) se transformera dans les expressions suivantes :

(11) $$\lambda' = a - \frac{(c-a)\cos^2(\theta - \alpha)}{\sin \theta \sin(\theta - 2\alpha)},$$

ou bien

$$(12) \qquad \lambda' = c - \frac{(c-a)\cos^2\alpha}{\sin\theta \sin(\theta - 2\alpha)}.$$

En résumé, on trouve α par l'équation (6), λ par les équations (9) ou (10), et λ' par les équations (11) ou (12), sauf dans quelques circonstances que nous allons examiner (*).

IV. Cas particuliers. — 1°. Les expressions précédentes de λ et de λ' deviennent indéterminées si l'on a

$$a = c,$$

ce qui donne

$$\sin(\theta - 2\alpha) = 0,$$

comme on peut le voir par l'équation (6). On a donc

$$\theta = 2\alpha,$$

ou bien

$$\alpha = \frac{\theta}{2} \quad \text{et} \quad \alpha' = 90° + \frac{\theta}{2}.$$

Par conséquent

$$\theta - \alpha = \frac{\theta}{2} = \alpha,$$

(*) En ajoutant les coefficients de X^2 et de Y^2 dans l'équation (4), on trouve

$$(\lambda + \lambda')\sin^2\theta = a + c - \cos\theta.$$

Retranchant l'équation (11) de l'équation (9), on a

$$\lambda - \lambda' = \frac{c - a}{\sin\theta \sin(\theta - 2\alpha)}.$$

Observant que

$$\frac{1}{\sin^2(\theta - 2\alpha)} = 1 + \cot^2(\theta - 2\alpha),$$

substituant d'après l'équation (6) et réduisant, on trouve

$$(\lambda + \lambda')^2 - (\lambda - \lambda')^2 = 4\lambda\lambda' = \frac{4ac - b^2}{\sin^2\theta},$$

ce qui justifie ce que nous avons dit relativement à l'influence du signe de $4ac - b^2$ sur ceux de A^2 et de B^2.

ce qui donne
$$m = \frac{\sin\alpha}{\sin(\theta-\alpha)} = 1;$$
de même
$$m' = -\frac{\cos\alpha}{\cos(\theta-\alpha)} = -1.$$

Observons ensuite que l'équation (6) donne
$$\frac{c-a}{\sin(\theta-2\alpha)} = \frac{b-(a+c)\cos\theta}{\sin\theta\cos(\theta-2\alpha)},$$
et l'expression (9) devient
$$\lambda = a + \frac{\sin^2(\theta-\alpha)[b-(a+c)\cos\theta]}{\sin^2\theta\cos(\theta-2\alpha)}.$$

Si maintenant nous avons
$$c = a, \quad \theta = 2\alpha \quad \text{et} \quad \theta - \alpha = \alpha,$$
il reste
$$\lambda = a + \frac{b - 2a(\cos^2\alpha - \sin^2\alpha)}{4\cos^2\alpha} = \frac{2a+b}{4\cos^2\alpha},$$
ou bien

(13) $$\lambda = \frac{2a+b}{4\cos^2\dfrac{\theta}{2}}.$$

On aura de même

(14) $$\lambda' = \frac{2a-b}{4\sin^2\dfrac{\theta}{2}}.$$

2°. La relation (6) nous fait voir encore que, si l'on a
$$b = (a+c)\cos\theta,$$
il en résulte
$$\cos(\theta - 2\alpha) = 0.$$
On pourrait poser
$$\theta - 2\alpha = 90°,$$
c'est-à-dire
$$\theta = 90° + 2\alpha;$$
mais comme nous avons supposé, en commençant, que θ était aigu,

THÉORIE DES COURBES PLANES. 335

nous prendrons
$$\theta - 2\alpha = -90°,$$
ce qui donne
$$\alpha = 45° + \frac{\theta}{2} \quad \text{et} \quad \alpha' = 135° + \frac{\theta}{2}.$$
D'ailleurs
$$\theta - \alpha = \alpha - 90°;$$
donc
$$\sin(\theta - \alpha) = -\cos\alpha,$$
d'où
$$m = -\tang\alpha = \frac{\tang\dfrac{\theta}{2} + \tang 45}{\tang\dfrac{\theta}{2}\tang 45 - 1}.$$
Or
$$\tang 45° = 1,$$
et l'on trouve
$$m = \frac{1 + \tang\dfrac{\theta}{2}}{\tang\dfrac{\theta}{2} - 1}.$$
On aura de même
$$m' = -\frac{\cos\alpha}{\cos(\theta - \alpha)} = -\cot\alpha = \frac{\tang\dfrac{\theta}{2} - 1}{\tang\dfrac{\theta}{2} + 1}.$$

Ensuite, ajoutons les deux expressions (9) et (10); nous aurons, à cause de
$$\sin(\theta - \alpha) = -\cos\alpha \quad \text{et de} \quad \sin(\theta - 2\alpha) = -1,$$
la relation
$$(15) \qquad 2\lambda = a + c - \frac{(c-a)}{\sin\theta}.$$

Les expressions (11) et (12) donneront de même
$$(16) \qquad 2\lambda' = a + c + \frac{c-a}{\sin\theta}.$$

3°. Enfin, si l'on a à la fois

$$a = c \quad \text{et} \quad b = (a+c)\cos\theta,$$

ce qui devient alors

$$b = 2a\cos\theta,$$

la direction des axes est réellement indéterminée, parce que la courbe est une circonférence. En effet, l'équation (2) se réduit alors à

$$y^2 + 2xy\cos\theta + x^2 = \frac{H}{a},$$

et représente un cercle réel ou imaginaire, suivant que $\dfrac{H}{a}$ est positif ou négatif; le rayon est $\sqrt{\dfrac{H}{a}}$.

V. Coordonnées rectangulaires. — Si maintenant les coordonnées primitives sont rectangulaires, il suffit de poser dans toutes les formules précédentes

$$\theta = 90°.$$

Alors l'équation (6) devient

$$(17) \qquad \tang 2\alpha = \frac{b}{c-a}.$$

Nous avons ensuite, à cause de la formule connue

$$\tang \alpha = -\cot 2\alpha \pm \sqrt{1 + \cot^2 2\alpha},$$

et en remarquant que $m = \tang\alpha$ est positif, puisque l'angle α est aigu,

$$m = \sqrt{1 + \cot^2 2\alpha} - \cot^2\alpha,$$

ce qui donne

$$(18) \qquad m = \sqrt{1 + \left(\frac{c-a}{b}\right)^2} + \frac{a-c}{b}.$$

On aura de même

$$(19) \qquad m' = \frac{a-c}{b} - \sqrt{1 + \left(\frac{c-a}{b}\right)^2}.$$

Pour obtenir λ, ajoutons les équations (9) et (10); nous avons,

THÉORIE DES COURBES PLANES.

à cause de $\theta = 90°$,
$$2\lambda = a + c + \frac{c-a}{\cos 2\alpha}.$$

Mais l'équation (17) donne
$$\frac{c-a}{\cos 2\alpha} = \frac{b}{\sin 2\alpha},$$

on a donc

(20) $$2\lambda = a + c + \frac{b}{\sin 2\alpha}.$$

Les équations (11) et (12) font trouver de même

(21) $$2\lambda' = a + c - \frac{b}{\sin 2\alpha}.$$

Enfin, l'égalité
$$\frac{1}{\sin 2\alpha} = \sqrt{1 + \cot^2 2\alpha},$$

où $\sin 2\alpha > 0$ puisque $\alpha < 90°$, donnera

(22) $$2\lambda = a + c + b\sqrt{1 + \left(\frac{c-a}{b}\right)^2}$$

et

(23) $$2\lambda' = a + c - b\sqrt{\left(\frac{c-a}{b}\right)^2 + 1}.$$

Le cas particulier où $c = a$ donne ici
$$m = 1, \quad m' = -1;$$

d'ailleurs l'égalité (17) montre que
$$\alpha = 45°,$$

c'est-à-dire que les nouveaux axes sont les bissectrices des anciens. Comme alors
$$\sin 2\alpha = 1,$$

les expressions (20) et (21) deviennent
$$2\lambda = 2a + b \quad \text{et} \quad 2\lambda' = 2a - b,$$

comme on pourrait aussi le conclure des équations (13) et (14).

Le second cas particulier que nous avons considéré revient à

$$b = 0 \quad \text{pour} \quad \theta = 90°;$$

mais alors il n'y a pas de calcul à faire, car les axes donnés sont justement ceux que l'on cherche, puisque l'équation

$$ay^2 + cx^2 = H,$$

relative à des axes rectangulaires, présente la forme que l'on veut obtenir : d'ailleurs il reste alors, d'après les équations (15) et (16),

$$\lambda = a, \quad \lambda' = c \ (^*).$$

VI. PARABOLES. — Supposons maintenant que la courbe représentée par l'équation (1) n'ait pas de centre, ce qui arrive quand

$$b^2 - 4ac = 0.$$

L'angle des coordonnées primitives étant quelconque et égal à θ, cherchons des coordonnées rectangulaires pour lesquelles l'équation de cette courbe soit de la forme

(24) $$Y^2 = 4 FX.$$

Mais il faut ici changer l'origine des coordonnées et poser

$$y = y' + \frac{X \sin \alpha + Y \cos \alpha}{\sin \theta}$$

(*) L'équation cherchée

$$\frac{X^2}{A^2} + \frac{Y^2}{B^2} = 1$$

devient ici

$$aX^2 + cY^2 = H,$$

c'est-à-dire qu'on a changé x en Y et y en X. Cette permutation, qui est évidemment inutile dans ce cas particulier, tient à ce que l'on a fait usage des formules (15) et (16) qui supposent, comme on l'a dit en commençant, $\theta < 90°$, ce qui a donné, dans cette circonstance,

$$\sin(\theta - 2\alpha) = -1.$$

Ici, en effet, la relation

$$\theta - 2\alpha = -90°$$

donne

$$\alpha = 90° \quad \text{pour} \quad \theta = 90°.$$

THÉORIE DES COURBES PLANES.

et
$$x = x' + \frac{X \sin(\theta - \alpha) - Y \cos(\theta - \alpha)}{\sin \theta}.$$

Pour abréger les calculs, nous rappellerons qu'on sait d'avance que la nouvelle origine est un point de la courbe, et que le nouvel axe des abscisses est un diamètre. Seulement, comme l'angle α est déterminé par cette condition, on conçoit que cet angle, formé par la direction positive de cet axe avec la partie positive de l'ancien axe des abscisses, n'est pas toujours un angle aigu comme dans le cas des courbes à centre. Maintenant aussi l'angle θ pourra être indifféremment aigu ou obtus. Du reste, il n'y a pas de raison pour que cette direction *positive* de l'axe des X aille du sommet au foyer, comme dans la position ordinaire de la parabole, ou bien en sens contraire; cela dépendra du signe de F.

Il est impossible, à cause de la relation
$$b^2 - 4ac = 0,$$
que les coefficients des carrés des coordonnées soient nuls tous deux dans l'équation (1); en effet, on aurait alors à la fois
$$a = 0, \quad c = 0, \quad b = 0,$$
c'est-à-dire que la courbe ne serait plus du second degré.

Nous devons donc supposer que l'un de ces coefficients, a par exemple, n'est jamais nul, sauf à changer, s'il le faut, x en y et réciproquement. Divisant alors toute l'équation par a, après avoir remplacé c par $\dfrac{b^2}{4a}$, cette équation deviendra

(25) $$\left(y + \frac{bx}{2a}\right)^2 + \frac{d}{a}y + \frac{e}{a}x + \frac{f}{a} = 0.$$

Le nouvel axe des abscisses étant un diamètre, son équation sera de la forme

(26) $$y = -\frac{b}{2a}x + B,$$

B étant une quantité qu'il faudra déterminer, et nous devons poser

$$\frac{\sin \alpha}{\sin(\theta - \alpha)} = -\frac{b}{2a} \quad (*).$$

Or les formules de transformation nous donnent

$$y + \frac{b}{2a}x = y' + \frac{b}{2a}x' + \frac{X}{\sin\theta}\left[\sin\alpha + \frac{b}{2a}\sin(\theta - \alpha)\right]$$
$$+ \frac{Y}{\sin\theta}\left[\cos\alpha - \frac{b}{2a}\cos(\theta - \alpha)\right].$$

On voit que le coefficient de X est nul : celui de Y revient à

$$\frac{\cos\alpha \sin(\theta-\alpha) + \sin\alpha \cos(\theta-\alpha)}{\sin\theta \sin(\theta-\alpha)} = \frac{1}{\sin(\theta-\alpha)},$$

il reste donc

$$y + \frac{b}{2a}x = y' + \frac{b}{2a}x' + \frac{Y}{\sin(\theta-\alpha)}.$$

Observant ensuite que

$$\left(y' + \frac{b}{2a}x'\right)^2 + \frac{d}{a}y' + \frac{e}{a}x' + \frac{f}{a} = 0,$$

puisque la nouvelle origine est un point de la courbe, l'équation (25) deviendra, après sa transformation,

$$\frac{2Y\left(y' + \frac{b}{2a}x'\right)}{\sin(\theta-\alpha)} + \frac{Y^2}{\sin^2\theta(\theta-\alpha)}$$
$$+ \frac{X}{\sin\theta}\left[\frac{d}{a}\sin\alpha + \frac{e}{a}\sin(\theta-\alpha)\right] + \frac{Y}{\sin\theta}\left[\frac{d}{a}\cos\alpha - \frac{e}{a}\cos(\theta-\alpha)\right] = 0.$$

(*) De là on tire

$$\cot\alpha = \frac{\cos\theta - \frac{2a}{b}}{\sin\theta};$$

cette formule est plus simple, pour déterminer α, que la relation (6), laquelle, du reste, est toujours vraie en remplaçant c par $\frac{b^2}{4a}$; car on pourrait faire évanouir le rectangle xy en opérant directement sur l'équation (1), et les termes du premier degré n'auraient aucune influence sur le résultat.

THÉORIE DES COURBES PLANES.   341

Le coefficient de Y devant être nul, on a

$$\frac{2\left(y' + \frac{b}{2a}x'\right)}{\sin(\theta - \alpha)} + \frac{\frac{d}{a}\cos\alpha - \frac{e}{a}\cos(\theta - \alpha)}{\sin\theta} = 0,$$

ou bien

$$y' + \frac{b}{2a}x' = \frac{\sin(\theta - \alpha)[e\cos(\theta - \alpha) - d\cos\alpha]}{2a\sin\theta};$$

on connaîtra donc, dans l'équation (26), la valeur de l'indéterminée B par la relation

$$B = \frac{\sin(\theta - \alpha)[e\cos(\theta - \alpha) - d\cos\alpha]}{2a\sin\theta}.$$

Le numérateur de cette expression peut s'écrire ainsi

$$\frac{e}{2}\sin 2(\theta - \alpha) - d\cos\alpha\sin(\theta - \alpha).$$

Mais nous avons

$$\sin(\theta - \alpha) = -\frac{2a}{b}\sin\alpha,$$

et ce numérateur devient

$$\frac{e}{2}\sin 2(\theta - \alpha) + \frac{ad}{b}\sin 2\alpha = \frac{be\sin 2(\theta - \alpha) + 2ad\sin 2\alpha}{2b};$$

donc enfin

(27) $$B = \frac{be\sin 2(\theta - \alpha) + 2ad\sin 2\alpha}{4ab\sin\theta}.$$

Nous pouvons donc regarder B comme une quantité connue, et par conséquent nous aurons, pour déterminer les coordonnées x' et y' de la nouvelle origine, deux équations, dont l'une ne sera autre chose que l'équation (26) dans laquelle on aura accentué les variables, ce qui l'identifie avec l'équation (27), et dont l'autre s'obtiendra en remplaçant dans l'équation (25), également accentuée, le carré $\left(y' + \frac{bx'}{2a}\right)^2$ par sa valeur B^2, ce qui donnera

(28) $$aB^2 + dy' + ex' + f = 0.$$

L'élimination entre les équations (26) et (28) donnera donc les valeurs de x' et de y' qui seront

$$(29) \qquad x' = \frac{2aB(aB+d)+2af}{bd-2ae},$$

et

$$(30) \qquad y' = \frac{-aB(bB+2e)-bf}{bd-2ae}.$$

Dans l'équation (24), le coefficient de X sera, d'après le même développement,

$$4F = -\frac{\sin^2(\theta-\alpha)}{\sin\theta}\left[\frac{d}{a}\sin\alpha + \frac{e}{a}\sin(\theta-\alpha)\right].$$

Mais

$$\sin\alpha = -\frac{b}{2a}\sin(\theta-\alpha),$$

ce qui donne

$$4F = -\frac{\sin^3(\theta-\alpha)}{a\sin\theta}\left(e-\frac{bd}{2a}\right),$$

ou encore

$$(31) \qquad 4F = \frac{\sin^3(\theta-\alpha)(bd-2ae)}{2a^2\sin\theta} \quad (*).$$

Ces formules suffisent dans le cas général; mais, si $\theta = 90°$, il faut

---

(*) Si $b = 0$, l'égalité

$$\frac{\sin\alpha}{\sin(\theta-\alpha)} = -\frac{b}{2a}$$

donne

$$\alpha = 0,$$

et l'expression (27) reste indéterminée; mais la valeur précédente de B devient alors

$$B = \frac{e\cos\theta - d}{2a}.$$

L'équation (30) nous donne

$$y' = B;$$

de même les équations (29) et (31) montrent que

$$x' = -\frac{[B(aB+d)+f]}{e} \quad \text{et que} \quad 4F = -\frac{e\sin^2\theta}{a}.$$

pouvoir faire les calculs sans le secours des logarithmes. Alors
$$2(\theta - \alpha) = 180 - 2\alpha;$$
donc la formule (27) devient
$$B = \frac{\sin 2\alpha\,(be + 2ad)}{4ab},$$
et d'ailleurs
$$\tan \alpha = -\frac{b}{2a}.$$
Mais $\sin 2\alpha$ est toujours du même signe que $\tan \alpha$, car
$$\frac{\sin 2\alpha}{\cos^2 \alpha} = 2\tan\alpha;$$
par conséquent
$$\sin 2\alpha = -\frac{4ab}{b^2 + 4a^2},$$
et l'on obtient
$$(32) \qquad B = -\frac{(be + 2ad)}{b^2 + 4a^2}.$$
On substituera encore cette valeur dans les expressions (29) et (30).

Quant au coefficient $4F$, il se réduira à
$$\frac{\cos^3\alpha\,(bd - 2ae)}{2a^2}.$$
Or
$$\cos\alpha = \frac{1}{\sqrt{1 + \dfrac{b^2}{4a^2}}} = \frac{2a}{\sqrt{b^2 + 4a^2}}$$
et
$$\cos^3\alpha = \frac{8a^3}{(b^2 + ba^2)\sqrt{b^2 + 4a^2}},$$
ce qui donne
$$(33) \qquad 4F = \frac{4a\,(bd - 2ae)}{(b^2 + 4a^2)\sqrt{b^2 + 4a^2}}.$$
Mais ici le radical a deux signes, et pour choisir celui qui convient, il faut se rappeler que le cosinus est toujours du même signe

que la tangente, puisque $\alpha < 180°$; donc $\cos\alpha$, ainsi que ce radical, sera toujours du signe de $-\dfrac{b}{2a}$, c'est-à-dire *de signe contraire à b*, en admettant que le coefficient a du premier terme de l'équation (1) soit toujours positif (*).

Enfin si l'on a en même temps

$$b^2 - 4ac = 0 \quad \text{et} \quad bd - 2ae = 0,$$

la courbe se réduit à un système de deux droites parallèles, car

$$e = d \cdot \frac{b}{2a},$$

et l'équation (25) devient

$$\left(y + \frac{b}{2a}x\right)^2 + \frac{d}{a}\left(y + \frac{b}{2a}x\right) + \frac{f}{a} = 0;$$

d'où l'on tire deux valeurs de $y + \dfrac{b}{2a}x$ en fonction de quantités connues. Alors les équations (29), (30) et (31) nous donnent, quelle que soit la valeur de θ, x' et y' infinis et $4F = 0$.

(*) Dans le cas où $b = 0$, on a évidemment

$$\alpha = 0,$$

ce qui prouve que les nouveaux axes sont parallèles aux anciens. De plus, puisque $\theta = 90°$, les résultats indiqués dans la note précédente deviennent

$$y' = B = -\frac{d}{2a}, \quad x' = \frac{d^2 - 4af}{4ae} \quad \text{et} \quad 4F = -\frac{e}{a};$$

on pourrait le voir directement en opérant sur l'équation

$$ay^2 + dy + ex + f = 0,$$

relative à des axes rectangulaires.

CHAPITRE VIII.

APPROXIMATIONS NUMÉRIQUES.

110. Le sujet qui va nous occuper est traité dans la plupart des Arithmétiques modernes; mais souvent les auteurs de ces ouvrages se proposent de mettre les candidats à l'abri des difficultés d'un examen plutôt que de faciliter réellement les calculs, et nous croyons qu'il est possible, sans négliger la théorie, d'exposer ces questions d'une manière quelquefois plus simple.

I. Nous commencerons par rappeler un principe bien connu, mais d'une telle importance, qu'il ne faut jamais le perdre de vue. Quand on connaît un nombre avec plusieurs décimales, dont on veut seulement conserver quelques-unes, il faut avoir égard à celles que l'on efface pour savoir si l'on doit augmenter d'une unité le dernier chiffre conservé ou bien le laisser tel qu'il est.

Supposons, par exemple, qu'on demande π avec quatre décimales. On sait que

$$\pi = 3,14159265358979323\ldots;$$

mais, si l'on efface les chiffres $9265358979323\ldots$, la quantité que l'on supprime étant plus grande que $0,00005$, c'est-à-dire *supérieure à la moitié de l'espèce d'unités que l'on conserve*, on fera une erreur moins grande en *forçant* le chiffre des dix-millièmes qu'en le laissant tel qu'il est; donc il faut poser

$$\pi = 3,1416.$$

Au contraire, si l'on veut garder huit décimales et effacer les chiffres $35897932\ldots$, la portion supprimée étant plus petite que $0,000000005$, c'est-à-dire *inférieure à la moitié de l'espèce d'unités que l'on conserve*, on fera une erreur moins grande en laissant tel qu'il est le dernier chiffre conservé que si l'on augmentait ce chiffre d'une unité; il faut donc écrire

$$\pi = 3,14159265.$$

On pourrait être dans le doute si le premier chiffre effacé était un 5, mais comme il est généralement suivi de quelques autres chiffres, la partie supprimée est plus grande que la moitié de l'unité que l'on conserve, ce qui permet de poser la règle suivante :

Quand le premier chiffre supprimé est inférieur à 5, *il faut laisser tel qu'il est le dernier chiffre conservé.*

Quand le premier chiffre supprimé est égal ou supérieur à 5, *il faut forcer le dernier chiffre conservé, c'est-à-dire l'augmenter d'une unité.*

II. Voici encore un principe que l'on doit observer dans toutes les approximations.

Pour compter sur le dernier chiffre, il faut en calculer un de plus, qui servira à voir, d'après la règle précédente, s'il faut augmenter ou non le dernier chiffre ; ensuite on effacera ce chiffre supplémentaire qui peut ne pas être exact, parce qu'il dépend lui-même de ceux qui devaient le suivre (*).

III. Lorsqu'on donne une, deux, trois... décimales d'un nombre, on dit que ce nombre est approché à un dixième, un centième, un millième près, ce qui signifie que l'erreur est moindre qu'un centième, qu'un dixième ou qu'un millième. Ainsi, dans le nombre 24,3526 dont on ne connaît que quatre décimales, l'erreur peut être représentée par 0,0001, c'est-à-dire par *une unité de l'ordre du dernier chiffre.*

IV. Mais on peut encore indiquer l'erreur d'une autre manière aussi exacte, et plus avantageuse parce qu'elle en donne

---

(*) Quel que soit ce chiffre supplémentaire, si on le néglige, le nombre est trop petit, mais devient trop grand si, au contraire, on augmente d'une unité le dernier chiffre conservé. Par conséquent, *pour renfermer un nombre entre deux limites différant d'une unité d'un certain ordre*, on calculera le chiffre de cet ordre, ce qui donnera la limite inférieure ; ensuite on y ajoutera une unité pour obtenir la limite supérieure. Mais l'on n'emploie dans les calculs que *la plus approchée de ces deux limites.*

une évaluation moitié moindre. Puisque 24,3526 est la valeur approchée (en plus ou en moins, peu importe) du nombre que l'on considère, et que le dernier chiffre 6 est celui des dix-millièmes, après qu'on l'a forcé, si cela a été nécessaire, on conçoit, d'après ce qui précède, que la partie négligée est inférieure à la moitié d'un dix-millième, et qu'on peut l'indiquer par 0,00005. De là on conclut que *l'erreur est encore représentée par une demi-unité de l'ordre du dernier chiffre.*

V. Pour montrer si une quantité approximative est en excès ou en défaut, voici un usage qui commence à se répandre. On indique par un point placé sur la dernière décimale à droite que la valeur du nombre est trop forte d'une quantité moindre que la moitié de cette dernière unité décimale; cela étant admis, l'absence du point indique que la valeur du nombre est trop faible d'une quantité moindre que cette demi-unité. D'après cela, les deux valeurs de π que nous avons données précédemment pourront s'écrire de la manière suivante :

$$3,141\dot{6} \quad \text{et} \quad 3,14159265.$$

VI. D'un côté, il faut chercher toujours à rendre l'erreur aussi petite que possible; mais de l'autre côté on ne doit jamais compter sur une approximation plus grande que cela n'est permis : aussi *quand plusieurs quantités font partie de l'erreur, la plus grande de ces quantités doit être prise pour mesure de l'erreur quant à l'ordre des unités.*

En général, quand on doute entre deux évaluations de l'erreur, il faut se mettre dans *le cas le plus défavorable*, c'est-à-dire prendre la plus grande.

CONVERSION DES ERREURS RELATIVES EN ERREURS ABSOLUES, ET RÉCIPROQUEMENT.

111. I. On peut demander une longueur à un décimètre, à un centimètre, à un millimètre près; c'est ce qu'on appelle une approximation *absolue*. On peut la demander, au contraire, à un dixième, à un centième, à un millième près de sa valeur; c'est alors une approximation *relative*.

L'approximation relative est souvent la plus importante, parce que la même approximation absolue serait quelquefois trop minutieuse et quelquefois insuffisante, suivant la nature des quantités. Par exemple, ce serait trop exiger que de demander une précision d'un millimètre dans les dimensions d'un édifice, mais cette précision même serait très-insuffisante dans l'évaluation du diamètre d'un tube thermométrique.

Cette distinction s'applique évidemment à toute espèce de quantités autres que des longueurs.

II. Outre cela, il est bon que l'unité choisie soit en rapport convenable avec les grandeurs que l'on mesure. Si l'unité était trop petite relativement à une quantité, cette quantité aurait dans son expression un trop grand nombre de chiffres entiers : si, au contraire, l'unité était trop grande, cette quantité aurait trop de zéros avant ses chiffres significatifs. Ainsi, il vaudra mieux exprimer le diamètre de la terre en kilomètres qu'en mètres.

III. L'arithmétique parvient à donner, comme nous le verrons bientôt, une approximation absolue en fractions décimales de l'unité que l'on a choisie ; voici donc en quoi consiste le problème que nous devons nous poser maintenant :

On demande qu'une quantité soit obtenue avec une certaine approximation relative ; quelle sera l'approximation absolue correspondante ?

Pour résoudre ce problème, ainsi que tous les problèmes d'approximation, rappelons-nous ce principe évident :

Quand on cherche la valeur approchée d'une quantité, il faut toujours admettre que l'on connaisse la nature de ses plus hautes unités.

D'après cela, si l'on demande d'obtenir, à un dix-millième près de sa valeur, un nombre compris entre 10 et 100, avec quelle approximation absolue faut-il le calculer ?

L'erreur sera comprise entre le dix-millième de 10 et celui de 100, c'est-à-dire entre $\frac{10}{10000}$ et $\frac{100}{10000}$, ou bien entre $\frac{1}{1000}$

et $\frac{1}{100}$; mais, pour que cette erreur soit la plus petite possible, nous chercherons l'approximation absolue à un millième près.

Le raisonnement serait le même si la quantité que l'on considère était plus petite que l'unité. Par exemple, si elle est comprise entre $0,1$ et $0,01$, en exigeant toujours que l'approximation relative soit obtenue à un dix-millième près, l'erreur sera comprise entre $\frac{0,1}{10000}$ et $\frac{0,01}{10000}$. Ainsi, pour que cette erreur soit la plus petite possible, nous la représenterons par $\frac{0,01}{10000}$, c'est-à-dire que nous la calculerons à un millionième près.

En général, si l'on demande l'approximation relative, à $\frac{1}{10^\beta}$ de sa valeur, d'une quantité comprise entre 10^α et $10^{\alpha+1}$, l'approximation absolue sera indiquée par

$$\frac{10^\alpha}{10^\beta} = 10^{\alpha-\beta} = \frac{1}{10^{\beta-\alpha}}.$$

Si la quantité est plus petite que l'unité, α est négatif.

IV. La quantité A, dont on cherche l'approximation relative r à $\frac{1}{10^\beta}$ près de sa valeur, de sorte que $r = \frac{1}{10^\beta}$, est souvent donnée entre des limites plus resserrées que 10^α et $10^{\alpha+1}$. Soient A' et A'' ces limites, de sorte que $A' < A < A''$; l'erreur absolue a devant donc être comprise entre $\frac{A'}{10^\beta}$ et $\frac{A''}{10^\beta}$, on cherchera la quantité A avec une approximation marquée par la plus petite de ces quantités, c'est-à-dire par $a = \frac{A'}{10^\beta}$, ou bien $a = A'r$.

V. D'après ces préliminaires, nous supposerons toujours dorénavant que toutes les questions d'approximation relative sont ramenées à des questions d'approximation absolue. Cependant, il faut aussi résoudre le problème inverse, c'est-à-dire : *Connais-*

sant l'approximation absolue d'une quantité, trouver l'approximation relative. D'après ce que l'on a vu, et d'après la définition même, *l'erreur relative r est égale à l'erreur absolue a divisée par le nombre* A. Par conséquent, r sera compris entre $\dfrac{a}{A'}$ et $\dfrac{a}{A''}$, A' et A'' étant toujours deux nombres qui comprennent A. Pour ne pas supposer dans r plus de précision qu'on ne le doit, il faut prendre la plus petite expression de A, qui est A'.

112. Nous allons maintenant passer en revue les opérations élémentaires de l'arithmétique, et voir quelles simplifications les méthodes d'approximation peuvent y apporter.

ADDITION ET SOUSTRACTION.

I. Si les erreurs des quantités que l'on ajoute sont dans le même sens, elles s'ajoutent elles-mêmes, et c'est ce que l'on suppose généralement pour prendre le cas le plus défavorable. Nous indiquerons par δ l'erreur de chacune des m quantités que l'on additionne, si toutes ces erreurs sont égales (ou, pour mieux dire, si elles sont du même ordre); mais, si elles sont d'ordres différents, δ sera la plus grande, et la somme des erreurs ou l'erreur de la somme sera représentée par $\varepsilon = m\delta$.

Si l'approximation ε de la somme est exigée d'avance, on devra calculer, pour chacune des quantités à ajouter, $\delta \leq \dfrac{\varepsilon}{m}$.

II. On a vu (**110**, II) qu'il fallait calculer le résultat d'une opération quelconque avec un chiffre de plus qu'on n'en voulait conserver; mais il pourra se faire, s'il y a beaucoup de nombres à ajouter, qu'on doive calculer deux chiffres de plus, ou même davantage. Supposons, pour fixer les idées, qu'on demande la somme à un millième près; on devra donc calculer le chiffre des dix-millièmes dans la somme, et, par suite, dans chacun des nombres à ajouter, en négligeant seulement les cent-millièmes. Mais s'il faut additionner beaucoup de nombres, il pourra se faire que les retenues des cent-millièmes ainsi négligés affectent non-seulement le chiffre des dix-millièmes, mais celui des mil-

APPROXIMATIONS NUMÉRIQUES.   351

lièmes que l'on veut conserver. Or, dans chacun des nombres que l'on ajoute, l'erreur est représentée, comme on l'a vu (**110**, IV), par 0,00005; il faudrait donc la multiplier par 20 pour avoir 0,001. De là, nous concluons la règle suivante :

S'il n'y a pas plus de vingt nombres à ajouter, calculez seulement un chiffre de plus qu'on n'en demande; s'il y a plus de vingt nombres, calculez deux chiffres de plus.

Cette règle suffit dans la pratique, car on voit sans peine que la nécessité de calculer trois chiffres de plus ne se présenterait que si l'on avait plus de deux cents nombres à ajouter ensemble.

III. La règle est la même pour la soustraction; seulement, comme il n'y a que deux nombres, on aura

$$\varepsilon = 2\delta \quad \text{ou} \quad \delta \stackrel{<}{=} \frac{\varepsilon}{2},$$

en prenant le cas le plus défavorable, qui est ici celui où les approximations sont de sens contraire.

IV. Si néanmoins, dans l'addition ou la soustraction, on sait que certaines quantités sont prises en excès et certaines autres en défaut; en d'autres termes, si l'on connaît le *sens* des erreurs, il est bon d'en profiter, parce que ces erreurs peuvent quelquefois se détruire, ou, du moins, se retrancher les unes des autres, de manière à diminuer considérablement celle du résultat. Mais cet avantage peut quelquefois se présenter dans une suite de calculs, même avec un nombre pour lequel on ignore le sens de l'erreur δ. C'est ce que nous avons vu (**31**) dans le calcul des Tables de sinus et de cosinus.

MULTIPLICATION.

113. I. Quand on multiplie deux nombres décimaux par la méthode ordinaire, les dernières décimales, celles qui ne doivent pas être conservées dans les calculs d'approximation, parce qu'elles sont inutiles ou inexactes, sont celles qu'on obtient les premières; on est donc forcé ainsi d'écrire plusieurs chiffres qui ne servent à rien. Voici la règle due à Oughtred pour faire la

CHAPITRE HUITIÈME.

multiplication *sans écrire au produit plus de chiffres qu'on n'en veut calculer.*

Cette règle est connue sous le nom de *multiplication abrégée.*

Si nous cherchons à 0,0001 près le produit des deux nombres 763,05403678956 et 25,44630578, pour éviter le calcul du produit exact, qui serait 19416,90634680851327 16588, observons d'abord qu'il faut calculer les cent-millièmes, afin d'avoir les dix-millièmes.

Ensuite, *écrivez le chiffre des unités du multiplicateur sous celui des chiffres du multiplicande que l'on veut calculer le dernier au produit, et renversez à droite et à gauche les chiffres du multiplicateur. Dans le produit correspondant à chaque chiffre du multiplicateur, négligez les chiffres du multiplicande restés à droite,* parce qu'ils donneraient des unités d'un ordre inférieur.

Voici comment on dispose le calcul :

$$
\begin{array}{r}
76305403678956 \\
8750364452 \\
\hline
1526108074 \\
381527018 \\
30522161 \\
3052216 \\
457832 \\
22892 \\
382 \\
53 \\
6 \\
\hline
19416,90634
\end{array}
$$

De cette façon, chaque chiffre du multiplicande donnera des cent-millièmes avec le chiffre qui lui est verticalement inférieur dans le multiplicateur : voilà pourquoi, dans le produit correspondant à chaque chiffre du multiplicateur, on doit négliger les chiffres du multiplicande laissés à droite, puisqu'ils donneraient des millionièmes et des quantités plus petites.

Cependant il faudra *conserver les retenues que chaque chiffre* pourra donner avec la partie négligée du multiplicande, car les retenues des millionièmes sont des cent-millièmes. *Il faut même forcer le chiffre de cette retenue, s'il est suivi d'un 5 ou d'un chiffre plus considérable.*

Par exemple, si nous considérons le premier chiffre 2 du multiplicateur, nous verrons facilement qu'il donne le chiffre 1 pour retenue avec la partie négligée 78956 du multiplicande, mais que ce chiffre serait suivi d'un autre au moins égal à 5 ; on doit donc prendre 2 pour retenue et l'ajouter au produit de 6 par 2, ce qui fait 14. On opère toujours de même ; mais il suffit d'ordinaire de considérer le premier des chiffres négligés au multiplicande pour avoir ces retenues, que l'on appelle *retenues supplémentaires*.

Enfin, le chiffre 8 du multiplicateur donne lui-même un produit, quoiqu'il n'ait pas de chiffre au-dessus de lui dans le multiplicande, mais sa retenue supplémentaire, qui est 6, doit figurer au produit ; seulement, s'il y avait des chiffres à la gauche de 8 dans le multiplicateur renversé, on les négligerait complétement.

Le produit approché est donc 19416,90634, ou plutôt, en supprimant le dernier chiffre dont on n'est pas sûr, on trouve 19416,9063, avec l'approximation demandée, qui est 0,0001.

II. Il peut arriver que le multiplicateur n'ait pas de chiffres entiers ; alors on remplace par un zéro le chiffre des unités, pour garder sa place.

La règle énoncée ci-dessus peut encore s'exprimer ainsi :

Mettez les plus hautes unités de l'un des facteurs en ligne verticale avec celui des chiffres de l'autre facteur qui, multiplié par ces unités, donne le chiffre de l'ordre qu'on veut calculer, puis renversez les chiffres du multiplicateur à droite et à gauche.

Il est clair que, si la condition pour l'ordre du dernier chiffre du produit est remplie quand on considère, par exemple, les plus hautes unités du multiplicande comparées au chiffre correspondant du multiplicateur, elle sera également remplie si l'on considère les plus hautes unités du multiplicateur comparées au chiffre correspondant du multiplicande. On conclut de là que l'on ne change rien à l'approximation du produit en intervertissant l'ordre des facteurs, pourvu qu'on cherche toujours à calculer le même ordre de décimales. On pourra néanmoins trouver quelque différence dans le dernier chiffre, qui dépend de la manière dont se disposent les retenues supplémentaires, et qui, du reste, doit être effacé comme incertain, sauf à forcer, s'il y a lieu, le dernier chiffre conservé.

Voici comment on peut vérifier le produit déjà obtenu, en intervertissant l'ordre des facteurs et suivant toujours la même règle.

$$\begin{array}{r}
2544630578 \\
6598763045 0367 \\
\hline
1781241405 \\
152677835 \\
7633892 \\
127232 \\
10178 \\
76 \\
15 \\
2 \\
\hline
19416,90635
\end{array}$$

Ce nouveau produit ne diffère du précédent que par le dernier chiffre, qui est un 5, au lieu d'un 4.

III. Ce dernier chiffre, que l'on calcule pour l'effacer ensuite, peut quelquefois être exact, mais souvent aussi il est trop grand ou trop petit quand les erreurs des produits partiels sont de même sens et s'ajoutent par conséquent. Après avoir forcé plusieurs retenues supplémentaires, on néglige quelquefois d'en forcer d'autres, pour ne pas avoir trop de nombres en excès.

Du reste, l'erreur de chaque produit partiel étant plus petite que $0,000005$ (dans l'exemple précédent), il faudrait qu'elle fût multipliée par un nombre plus grand que 20, pour égaler $0,0001$ et atteindre, par conséquent, le chiffre des dix-millièmes que l'on veut conserver.

On obtient donc le résultat suivant, analogue à celui que nous avons trouvé pour l'addition :

APPROXIMATIONS NUMÉRIQUES.   355

S'il n'y a pas plus de vingt produits partiels, il suffit de calculer un chiffre de plus qu'on n'en veut conserver; sinon il en faudrait deux de plus.

On voit d'ailleurs que le nombre des produits partiels peut être inférieur à celui des chiffres du multiplicateur. C'est ce qui a lieu dans la dernière opération (II), où les chiffres 6598, placés à la gauche du multiplicateur renversé, ne servent à rien dans le produit (*).

IV. Nous rappellerons encore que le procédé de la multiplication abrégée n'empêche nullement l'usage de la simplification employée dans les calculs où l'on a beaucoup de nombres à multiplier successivement par un même facteur, et qui consiste à former d'avance le produit de ce multiplicande constant par les neuf chiffres : il suffira de prendre pour chaque chiffre multiplicateur la partie seule qui lui correspond d'après son rang, sauf à tenir compte du reste du produit pour la retenue supplémentaire. C'est ce que nous avons fait (48) en calculant les Tables de logarithmes; le multiplicande constant était le module.

V. On comprend que les facteurs donnés ne permettent pas toujours de trouver le produit avec toute l'approximation que l'on pourrait désirer. Il faut donc chercher à déduire du procédé même de la multiplication abrégée l'approximation dont le produit est susceptible.

Nous commencerons par indiquer les signes auxquels on reconnaît qu'il est impossible d'obtenir toute l'approximation demandée.

Supposons qu'on veuille calculer les centièmes dans le produit de 345,6738 par 3754,82. D'après la règle d'Oughtred, il faudra écrire les nombres de la manière suivante :

$$3456738$$
$$284573$$

(*) Le produit de deux facteurs est généralement plus approché quand les erreurs de chacun d'eux sont de sens opposé, car elles exercent alors des influences contraires sur la grandeur du produit.

23.

Mais l'opération étant ainsi préparée, et chaque chiffre du multiplicateur renversé donnant des centièmes par son produit avec celui des chiffres du multiplicande qui le surmonte, on conçoit que, si le 3 qui termine ce multiplicateur renversé avait un chiffre au-dessus de lui, leur produit donnerait aussi des centièmes, et que, ce chiffre manquant dans le multiplicande, le produit manquera aussi des centièmes qui s'y seraient trouvés si l'on avait connu dans le multiplicande le chiffre qui suit le 8. Par conséquent, on ne pourra pas calculer tous les centièmes, parce que le multiplicateur renversé dépasse à droite le multiplicande.

De plus, s'il y avait au multiplicateur renversé deux chiffres avant le 2, ces chiffres donneraient encore, avec le 4 et le 3 qui les surmontent, des centièmes qui manqueront au produit. Par conséquent, on ne pourra pas non plus calculer tous les centièmes, parce que le multiplicande dépasse à gauche le multiplicateur renversé.

Dans l'exemple que nous avons pris, les deux conditions d'insuccès se trouvent réunies; mais il est évident qu'une seule suffirait pour empêcher d'obtenir l'approximation demandée. De là nous concluons la règle suivante, qui ne s'applique pas aux facteurs *exacts*, où il est clair qu'on peut remplacer les chiffres manquants par des zéros.

Les deux facteurs étant disposés suivant la règle d'Oughtred, il est impossible d'obtenir l'approximation demandée :

1°. *Lorsque le multiplicateur renversé dépasse à droite le multiplicande, supposé inexact;*

2°. *Lorsque le multiplicande dépasse à gauche le multiplicateur renversé, supposé inexact.*

Quand l'une de ces deux circonstances ou toutes deux se présentent, il faut reculer vers la gauche le multiplicateur renversé jusqu'à ce qu'il n'en soit plus ainsi. La nouvelle disposition qui en résulte détermine l'approximation possible.

VI. On voit donc que la disposition *la plus-avantageuse* parmi toutes celles qui sont permises, c'est-à-dire celle qui donne toute l'approximation que l'on peut obtenir, est celle qui réalise les conditions précédentes, mais de manière que, *si l'on faisait avancer d'un seul rang vers la droite le multiplicateur renversé, l'une des conditions cesserait d'être satisfaite*. Ainsi, pour l'exemple déjà traité (I et II), la disposition la plus avantageuse aurait consisté à avancer d'un rang vers la droite le multiplicateur renversé, ce qui aurait permis de calculer les millionièmes. On peut donc établir le principe fondamental suivant :

L'erreur du produit est le plus grand des deux produits obtenus en multipliant les plus hautes unités de l'un des facteurs par les plus basses unités de l'autre.

Pour reconnaître l'*approximation que l'on doit donner aux facteurs, connaissant celle du produit*, il faut donc employer la seconde expression de la règle d'Oughtred (II) et chercher la manière la plus avantageuse de satisfaire aux conditions indiquées.

Dans l'exemple où nous avons reconnu l'impossibilité de calculer les centièmes, il faut, pour obtenir toute l'approximation possible, reculer de deux rangs le multiplicateur renversé, ce qui donne, en calculant les unités simples,

$$
\begin{array}{r}
3456738 \\
284573 \\
\hline
1037021 \\
241972 \\
17284 \\
1383 \\
276 \\
7 \\
\hline
1297943
\end{array}
$$

Ainsi le produit obtenu, *à une dizaine près*, mais réellement exact jusqu'aux unités simples, sera 1297943, tandis que le produit exact serait 1297942,897716.

Si nous voulions calculer les centièmes dans ce même exemple, la disposition indiquée pour cela (V) montre qu'il faudrait connaître les dix-millièmes du multiplicande et aussi les dix-millièmes du multiplicateur, pour ne plus laisser de vide ni à droite ni à gauche. Alors *le multiplicande et le multiplicateur renversé se recouvriraient exactement.*

VII. On pourrait avoir quelques doutes sur les résultats que nous venons d'obtenir relativement aux erreurs des facteurs et du produit, parce qu'ils semblent dépendre du procédé de la multiplication abrégée; mais il est facile de parvenir aux mêmes résultats indépendamment de tout procédé de calcul.

Soient A et B deux valeurs approchées avec les erreurs δ et δ' qui peuvent être positives ou négatives. Le produit réel sera

$$(A + \delta')(B + \delta) = AB + B\delta + A\delta' + \delta\delta',$$

tandis que le produit approché sera AB. Donc l'erreur du produit sera

$$\varepsilon = B\delta + A\delta',$$

en négligeant $\delta\delta'$ qui sera évidemment d'un ordre d'unités inférieur à celui de $B\delta$ et $A\delta'$.

Supposons, par exemple, que $B\delta$ soit la plus grande des deux quantités $B\delta$ et $A\delta'$, c'est-à-dire *le plus grand des produits que l'on obtient en multipliant les plus hautes unités de chaque facteur par les plus basses de l'autre.* D'après ce que l'on a vu (**110**, VI), l'erreur du produit sera représentée par $B\delta$. C'est le principe fondamental déjà établi (VI).

Il faut bien comprendre que cette relation

$$\varepsilon = B\delta$$

n'est pas une véritable égalité, mais veut seulement dire que ε et $B\delta$ sont du même ordre de grandeur.

VIII. La même théorie s'étendra sans difficulté au produit de trois ou de plusieurs facteurs.

Dans le produit $(A + \delta)(B + \delta')(C + \delta'')$ de trois facteurs dont A, B, C indiquent les valeurs approchées, et δ, δ', δ'' les parties que l'on néglige ou que l'on ne connaît pas, l'erreur sera représentée par

$$AB\delta'' + AC\delta' + BC\delta,$$

en négligeant non-seulement $\delta\delta'\delta''$, mais encore $A\delta''\delta'$, $B\delta\delta''$ et

APPROXIMATIONS NUMÉRIQUES. 359

C$\delta\delta'$, produits qui seront évidemment d'un ordre inférieur à celui de la plus grande des trois quantités dont nous avons fait la somme. Soit, par exemple, ABδ'' cette quantité maximum; elle sera prise pour mesure de l'erreur qui sera ainsi représentée par *le plus grand des trois produits que l'on obtient en multipliant deux des facteurs approchés par l'erreur de l'autre.*

On voit, d'après cela, comment s'obtiendrait la règle suivante pour le produit de m facteurs :

L'erreur du produit sera représentée par m fois *le plus grand des produits* que l'on obtient en multipliant $m-1$ facteurs par l'erreur de celui qui reste, c'est-à-dire les plus hautes unités de $m-1$ facteurs par les plus basses de celui qui reste.

Pour plus de sûreté nous multiplions par m, quoique nous n'ayons point multiplié par 2 ou par 3, quand il ne s'agissait que de deux ou trois facteurs; mais si m était considérable, le nombre des produits pourrait élever l'ordre des unités que l'on néglige. En effet, les quantités dont la somme représente l'erreur sont en nombre m; car dans chacune de ces quantités il n'entre que l'erreur d'un seul facteur : c'est ainsi que les quantités ABδ'', ACδ', BCδ étaient au nombre de trois.

IX. Comme application de ce qui vient d'être dit sur le produit de trois facteurs, nous rappellerons le problème déjà traité (**67, IV**) sur la correction d'une hauteur barométrique.

Cette correction est donnée par le produit

$$76,3 \cdot 18,7 \cdot 0,000161458.$$

Le plus grand des trois produits dont se compose l'erreur est évidemment celui de $0,00016458$ par $76,3$ et par l'erreur de $18,7$. Pour plus de sûreté, nous remplacerons $76,3$ par 80, et $0,00016458$ par $0,0002$; quant à l'erreur de $18,7$, nous la supposerons égale à la moitié de la dernière unité décimale, c'est-à-dire à $0,05$. Ce produit maximum est donc

$$80 \cdot 0,0002 \cdot 0,05 = 0,0008 < 0,001.$$

Ainsi la correction cherchée sera approchée à un millième près.

CHAPITRE HUITIÈME.

Il faut donc calculer les dix-millièmes en multipliant

$$0,000161458$$

par le produit de $76,3$ et de $18,7$, qui est $1426,81$.

Voici le tableau de la multiplication abrégée :

$$
\begin{array}{r}
0,000161458 \\
186241 \\
\hline
1615 \\
646 \\
32 \\
10 \\
1 \\
\hline
0,2304
\end{array}
$$

En effaçant le chiffre des dix-millièmes, il reste pour correction $-0,23$, et la hauteur observée étant $76,3$, la hauteur corrigée sera $76,07$, valeur exacte à un centième et même à un millième près de centimètre, puisque $0,23$ est suivi d'un zéro ; cela fait donc 1 centième de millimètre (*).

X. Voici enfin une remarque qui s'applique, non-seulement à la multiplication, mais aussi à toutes les opérations approximatives.

Si un nombre entier ou fractionnaire est *exactement* connu, son erreur δ doit être posée égale à zéro, à moins qu'on ne croie pouvoir sans inconvénient supprimer quelques chiffres à la droite

---

(*) On peut demander l'erreur relative correspondante (**111**, V). Cette erreur sera un peu plus grande que $\dfrac{1}{1000} \cdot \dfrac{1}{76,07}$, car la valeur $76,07$ est un peu trop grande, puisque la correction négative $-0,23$ a été prise en défaut. Cependant, comme 76, qui conviendrait pour cette évaluation, est assez près de 100, on a une idée un peu exagérée, mais assez juste, de l'approximation relative en la considérant comme égale à $\dfrac{1}{100000}$.

Il ne faut pas oublier que tout cela exige une confiance complète dans la bonté des instruments, l'adresse des observateurs et la détermination des coefficients de dilatation.

APPROXIMATIONS NUMÉRIQUES.   361

de ce nombre. Mais on commettrait une faute très-grave si l'on considérait comme nulles les erreurs de certains résultats qui sont donnés avec peu de décimales ou même sans décimales, car cette simplicité apparente peut bien ne tenir qu'à l'imperfection nécessaire des moyens d'observation et d'expérience. Ainsi, dans l'exemple ci-dessus, en posant la température égale à 18°,7, il ne s'agissait pas d'une rigueur mathématique, mais cela voulait dire que les fractions inférieures à un dixième de degré étaient trop petites pour se lire sur la règle et même sur le vernier.

DIVISION.

114. I. Avant d'exposer la méthode de la division abrégée, nous devons montrer comment on peut *reconnaître la nature des plus hautes unités du quotient.*

D'ordinaire cela se voit immédiatement et sans calcul; dans tous les cas, il suffirait d'employer le procédé ordinaire. Mais quand on éprouve quelque incertitude, le plus simple est de multiplier par une puissance convenable de 10 le dividende ou le diviseur *jusqu'à ce que le quotient représente des unités simples.*

Quand les premiers chiffres significatifs du dividende et du diviseur sont les mêmes, il faut en prendre assez de part et d'autre pour que ces chiffres commencent à différer.

Soit, par exemple, à chercher la nature des plus hautes unités dans le quotient de 0,034245 par 3,443. Ici les deux premiers chiffres significatifs étant égaux de part et d'autre, il faudra en considérer trois dans chaque terme de la fraction $\dfrac{0,034245}{3,443}$. On verra alors qu'il faudra multiplier le numérateur de cette fraction par *mille*, ce qui fera $\dfrac{34,245}{3,443}$, pour que le numérateur soit contenu dans le dénominateur. Sous cette nouvelle forme, le premier chiffre du quotient représentera donc des unités simples; par conséquent le quotient véritable représentera des *millièmes.*

Cherchons à résoudre le même problème pour la fraction $\dfrac{50,4725}{5,047}$.

Ici tous les chiffres du diviseur se retrouvent au dividende, mais, comme ce dividende contient d'autres chiffres à la suite, on voit qu'il faudra multiplier par *dix* le dénominateur de la fraction pour qu'il donne des unités simples au quotient transformé; le quotient cherché représentera donc des *dizaines*. Dans cette circonstance, la multiplication porte sur la division ; dans le premier exemple, c'était sur le dividende.

II. Nous avons reconnu que, dans une multiplication où les premiers chiffres du produit sont seuls importants, plusieurs chiffres de l'un des facteurs, et quelquefois de tous les deux, ne servent à rien pour l'approximation que l'on demande, et c'est là ce qui a conduit à chercher le procédé de la multiplication abrégée. De même, si l'on tient seulement à connaître les premiers chiffres du quotient d'une division, il pourra se faire que les derniers chiffres du dividende et du diviseur n'aient pas d'influence sur les chiffres que l'on veut obtenir, et nous sommes conduits à chercher un procédé de *division abrégée* qui nous dispense de considérer ces chiffres inutiles au résultat.

Le procédé que nous allons exposer est déjà connu, mais la manière la plus simple et la plus naturelle de le démontrer consiste à le présenter comme l'inverse de la multiplication abrégée.

Cherchons à faire la preuve de l'opération par laquelle nous avons obtenu le produit approximatif des deux nombres

$$763,05403678956 \text{ et } 25,4460578,$$

dont le produit exact est

$$19416,90634680851327 16588.$$

Il faudra pour cela retrancher du produit que nous avons calculé jusqu'aux cent-millièmes, les produits des chiffres successifs du multiplicateur (qui devient ici le quotient), par une portion du multiplicande (ici le diviseur), portion qui sera d'abord 763054036, mais de laquelle on supprimera un chiffre du diviseur à chaque opération partielle, ce qui correspondra à ceux qu'on laisse sur la droite du multiplicande dans la multiplication abrégée.

Chacun des chiffres du quotient s'obtiendra en divisant le reste

APPROXIMATIONS NUMÉRIQUES. 363

ainsi obtenu par le diviseur abrégé de plus en plus. On voit même que *le nombre des chiffres du quotient sera égal à celui des chiffres du premier diviseur;* car ce premier diviseur 763054036, étant encore complet, donne d'abord un chiffre du quotient, et l'on trouve ensuite un nouveau chiffre du quotient à chaque chiffre que l'on efface au diviseur : or on peut les effacer tous, excepté un.

Voici le tableau de l'opération : nous écrivons les produits partiels, ce dont on se dispense souvent dans la pratique; mais nous le faisons pour montrer la correspondance des deux opérations, par l'identité de ces produits avec ceux qu'on a obtenus dans la multiplication.

```
 19416,90634  | 68085......   | 763,054036 | 78956
 15261 08074  |               | 25,44630578
 ───────────                     
  4155 82561
  3815 27018
  ──────────
   340 55543
   305 22161
   ─────────
    35 33382
    30 52216
    ─────────
     4 81166
     4 57832
     ─────────
       23334
       22892
       ─────
         442
         382
         ───
          60
          53
          ──
           7
```

On fait usage des retenues supplémentaires, absolument comme dans la multiplication abrégée.

Le reste 7 que nous obtenons ici tient en partie à ce que nous avons pris pour dividende le produit exact et non le produit approximatif que nous avions calculé (**115**, I et II). Comme dans ce produit réel le dernier chiffre 4 du produit approximatif est suivi d'un 6, il faut le forcer, ce qui fait que nous avons retranché le 4 qui termine le produit partiel 1526108074, non point de 4, mais de 5, ce qui a donné 1 pour reste. D'ailleurs, en renversant les facteurs (**115**, II), on avait trouvé 5 pour dernier chiffre du produit approximatif.

Mais cette observation ne donne, pour former le reste 7, qu'une seule unité de l'ordre que nous considérons, et les six autres tiennent à l'existence d'un chiffre qui doit suivre le dernier chiffre 7 du quotient, mais que l'opération précédente n'a pas déterminé; car, d'après la nature du calcul, on a vu qu'il ne pouvait y avoir au quotient plus de chiffres qu'à la partie *utile* du diviseur. On pourra cependant en trouver un de plus, par un artifice facile à comprendre : puisque 6 est la retenue supplémentaire donnée par ce chiffre avec les premiers chiffres 76 du diviseur, un tâtonnement assez simple fera reconnaître que ce chiffre est 8.

On ne pourrait obtenir d'autres chiffres du quotient, et l'on a vu en effet que, dans la multiplication abrégée correspondante (**115**, I), s'il y avait d'autres chiffres à la gauche du 8 dans le multiplicateur renversé, ils n'auraient aucune influence sur le produit.

Du reste, il n'est pas toujours possible de déterminer ce chiffre supplémentaire.

III. D'après cette correspondance des deux opérations, on peut conclure la règle suivante pour la division abrégée :

On commence par déterminer la nature des plus hautes unités du quotient (I). *D'après le nombre de décimales que l'on veut calculer, soit n le nombre de chiffres significatifs qu'il faut obtenir au quotient, on prendra aussi n chiffres au diviseur, et l'on séparera sur la gauche du dividende un nombre capable de contenir le diviseur ainsi modifié, ce qui donnera le premier chiffre du quotient; on aura les n — 1 autres en effaçant successivement n — 1 chiffres au diviseur, mais il faudra à chaque opération tenir*

APPROXIMATIONS NUMÉRIQUES.   365

compte de la retenue supplémentaire due à la partie négligée ou effacée du diviseur.

On pourra même obtenir quelquefois un chiffre de plus par l'artifice employé dans l'article précédent.

Tel est l'exposé de la règle, qui est clairement démontrée par la réciprocité-des deux calculs; elle s'applique sans difficulté à toute espèce de quantités décimales et aux nombres entiers eux-mêmes, car il peut arriver, selon la nature des quantités, que l'on ait à négliger des chiffres entiers si les unités supérieures ont seules de l'importance.

Nous savons qu'on doit toujours calculer un chiffre de plus qu'on n'en veut garder; mais si, pour plus de sûreté, on en désire deux au lieu d'un, il faut prendre $n+1$ chiffres au diviseur et séparer aussi un chiffre de plus au dividende (*).

IV. Cette règle est soumise à une exception unique, et qui se présente très-rarement. Cette exception a lieu quand le dividende et le diviseur *modifiés* sont identiques, et quand, de plus, en comparant dans chaque nombre donné les chiffres de gauche à droite au delà de la partie conservée, on finit par *trouver un chiffre du dividende plus petit que le chiffre correspondant du diviseur;* alors il n'y a pas de calcul à faire, et tous les chiffres demandés sont des 9.

Soit à diviser 4567802 par 456781, nous verrons d'abord (I) que le premier chiffre du quotient sera celui des unités simples; en effet, si l'on ajoute un zéro au diviseur, il cesse d'être contenu dans le dividende.

Supposons maintenant que l'on demande trois chiffres au quotient; le diviseur modifié sera 456 (ou plutôt 457 à cause du chiffre suivant), et le dividende modifié aura la même valeur. Il semble donc, d'après la règle, que le quotient soit égal à 1, tandis que la division ordinaire donne évidemment 9 unités : cela tient à ce que, si l'on compare, comme nous l'avons dit, les chiffres

---

(*) Le quotient sera généralement plus approché si les erreurs du dividende et du diviseur sont de même sens; il est clair que ces erreurs exerceront alors des influences contraires sur la grandeur du quotient.

suivants du dividende et du diviseur, on trouve dans le dividende le chiffre 0 correspondant à 1 dans le diviseur, ce qui exige qu'on prenne un chiffre de plus au diviseur.

Il nous reste à démontrer que, par suite des suppositions précédentes, le quotient commence par autant de 9, moins un, et souvent même par autant de 9 qu'il y a de chiffres identiques de part et d'autre à la gauche du dividende et à celle du diviseur. Soit m la quantité qu'il faudra ajouter au dividende pour qu'on ne soit plus obligé d'y séparer qu'un nombre de chiffres égal à celui du diviseur, le premier chiffre du quotient sera 1, moins le quotient de m par le diviseur. On peut considérer m comme un certain nombre d'unités de la nature des premiers chiffres non identiques. Si donc m est plus petit que le premier chiffre du diviseur, augmenté d'une unité, le quotient de m par ce diviseur sera plus petit qu'une unité de l'ordre du premier des chiffres non identiques, et il y aura autant de 9 que de chiffres identiques; c'est ce qui a lieu dans l'exemple actuel, où l'on peut poser $m = 2$, nombre inférieur à 5, c'est-à-dire au premier chiffre 4 du diviseur, augmenté d'une unité. Si, au contraire, m est plus grand que nous ne l'avons indiqué, cependant m ne pourra dépasser ni même atteindre 10 unités de l'ordre du premier des chiffres non identiques, c'est-à-dire une unité de l'ordre supérieur; on pourra donc toujours compter sur autant de 9, moins un, qu'il y a de chiffres identiques.

Ainsi, dans l'exemple proposé, le quotient approché avec trois chiffres sera 9,99; cependant il sera plus exact de prendre le quotient en excès, 10 unités. En effet, on vient de voir que, dans le quotient exact, 9,99 est encore suivi de deux 9 (*).

V. Nous avons obtenu la règle de la division abrégée comme l'inverse de la multiplication abrégée, en remarquant que *chaque chiffre laissé de côté dans le multiplicande correspond à un chiffre effacé dans le diviseur*. Mais il faut prémunir contre certaines difficultés qui tiennent, non à l'imperfection de cette règle, mais aux limites nécessaires de l'approximation.

(*) Cette exception nous a été indiquée par M. Gerono.

APPROXIMATIONS NUMÉRIQUES.

Si l'un des deux nombres donnés, le dividende ou le diviseur, est *exact*, et ne contient pas le nombre de chiffres exigé par la règle précédente, on doit y compléter ce nombre de chiffres par des zéros; mais supposons qu'il soit inexact et ne contienne que trois chiffres, par exemple, au lieu de cinq que réclamerait l'approximation demandée, et qu'après ces trois chiffres il doive en exister encore d'autres que l'on ne connaisse pas, il n'est plus permis de les remplacer par des zéros : cela prouve qu'on ne peut pas obtenir le quotient aussi approché qu'on le désire, et qu'il faut alors se contenter d'une approximation plus limitée, que nous allons déterminer d'après le procédé même de la division abrégée.

Pour cela, nous avons à résoudre deux problèmes dont voici le premier :

Connaissant le dividende et le diviseur avec une certaine approximation, trouver avec quelle approximation on peut obtenir le quotient.

Si le dividende a plus de chiffres que le diviseur, il faut évidemment prendre sur la gauche du dividende une quantité capable de contenir le diviseur; au contraire, si le diviseur a plus de chiffres que le dividende, il faut prendre sur la gauche du diviseur autant de chiffres qu'on le peut, pourvu que le diviseur modifié soit contenu dans le dividende. L'opération ainsi préparée, le quotient aura autant de chiffres que le diviseur, modifié s'il y a lieu.

Comme exemple de ce premier problème, nous allons vérifier la multiplication abrégée relative à la hauteur barométrique (**115**, IX), en divisant $0,2304$ par $0,00016\,1458$.

Nous allons faire le calcul en gardant le dernier chiffre 4, non-seulement pour faciliter la vérification, mais pour faire observer que *l'on ne doit jamais effacer le dernier chiffre que dans le résultat définitif de tous les calculs.* En effet, lorsqu'on efface ce chiffre, sauf à forcer le chiffre précédent, s'il y a lieu, c'est seulement pour empêcher qu'on ne suppose l'approximation plus grande qu'elle ne l'est en réalité; mais *quand un résultat partiel doit encore entrer dans d'autres calculs, on doit le prendre tel* qu'on l'a obtenu, *c'est-à-dire avec ce dernier chiffre*, qui approche toujours de la vérité et qui même peut être exact.

Ici nous chercherons d'abord (I) la nature des plus hautes unités du quotient, et nous verrons qu'en multipliant le diviseur par 1000, on trouve

$$\frac{0,2304}{0,161458},$$

ce qui donne des unités simples; donc le quotient contiendra des mille :

```
2304  | 1614 | 58
1615  |------
----- | 1426
 689
 646
-----
  43
  32
-----
  11
  10
-----
   1
```

Ainsi le quotient contiendra quatre chiffres entiers et sera égal à 1426; seulement on ne devra pas trop compter sur le dernier chiffre 6 des unités simples. Cependant on remarque que ce chiffre doit être en défaut, car le reste 1 montre que les deux premiers chiffres 16 du diviseur donnent avec le chiffre suivant du quotient une retenue supplémentaire égale à 1; donc le chiffre qui suivra 6 au quotient sera au moins égal à 5, mais cette considération ne suffit pas pour le déterminer complétement.

On voit d'ailleurs l'application de la règle que nous avons donnée pour la solution de ce premier problème, puisque nous avons séparé au diviseur le nombre 1614 qui est compris dans 2304, et c'est ce qui fait voir qu'on n'aura que quatre chiffres au quotient.

Voici maintenant l'énoncé du second problème, inverse du premier.

Le quotient devant être calculé avec une approximation donnée, trouver avec quelle approximation l'on doit prendre le dividende et le diviseur.

On a vu qu'il suffisait de chercher au diviseur autant de chiffres significatifs que l'on voulait en avoir au quotient, et de prendre aussi à la gauche du dividende un nombre capable de contenir le diviseur modifié. Ainsi l'opération de l'article II est un exemple de ce problème.

On comprend néanmoins qu'il ne sera pas toujours possible de satisfaire aux exigences de l'énoncé. Le diviseur n'a pas toujours autant de chiffres qu'on désire en obtenir au quotient, et si même il les a, le dividende ne peut pas toujours contenir le diviseur modifié ; or nous savons qu'il n'est pas permis de remplacer les chiffres par des zéros, excepté dans les nombres exacts. Si donc ni le dividende ni le diviseur ne sont exacts, on déterminera l'approximation *possible*, comme il a été dit dans la solution du premier problème.

VI. La formule

$$\varepsilon = A\delta' + B\delta$$

établie (**113**, VII) entre l'erreur du produit et celles des facteurs, ou bien, ce qui revient au même, entre l'erreur du dividende et celles du diviseur et du quotient, permet souvent de voir sans calcul la valeur et même le signe des approximations que l'on doit attendre des données de la question.

Supposons, par exemple, que l'on nous donne la quantité

$$B = \frac{1}{\pi} = 0,31831,$$

approchée *en excès* avec cinq décimales exactes, de sorte que l'erreur δ' de B est négative, mais numériquement inférieure à 0,000005 ; on demande quelle approximation aurait la valeur A de π, obtenue d'après cette valeur B de $\frac{1}{\pi}$. L'erreur de A sera δ, mais celle du produit sera

$$\varepsilon = 0, \quad \text{puisque} \quad \pi \cdot \frac{1}{\pi} = 1.$$

Pour trouver δ, il faut donc poser

$$A\delta' + B\delta = 0,$$

ce qui montre que δ' étant négatif, δ sera positif; ainsi π sera calculé *en défaut*.

Mais, quant aux valeurs numériques,

$$A\delta' = B\delta, \quad \text{d'où} \quad \delta = \delta' \cdot \frac{A}{B}.$$

Puisque

$$A = 3,1\ldots \quad \text{et} \quad B = 0,31\ldots,$$

on peut poser

$$\frac{A}{B} = 10,$$

donc

$$\delta = 0,00005,$$

c'est-à-dire que l'on ne devra compter que quatre décimales exactes en divisant 1 par 0,31831; mais en réalité il y en aura une de plus, car le quotient est 3,141591, résultat en défaut comme cela doit être, mais seulement à la sixième décimale.

VII. Afin de ne rien négliger sur cette question, nous allons calculer directement un exemple de division abrégée, et nous en ferons ensuite la preuve en cherchant la multiplication abrégée correspondante.

On demande à un dix-millième près le quotient de 229,4703568 par le diviseur 7,3594, *supposé exact*; il faut donc calculer les cent-millièmes.

Il est facile de voir, par la nature des premiers chiffres du dividende et du diviseur, que le quotient aura deux chiffres entiers, ce qui, avec cinq chiffres décimaux, fera sept chiffres que l'on devra aussi prendre au diviseur, qui n'en a que cinq. Mais, *comme ce diviseur est ici supposé exact*, on y ajoutera deux zéros, et l'on fera l'opération suivant la règle connue:

APPROXIMATIONS NUMÉRIQUES.

```
229,47035  | 68  | 7,359400
220 78200  |     | 31,18058
———————
   868836
   735940
   ——————
   132896
    73594
   ——————
    59302
    58875
    —————
      427
      368
      ———
       59
       59
       ——
        0
```

Voici le tableau de la multiplication abrégée correspondante :

```
     7359400
     8508113
    ————————
    22078200
      735940
       73594
       58875
         368
          59
    ————————
    229,47036
```

La vérification se fait exactement, car on a forcé le dernier chiffre *utile* du dividende, parce qu'il était suivi des chiffres 68.

On sait que *c'est le diviseur qui doit servir de multiplicande* pour retrouver la formation des mêmes produits partiels: de plus, comme le premier chiffre du diviseur a été obtenu par le diviseur tout entier, *il faut mettre le premier chiffre du quotient sous le dernier chiffre utile du diviseur;* on obtient pour produit la partie utile du dividende.

24.

VIII. Outre le procédé que nous venons d'exposer pour la division abrégée, il en existe quelques autres, un surtout, connu sous le nom de *méthode de Fourier*, ou *division ordonnée*; mais nous le passerons sous silence, parce que ce procédé, d'ailleurs fort ingénieux, présente cet inconvénient que le calcul, d'abord assez simple, se complique à mesure que l'opération avance, ce qui fatigue l'attention et est contraire à la marche naturelle de l'esprit.

RACINE CARRÉE.

115. I. On a

$$\varepsilon = (a + \delta)^2 - a^2 = 2a\delta + \delta^2,$$

en représentant par δ et par ε les erreurs respectives d'une quantité quelconque et de son carré; on aura donc, en négligeant δ^2, la relation

$$\varepsilon = 2a\delta,$$

entre ces erreurs ou plutôt entre la nature de leurs unités.

Mais nous indiquons seulement cette relation comme pouvant servir à vérifier le principe que nous allons énoncer, et que nous démontrerons par le procédé de la multiplication abrégée.

Une quantité approchée et son carré ont le même nombre de chiffres significatifs exacts.

On conclut facilement des relations établies (115, VI) entre l'erreur du produit et celles des facteurs, que, *si l'on doit multiplier deux facteurs qui ont le même nombre de chiffres significatifs, la méthode la plus avantageuse consiste à les disposer de manière qu'ils se recouvrent exactement*, puisque alors il n'y aura pas de chiffres perdus dans les facteurs. Ainsi, on obtiendra le carré d'un nombre avec la plus grande approximation possible, par la méthode abrégée, si l'on fait en sorte que ce nombre, pris comme multiplicande, recouvre le même nombre pris comme multiplicateur et renversé.

Cela posé, il peut se présenter deux cas : dans le premier, le produit a autant de chiffres que le multiplicande, comme l'indique le principe énoncé; c'est ce qui arrive, par exemple, si l'on fait le carré de 2,23, ce qui donne le calcul suivant :

$$
\begin{array}{r}
223 \\
322 \\
\hline
446 \\
45 \\
7 \\
\hline
4,98
\end{array}
$$

au lieu de 4,9729

Dans le second cas, le produit a un chiffre de plus que le multiplicande si les chiffres supérieurs donnent une retenue; c'est ce qui arrive quand on cherche le carré de 76,4.

$$
\begin{array}{r}
764 \\
467 \\
\hline
5348 \\
458 \\
30 \\
\hline
5836
\end{array}
$$

au lieu de 5836,96.

Mais la formule

$$\varepsilon = 2a\delta$$

montre que l'erreur atteint alors un chiffre de plus. En effet, pour que ε soit d'un ordre plus élevé que δ, il faut que l'on ait $2a > 10$, et l'on reconnaît sans peine que c'est ce qui arrive si la racine a est de nature à donner un chiffre de retenue à son carré.

On peut donc conclure, d'une manière générale, le principe énoncé. A la vérité, le dernier chiffre de la racine étant exact, celui du carré peut bien ne pas l'être, comme on le voit dans les exemples précédents, où le dernier chiffre du produit est tantôt trop fort, tantôt trop faible; mais c'est ce qui peut avoir lieu dans tous les calculs, et il en serait de même si l'on cherchait réciproquement la racine carrée d'une quantité quelconque.

II. On remarquera, d'après ce principe, que des tranches de zéros prises à la droite d'un nombre peuvent quelquefois donner à sa racine les mêmes chiffres que donneraient, si on les connaissait, les véritables décimales du nombre proposé.

C'est ce qui a lieu quand on cherche la racine carrée de

$$\pi = 3,1416,$$

donné avec quatre décimales : on trouve d'abord un chiffre entier et deux chiffres décimaux ; ensuite, pour avoir les deux chiffres suivants, il faudra abaisser encore deux tranches de zéros qui conduiront au même résultat que les véritables décimales du nombre π, si on les avait employées.

On trouve, de cette manière,

$$\sqrt{\pi} = 1,7724;$$

mais nous nous sommes dispensés d'écrire le calcul, qui n'exige aucun procédé particulier.

Cherchons encore la racine carrée de $0,00047805$; on doit, avant tout, reconnaître la nature des plus hautes unités de la racine, qui seront ici des centièmes, puisque le premier chiffre du nombre est celui des dix-millièmes ; on trouvera donc, pour la racine cherchée, $0,021864$, à un millième près, en abaissant encore deux tranches de zéros.

III. Le principe connu (I) nous permettra de résoudre le problème suivant :

Trouver l'approximation de la racine carrée quand on connaît celle du nombre.

On cherchera cette racine avec autant de chiffres qu'il y en a dans le nombre, dût-on abaisser plusieurs tranches de zéros ; seulement, d'après la nature des unités supérieures, l'approximation de la racine sera plus grande ou plus petite que celle du nombre. On résoudra de même le problème inverse, ainsi conçu :

Si l'on demande la racine carrée avec une approximation donnée, avec quelle approximation faudra-t-il chercher le nombre ?

On le cherchera avec autant de chiffres qu'on doit en avoir à la racine.

Si néanmoins on ne pouvait obtenir ce nombre avec autant de chiffres que cette règle l'exige, on ne pourrait trouver à la racine l'approximation demandée, et il faudrait en revenir au premier problème pour déterminer l'approximation *possible* à la racine, d'après celle où l'on s'arrête dans l'expression du nombre.

IV. En dehors des considérations précédentes, voici un théorème qui permet de simplifier l'extraction de la racine carrée :

Après avoir obtenu par le procédé ordinaire les n premiers chiffres d'une racine carrée, retranchez du nombre donné le carré de ces n premiers chiffres, et divisez ce reste par le double de ces n chiffres, vous aurez pour quotient les n — 1 chiffres suivants de la racine.

Nous supposerons, comme on peut toujours le faire, que tous ces chiffres forment l'ensemble des chiffres entiers de la racine.

Cela posé, soit N le nombre dont on cherche la racine ; soient a la première partie de cette racine, et b la seconde, composée de $n-1$ chiffres, de sorte que a contient n chiffres significatifs et $n-1$ zéros, en tout $2n-1$ chiffres. Nous pourrons donc poser

$$N = (a+b)^2 + r = a^2 + 2ab + b^2 + r.$$

D'après la règle qu'il faut démontrer, nous devons prendre le reste

$$N - a^2 = R,$$

et nous remarquerons que ce *reste est connu* quand on a opéré par le procédé ordinaire. On a donc

$$\frac{R}{2a} = b + \frac{b^2 + r}{2a},$$

et il s'agit d'évaluer la fraction $\frac{b^2 + r}{2a}$.

Il faut démontrer que cette fraction est toujours inférieure à deux unités. Pour cela, remarquons que le cas le plus défavorable, celui dans lequel r est maximum, a lieu quand $1 + N$ est le carré de $a + b + 1$, puisque N est un nombre entier dont la racine a pour partie entière $a + b$, ce qui donne pour limite extrême

$$1 + N = (\overline{a+b} + 1)^2.$$

Nous aurons alors

$$N = (a+b)^2 + 2(a+b),$$

et, par conséquent,
$$r = 2a + 2b;$$

la fraction $\dfrac{b^2 + r}{2a}$ devient donc

$$1 + \frac{(b+1)^2 - 1}{2a}.$$

Ainsi, cette fraction peut être plus grande que l'unité, mais il faut prouver que l'on a toujours

$$\frac{(b+1)^2 - 1}{2a} < 1.$$

Pour cela, nous remarquerons que b et $b+1$ sont des nombres de $n-1$ chiffres, ce qui fait que $(b+1)^2$ en a $2n-2$ au plus, tandis que dans a, et à plus forte raison dans $2a$, on trouve $2n-1$ chiffres.

On peut même faire voir que

$$\frac{(b+1)^2 - 1}{2a} < \frac{1}{2}.$$

En effet, dans le cas le plus défavorable où $\dfrac{(b+1)^2 - 1}{2a}$ serait maximum, il faut concevoir que b présente une série de 9, de sorte que $b+1$ soit une puissance de 10. Nous prendrons, pour fixer les idées, $n = 3$; alors

$$b = 99 \quad \text{et} \quad b+1 = 100,$$

ce qui donne

$$(b+1)^2 = 10000.$$

Alors le minimum de a, pour prendre toujours le cas le plus défavorable, sera

$$a = 10000,$$

ce qui est le plus petit nombre de $2n - 1 = 5$ chiffres; par conséquent,

$$\frac{(b+1)^2}{a} = 1, \quad \text{et} \quad \frac{(b+1)^2 - 1}{2a} < \frac{1}{2}$$

pour limite extrême.

APPROXIMATIONS NUMÉRIQUES.

En résumé, nous voyons que le quotient $\dfrac{N - a^2}{2a}$ est égal à b ou à $b+1$, c'est-à-dire qu'il donnera, en effet, les $n-1$ chiffres suivants, à une unité près.

Comme application, nous chercherons la racine carrée de 2 avec douze décimales; nous en trouverons d'abord six par le procédé ordinaire :

```
2                 | 1,414213
1 00              | 2 4
  4 0.0           | 2 81
  1 1 9 0.0       | 2 824
      6 0 4 0.0   | 2 8282
      3 8 3 6 0.0 | 2 82841
      1 0 0 7 5 9 0.0 | 2 828423
          1 5 9 0 6 3 1
```

Nous avons écrit ce calcul pour montrer comment se forme le reste $N - a^2 = R$, qui est ici 1590631.

Maintenant, pour disposer la division le plus simplement possible, nous remarquerons que, si nous voulions avoir seulement un chiffre de plus, il faudrait, suivant la méthode ordinaire, abaisser deux chiffres (ici deux zéros) à la suite de 1590631, et en séparer un, ce qui laisse le nombre 15906310, que l'on doit diviser par le nombre obtenu en ajoutant 3 à 2828423 ; on a ainsi

$$2a = 2828426,$$

c'est-à-dire le double de la racine déjà obtenue, qui n'est autre que le diviseur demandé. Ainsi, la seule différence entre le procédé ordinaire et la division de $\dfrac{N - a^2}{2a}$, c'est que, dans cette dernière opération, on cherche $n-1$ chiffres au lieu d'un seul, mais le dividende et le diviseur sont les mêmes dans les deux calculs.

Voici le tableau de la division abrégée qui donne ces $n-1$ chiffres, ici au nombre de six, puisque nous en avons déjà obtenu sept.

$$\begin{array}{r|l} 15906310 & 2828426 \\ 1764180 & \overline{5623732} \\ 67124 \\ 10556 \\ 2071 \\ 91 \\ 6 \\ 0 \end{array}$$

Nous nous sommes dispensés de former les produits partiels, et nous avons fait en même temps les multiplications et les soustractions. Nous avons calculé sept chiffres, autant qu'il y en avait au diviseur ; mais le dernier chiffre 2 du quotient doit être effacé, et donne seulement à penser que la racine n'a pas été obtenue en excès.

On trouve donc enfin

$$\sqrt{2} = 1,414213562373\ldots$$

Si l'on cherchait la racine carrée par les logarithmes, comme on le fait souvent dans la pratique, cette simplification serait beaucoup moins avantageuse, parce qu'il faudrait alors former a^2 et la retrancher de N, opérations qui sont faites d'avance quand le calcul a été commencé par le procédé ordinaire.

RACINE CUBIQUE, ETC.

116. On trouvera une règle semblable pour obtenir, après les n premiers chiffres d'une racine cubique, les $n-1$ suivants. Nous devons commencer par indiquer la manière la plus simple d'extraire une racine cubique, du moins au point de vue pratique ; car il paraîtrait naturel, à chacun des chiffres que l'on obtient, de faire le cube de la racine déjà obtenue, et de le retrancher de l'ensemble des tranches correspondantes : mais, de cette manière, les calculs faits pour un chiffre ne serviraient point pour les suivants, et l'on aurait toujours à revenir aux plus hautes unités du nombre. Il faut donc imiter le procédé de la racine carrée en formant successivement les diverses parties du cube.

Soit à extraire la racine cubique du nombre

$$32.977.340.218.432;$$

on voit d'abord en le partageant en tranches de trois chiffres de droite à gauche, comme nous l'avons fait, que la racine aura cinq chiffres et que le premier sera la partie entière de la racine cubique de 32, c'est-à-dire 3 pour 27. La question étant donc ramenée provisoirement à extraire la racine cubique de 32,977, si nous indiquons par a les dizaines et par b les unités de cette racine, nous savons déjà que $a = 30$, puisque 3 est le chiffre des dizaines. Retranchons $a^3 = 27000$ de 32977, il reste 5977, nombre dans lequel il faut chercher

$$3a^2b + 3ab^2 + b^3.$$

En divisant 5900 par $3a^2 = 2700$, ou 59 par 27, on a pour quotient

$$b = 2;$$

on sait, du reste, que ce quotient est quelquefois trop fort pour la racine.

Voici maintenant comment on peut former les autres parties du cube. Posons d'abord

$$3a + b = 92,$$

et multiplions ce nombre par $b = 2$, ce qui fait

$$3ab + b^2 = 184;$$

ajoutons 184 avec $3a^2 = 2700$, nous avons

$$3a^2 + 3ab + b^2 = 2884.$$

Imaginons que l'on multiplie encore cette somme par $b = 2$, il vient

$$3a^2b + 3ab^2 + b^3,$$

ce qui donne justement le reste du cube. D'ailleurs on n'est pas obligé d'écrire ce produit de 2884 par 2, et l'on peut, à mesure qu'on en trouve les chiffres, les retrancher de 5977, ce qui donne pour second reste 209.

Il faut ensuite diviser 2093 par le triple carré de 32 que l'on peut encore obtenir très-simplement en posant $b^2 = 4$ sous 2884, et en faisant la somme des trois nombres 184, 2884 et 4; en effet, cette somme donnera

$$(3ab + b^2) + (3a^2 + 3ab + b^2) + b^2$$
$$= 3a^2 + 6ab + 3b^2 = 3(a+b)^2.$$

On voit comment on continuera le calcul dont voici le tableau :

```
3 2.9 7 7.3 4 0.2 1 8.4 3 2  | 3 2 0 6 8
 5 9.7 7                     |-----------
    2 0 9 3.4 0 2.1 8        | 2 7 0 0
      2 4 6 7 4 4 0 2 4.3 2  |   1 8 4            9 2
                           0 | 2 8 8 4          9 6 0 6
                             |     4          9 6 1 8 8
                             |-----------
                             | 3 0 7 2 0 0.0 0
                             |     5 7 6 3 6
                             |-----------
                             | 3 0 7 7 7 6 3 6
                             |           3 6
                             |-----------
                             | 3 0 8 3 5 3 0 8 0 0
                             |       7 6 9 5 0 4
                             |-----------
                             | 3 0 8 4 3 0 0 3 0 4
```

Le nombre 2093 ne contenant pas le diviseur 3072, il a fallu abaisser immédiatement une tranche de plus, et ajouter deux zéros à la suite du triple carré; alors 2093402, divisé par 307200 a donné 6 pour quotient, et l'on a continué de la même manière jusqu'au dernier reste qui est nul, ce qui montre que le nombre donné est un cube parfait.

Quant aux nombres 9606 et 96188, on les forme de la même manière que

$$3a + b = 92.$$

On peut donc poser la règle suivante :

Après avoir extrait la racine cubique de la première tranche à gauche et soustrait de cette tranche le cube de cette racine, abaissez

APPROXIMATIONS NUMÉRIQUES.

la tranche suivante, séparez les deux derniers chiffres du nombre ainsi formé et divisez la partie restée à gauche par le triple carré des dizaines. Multipliez ensuite par le quotient qui représente les unités de la racine déjà obtenue, un nombre composé de trois fois les dizaines plus les unités, ajoutez ce produit à trois fois le carré du nombre des dizaines, suivi de deux zéros, multipliez encore cette somme par les unités et retranchez ce nouveau produit du reste, suivi de la tranche que l'on a abaissée. Pour trouver le diviseur suivant, qui doit être le triple carré de la racine déjà obtenue, il suffit d'écrire le carré des unités sous les portions déjà connues de ce diviseur, qui se trouvera en ajoutant ce carré avec les deux nombres supérieurs.

Ayant ainsi obtenu le triple carré des nouvelles dizaines relatives à la racine qui correspond à une tranche de plus, on continue le calcul de la même manière.

II. Voici maintenant comment on peut, connaissant les n premiers chiffres d'une racine cubique, trouver par une simple division les $n-1$ suivants.

Nous supposerons encore que a et b représentent les deux parties de la racine, en sorte que b doit avoir $n-1$ chiffres et a, déjà connu, a n chiffres significatifs suivis de $n-1$ zéros, en tout $2n-1$ chiffres. De cette manière $a+b$ est la partie entière de la racine cubique du nombre N, de sorte que

$$N = (a+b)^3 + r;$$

on en conclut, en posant $N - a^3 = R$, quantité connue si l'on a opéré par le procédé ordinaire,

$$\frac{R}{3a^2} = b + \frac{3ab^2 + b^3 + r}{3a^2}.$$

Pour voir quelle valeur peut atteindre la quantité $\dfrac{3ab^2 + b^3 + r}{3a^2}$, prenons le cas le plus défavorable, celui où l'on aurait

$$1 + N = (\overline{a+b} + 1)^3;$$

il est clair qu'alors r sera maximum. On trouve, dans cette supposition,
$$N = (a+b)^3 + 3(a+b)^2 + 3(a+b),$$
ce qui donne
$$r = 3(a+b)^2 + 3(a+b) = 3a^2 + 6ab + 3b^2 + 3a + 3b,$$
et, par suite,
$$\frac{3ab^2 + b^3 + r}{3a^2} = 1 + \frac{3a(b+1)^2 + (b+1)^3 - 1}{3a^2}.$$
On a donc enfin, au maximum,
$$\frac{R}{3a^2} = b + 1 + \frac{(b+1)^2}{a} + \frac{(b+1)^3 - 1}{3a^2},$$
ce qui prouve que l'on peut quelquefois avoir le quotient en excès $b+1$.

Mais, outre cela, nous avons vu, à propos de la question analogue relativement à la racine carrée (**115**, V), qu'il est possible, à la limite extrême, d'avoir $\frac{(b+1)^2}{a} = 1$. Cependant, comme ce fait est tout à fait exceptionnel, nous le laisserons de côté et nous considérerons qu'en général $b+1$ n'ayant que $n-1$ chiffres, $(b+1)^2$ n'en a que $2n-2$, tandis que a en a $2n-1$. A plus forte raison $(b+1)^3 < a^2$, donc la dernière fraction est de beaucoup inférieure à l'unité.

On peut donc généralement admettre que les $n-1$ premiers chiffres du quotient $\dfrac{R}{3a^2}$ donnent pour valeur maximum $b+1$. De là on conclut la règle suivante:

Soit R le reste obtenu en retranchant du nombre le cube des n premiers chiffres de la racine, et divisez R par le triple carré de cette racine déjà connue; les $n-1$ premiers chiffres du quotient sont les $n-1$ chiffres suivants de la racine.

Nous appliquerons cette règle à l'exemple déjà traité. En cherchant la racine cubique de 32.977.340.218.432, nous avons trouvé 320 pour les trois premiers chiffres de la racine, et le reste R, obtenu après avoir soustrait le cube de 320 de l'ensemble des trois premières tranches, était 209340218432. Il faut donc diviser ce nombre par le triple carré de $a = 32000$, c'est-à-dire par 3072000000.

On verrait facilement que le quotient donne des dizaines, comme cela doit être; mais puisque nous ne cherchons que deux chiffres, ou plutôt trois, afin d'effacer le dernier, il suffira (**114**, V) de prendre aussi trois chiffres au diviseur, et quatre au dividende. Voici la division abrégée qui donnera les deux chiffres demandés,

```
2 0 9 3  | 3 0 7
  2 5 1  | 68,2
      6
      0
```

On obtient donc exactement les deux chiffres 68 de la racine, mais ce procédé ne fait évidemment pas connaître que le nombre est un cube parfait.

Nous avons vu qu'on trouve souvent ainsi un quotient en excès; on pourra donc quelquefois ne pas forcer le dernier chiffre conservé, même s'il est suivi d'un 5 ou d'un chiffre supérieur à 5.

Enfin on comprend comment cette méthode s'applique à des nombres décimaux.

III. Comme relation entre l'erreur ε d'un cube ou d'une puissance quelconque et l'erreur δ de sa racine, nous avons la formule

$$\varepsilon = (a + \delta)^m - a^m,$$

dans laquelle m représente l'indice de la puissance et qui se réduit à $\varepsilon = m a \delta$, en supprimant les puissances supérieures de δ.

Connaissant la nature des plus hautes unités de a, on emploie cette formule pour trouver, dans chaque circonstance, la valeur de ε en fonction de δ, et réciproquement; ou, pour mieux dire, la relation qui existe entre les espèces d'unités de ces deux erreurs. Mais il serait assez difficile d'en conclure une règle applicable à toutes les valeurs de m, pour comparer le nombre des chiffres significatifs exacts de la puissance et de sa racine, parce que, d'un côté, le nombre des chiffres s'accroît d'une manière variable suivant la valeur de m et celle des premiers chiffres (c'est ainsi que 8, cube de 2, n'a qu'un chiffre, et que 729, cube de 9, en a trois), et que, de l'autre côté, le coefficient m dans l'expression $\varepsilon = ma\delta$ augmente l'erreur de la puissance.

IV. Pour comparer les erreurs respectives d'une puissance et de sa racine, quant au nombre des chiffres significatifs exacts, la méthode la meilleure, quoique assez indirecte, consiste dans la considération des logarithmes de ces quantités; on sait, du reste, que les extractions de racines se font presque toujours, dans la pratique, à l'aide des Tables de logarithmes.

Or l'usage de ces Tables montre que le logarithme de la puissance et celui de la racine ont le même nombre de chiffres exacts, et qu'il en est de même, par conséquent, pour ces deux quantités elles-mêmes. Nous admettons, à la vérité, que les Tables soient calculées avec autant de décimales qu'il en faut pour que le dernier chiffre du nombre donné influence le dernier chiffre du logarithme correspondant; mais c'est ce qu'il est toujours possible de supposer en théorie, quelle que soit d'ailleurs la véritable approximation des Tables. On peut donc conclure de là que *la puissance et sa racine ont le même nombre de chiffres significatifs exacts*.

V. Nous devons cependant observer, comme restriction à ce principe, que le calcul par logarithmes donne plus de précision quand on cherche la racine au moyen de la puissance, que si l'on cherche la puissance au moyen de sa racine. En effet, dans le premier cas, on divise le logarithme par l'indice de la puissance, ce qui diminue l'erreur, tandis que, dans le second, on multiplie par cet indice, ce qui augmente l'erreur.

VI. Dans toutes ces théories d'approximation, nous n'avons presque jamais distingué le cas où l'erreur est, soit en défaut, soit

APPROXIMATIONS NUMÉRIQUES. 385

en excès; en effet, on n'en sait souvent rien, surtout dans les données de la physique et de la chimie, et nous avons toujours voulu permettre au calculateur d'opérer dans le cas le plus général et le plus défavorable. Aussi, nos formules s'appliquent à toutes les valeurs positives ou négatives des erreurs ou des approximations.

APPLICATIONS.

117. Outre les exemples que nous avons donnés pour les opérations approximatives, nous allons présenter encore quelques applications des théories précédentes.

I. *Trouver le quotient de* 10π *par* $0,69314718\ldots$ *avec une erreur relative moindre qu'un millième.*

(Dans une multiplication ou une division l'erreur est toujours supposée relative au multiplicande ou au dividende, parce que le multiplicateur ou le diviseur sont toujours supposés abstraits.)

On reconnaît (**114, I**) que le quotient $\dfrac{31,4159\ldots}{0,6931\ldots}$ contient des dizaines qui sont les plus hautes unités; la formule $a = Ar$ (**111, IV**), dans laquelle $r = \dfrac{1}{1000}$, montre que l'erreur absolue a se représente par $\dfrac{1}{100}$, il faut donc (**110, II**) calculer le quotient à un millième près et garder les centièmes.

$$\begin{array}{r|l} 314159 & 69315 \\ 36899 & \overline{45,323} \\ 2242 & \\ 163 & \\ 24 & \\ 3 & \end{array}$$

Le calcul est fait selon le procédé de la division abrégée (**114, II**); on s'est seulement dispensé d'écrire les produits partiels.

Ainsi, le résultat cherché est $45,32$.

II. *Obtenir $\frac{1}{\pi}$ avec 10 décimales. (On en calcule 11.)*

```
100000000000   | 31415926535 | 8979...
  5752220392   | 0,31830988619
  2610627738
    97353616
     3105836
      278403
       27076
        1944
          59
          28
           0
```

III. *Calculer 113π jusqu'aux cent-millièmes.*

$$3,1\;4\;1\;5\;9\;2\;6\;5\;3\;6\ldots$$
$$3\;1\;1$$

$$\begin{array}{r}3\;1\;4\;1\;5\;9\;2\;7\\3\;1\;4\;1\;5\;9\;3\\9\;4\;2\;4\;7\;8\\\hline 3\;5\;4,9\;9\;9\;9\;8\end{array}$$

Ainsi, $113\pi = 354,99998$, ou bien $113\pi = 355$.

IV. *Calculer $10\pi \cdot 10\sqrt{2}$ avec une approximation relative de un millième.* — Comme les plus hautes unités du multiplicande 10π sont des dizaines, on cherche l'approximation absolue à un centième près, et on calcule les millièmes.

$$\begin{array}{r}31,4\;1\;5\;9\;2\;6\\1\;2\;4\;1\;4\;1\\\hline 3\;1\;4\;1\;5\;9\\1\;2\;5\;6\;6\;4\\3\;1\;4\;2\\1\;2\;5\;7\\6\;3\\3\\\hline 4\;4\;4,2\;8\;8\end{array}$$

V. *Vérifier la valeur* $\sqrt{2} = 1{,}41421 3562373$.

$$1\,41421 3562373$$
$$3732653124141$$

$$1414213562373$$
$$565685424949$$
$$1414213 5624$$
$$5656854249$$
$$282842712$$
$$14142136$$
$$4242641$$
$$707107$$
$$84853$$
$$2828$$
$$424$$
$$99$$
$$4$$

$$1{,}999999999999$$

VI. *Trouver* $\sqrt[4]{2}$ *avec douze décimales.*

Nous allons extraire, par le procédé ordinaire, la racine carrée de $\sqrt{2}$, nombre que nous avons obtenu avec douze décimales, ce qui en donnera six pour $\sqrt[4]{2}$.

$1{,}414213562373$	$1{,}189207$
$4{.}1$	21
$204{.}2$	228
$2181{.}3$	2369
$4925{.}6$	23782
$1\,69\,22\,37\,3$	$237\,8407$
$2\,73\,52\,4$	

Connaissant déjà sept chiffres de $\sqrt[4]{2}$, on en trouve six autres,

388 CHAPITRE HUITIÈME. — APPROXIMATIONS NUMÉRIQUES.

comme on a vu (115, IV)

$$
\begin{array}{r|l}
2735240 & 2378414 \\
356826 & 1150027 \\
118985 & \\
0064 & \\
17 &
\end{array}
$$

On calcule sept chiffres au lieu de six, ce qui donne

$$\sqrt[4]{2} = 1,1892071150027$$

avec treize décimales au lieu de douze; la dernière même est exacte, comme on peut le vérifier par le calcul suivant:

$$
\begin{array}{r}
11892071150027 \\
7200511 7029811 \\
\hline
1189207 1150027 \\
118920711 5003 \\
9513656 92002 \\
1070286 40350 \\
2378414 230 \\
83244498 \\
1189207 \\
118921 \\
59460 \\
24 \\
8 \\
\hline
1,414213562373 0
\end{array}
$$

FIN.

www.ingramcontent.com/pod-product-compliance
Lightning Source LLC
Chambersburg PA
CBHW071943220426
43662CB00009B/977